"十三五"江苏省高等学校重点教材(编号：2016-2-029)

高职高专电子信息类"十三五"规划教材

微电子概论

肖国玲　杨建平　张彦芳　编著

西安电子科技大学出版社

内容简介

随着微电子产业的快速发展以及国家对微电子产业的高度重视，促使更多高职毕业生投身微电子产业。本书提供微电子技术的入门级知识，全书共分为七章，具体包括微电子产业介绍、半导体分立器件和集成电路、集成电路(IC)设计、微电子制造工艺概述、微机电系统(MEMS)、光电器件以及新型半导体材料。针对微电子产业专业术语多的特点，书后附录有集成电路常用缩略语，便于读者及时查阅。

本书结构清晰，语言通俗易懂，非常适用于教学、培训和自学。本书可作为高职微电子技术专业学生的专业教材，或其他非微电子专业学生的物联网平台教材，也可作为其他微电子从业人员的参考书。

图书在版编目(CIP)数据

微电子概论/肖国玲，杨建平，张彦芳编著. —西安：西安电子科技大学出版社，2017.9
("十三五"江苏省高等学校重点教材)
高职高专电子信息类"十三五"规划教材
ISBN 978-7-5606-4594-0

Ⅰ. ① 微… Ⅱ. ① 肖… ② 杨… ③ 张… Ⅲ. ① 微电子技术—概论 Ⅳ. ① TN4

中国版本图书馆 CIP 数据核字(2017)第 143221 号

策　　划	陈　婷
责任编辑	杨　瑶　陈　婷
出版发行	西安电子科技大学出版社(西安市太白南路 2 号)
电　　话	(029)88242885　88201467　　邮　　编　710071
网　　址	www.xduph.com　　　　　电子邮箱　xdupfxb001@163.com
经　　销	新华书店
印刷单位	陕西华沐印刷科技有限责任公司
版　　次	2017 年 9 月第 1 版　　2017 年 9 月第 1 次印刷
开　　本	787 毫米×1092 毫米　1/16　印　张　13.5
字　　数	316 千字
印　　数	1～3000 册
定　　价	29.00 元

ISBN 978-7-5606-4594-0/TN

XDUP 4886001-1

前　言

　　信息产业是国民经济的先导产业，微电子技术则是信息产业的核心。微电子技术的迅猛发展，使人类进入了高度信息化时代，而现代电子信息技术飞速发展的基础乃是集成电路(IC)。目前，集成电路产业正向高集成度、细线宽和大直径晶圆片等方向发展。随着微电子制造工艺技术的不断发展，集成电路特征尺寸越来越小、速度越来越快、电路规模越来越大、功能越来越强、衬底尺寸越来越大，形成了集成电路小型化、高速、低成本、高可靠、高效率的生产特点。

　　微电子产业的快速发展和国家对微电子产业的高度重视，促使更多高职毕业生投身微电子产业。但一直以来，我们在进行微电子专业介绍时，常常被问及以下问题：微电子技术到底是干什么的？集成电路和一般电子电路的区别是什么？集成电路到底是怎么做出来的？微电子专业对于高职层次的学生是不是太难了？微电子技术具有高度复杂、产业分工极细等诸多特点，往往使非微电子专业毕业生不得其门而入，望而生畏。为此我们编写了这本教材，旨在以零基础专业入门的角度，为学生提供微电子技术基本知识。这种概论类的教材需要大量的专业知识背景和高超的语言艺术，方能达到一定的效果。我们在高职高专类教材中遍寻未果，只能尽可能按照教学认知的规律，做一个大胆尝试，希望以此积累经验，抛砖引玉，为我国即将到来的微电子技术发展高峰做一点力所能及的工作。

　　本书是按照高职高专电子信息类专业系列教材的要求编写而成的，主要针对高职层次的学生特点，本着"实用、够用、好懂"的原则选取教学内容，注重吸收行业发展的新名词，介绍从业人员必备的半导体基础知识，突出应用能力培养。

　　全书共七章，主要内容如下：

　　第一章介绍微电子产业特点、微电子的尺度、微电子学的发展历史以及微电子产业结构和规模。

　　第二章介绍半导体分立器件和集成电路的分类、特点及半导体的基础知识。

　　第三章简要介绍集成电路的设计流程、设计方法和主要的设计工具及其特点。

　　第四章介绍微电子制造工艺流程，包括典型的前道工艺和后道工艺，使读者对整个制造过程有一个整体印象。

　　第五章简要介绍微机电系统的基础知识和典型应用、纳米科技的技术展望。

　　第六章集中介绍了半导体光电器件的分类、特点及应用，包括半导体发光二极管、半导体激光器、半导体光电管和太阳能电池等知识。

　　第七章主要介绍新型半导体材料，包括石墨烯和碳纳米管的研究和应用。

　　每章末附有复习思考题，便于读者自测自查之用。

　　本书第一、三、四、五章由无锡职业技术学院肖国玲编写；第二、六章由无锡职业技术学院杨建平编写；第七章由无锡职业技术学院张彦芳编写；微电子企业工程师成向俊参与了全书内容的修订。参与本书编写的还有无锡职业技术学院的倪卫东、谈向萍、王波、李丽、丁盛、王一竹等。肖国玲负责全书的统稿工作。杨建平完成了本书大部分图的绘制工作。本书的编写得到江苏省半导体行业协会的指导和帮助。

在本书编写过程中，西安电子科技大学的编辑陈婷给予了很多的支持和帮助，编者的学生马安娜、张晓丽、王倩、邱萍也做了许多辅助的工作。在这里向他们表示谢意。另外，在编写过程中，编者参考了很多技术文章，在此向原作者表示衷心的感谢！

微电子技术的发展非常迅速，加之编者水平有限，书中难免有不足之处，殷切地希望广大读者批评指正。

编　者
2017 年 1 月

目　　录

第一章　微电子产业介绍

在中国全面实现工业化的今天，以微电子产业为基础的信息产业的地位日益突出。微电子技术作为信息时代的关键技术，其发展被提到了一个前所未有的高度。微电子产业的原材料主要是半导体材料，故又将微电子产业称为半导体产业。

微电子技术的核心是集成电路技术。所谓集成电路(Integrated Circuit，IC)，是指通过一系列特定的加工工艺，将晶体管、二极管等有源器件和电阻、电容等无源器件，按照一定的电路互连，"集成"在一块半导体单晶片(如硅或砷化镓)上，封装在一个外壳内，执行特定电路或系统功能。

工信部在解读《中国制造 2025》时称："集成电路是工业的'粮食'，其技术水平和发展规模已成为衡量一个国家产业竞争力和综合国力的重要标志之一，是实现中国制造的重要技术和产业支撑。国际金融危机后，发达国家加紧经济结构战略性调整，集成电路产业的战略性、基础性、先导性地位进一步凸显，美国更将其视为未来 20 年从根本上改造制造业的四大技术领域之首。"有业内人士将集成电路比喻为工业生产的"心脏"，其重要性可见一斑。我国国务院于 2014 年 6 月 24 日发布《国家集成电路产业发展推进纲要》，集成电路产业被首次写入政府工作报告，拔高至国家战略高度。其后，我国启动国家集成电路产业投资基金(简称大基金)项目，募集千亿资本推动产业实现跨越式发展。

1.1　微电子的尺度

要了解微电子产业的发展现状，常常需要借助新闻媒介。从新闻中常常可以读到诸如"中芯国际推出 28 纳米 HKMG 制程，与联芯打造智能手机 SoC 芯片。""台积电南京项目是在台联电、力晶之后，台企在大陆设立的第三个 12 英寸晶圆厂，包含工厂和设计服务中心。其中，晶圆厂规划月产能为 2 万片的 12 英寸晶圆，预计在 2018 年的下半年正式投产 16 nm 制程，将在 2019 年达到预定的产能。""华润上华的 6 英寸生产线是国内首家开放式晶圆代工厂，以产能计为目前国内最大的 6 英寸代工企业，月产能逾 11 万片。8 英寸生产线目前月产能已达 5 万片，未来整体月产能规划为 6 万片，制程技术将提升至 0.13 微米。"新闻里频繁出现的词语是"纳米""微米""英寸(吋)"，所以，要了解微电子产业，先从尺度入手。

1.1.1　微米和纳米

微电子技术，顾名思义，就是微米尺寸的电子电路技术。现代微电子技术已经实现了纳米尺寸的电子电路生产，因此又被称为纳电子技术。一般将它们笼统称作微纳电子技术或微电子技术，本书采用微电子技术这一传统的称谓。

微米和纳米都是长度单位。微米符号为 μm，纳米原称毫微米，符号为 nm。长度单位里我们比较熟悉的是米、分米、厘米和毫米，它们之间的关系为 1 米 = 10 分米 = 100 厘米 = 1000 毫米，而 1 毫米 = 1000 微米，1 微米 = 1000 纳米，则 1 米(m) = 1 000 000 微米(μm) = 1 000 000 000 纳米(nm)。人的肉眼能分辨的最小长度一般是 0.1 mm，也就是 100 μm。监测大气时所说的 PM2.5 就是指空气中小于等于 2.5 μm 尺寸的细颗粒物含量。人类头发丝的直径约为 70 μm。绝大多数细胞的直径为 1～100 μm。可见微米和纳米的尺度有多小。如果你还是觉得不够直观，请你拿出一把直尺，试着将尺子最小的一格(1 毫米)分成 1000 等份，这就是 1 微米。如果想再细分到纳米，还是先借一台高倍显微镜吧！

《核舟记》记录了明朝微雕大师王叔远的桃核舟微雕艺术作品，舟首尾长 2.9 厘米，高 2 厘米，共刻有 5 个各具神态的人物，精妙的小窗有轴，可灵活开关。这样技艺高超的匠人和他的艺术精品只能是可遇而不可求的。采用微电子技术加工的集成电路和 MEMS 器件是工业化的产品，不仅尺度达到纳米级别，远超微雕作品，而且可以批量生产、重复生产，控制起来也是异常精准。微电子工艺这种极致"微雕"的工艺，不仅是量产的，而且良率很高。这里所说的良率，就是器件不仅外形符合标准，而且参数也全部符合设计要求。

微电子工业就是用微米级、纳米级的加工技术，生产出各种各样的半导体分立器件和集成电路。微电子工业的精致，达到了令人赞叹的完美程度。

那么，为什么要把电路的尺寸做得那么小呢？道理在于：每个晶体管的尺寸越小，电路就越小。硬件小了，电子产品就可以携带、运输，甚至穿戴。微电子带给我们的是大不一样的精彩世界。

1.1.2　晶圆尺寸

了解了微米和纳米知识，那么所谓 12 寸硅晶圆又是什么意思呢？

这里的"寸"又称为"吋"，指英寸。1 英寸 = 25.4 毫米。12 寸硅晶圆指直径为 12 英寸(约 300 毫米)的硅材料单晶圆片。

圆片就是圆形的薄片。用硅材料做成的圆形薄片，必须是单晶形态的才能用来生产集成电路，称为单晶圆片或晶圆(wafer)。要了解为什么需要单晶、单晶为什么加工成圆片，需要简单介绍一下半导体物理或者半导体材料知识。

集成电路的主要生产材料是半导体材料，常用硅材料。为什么必须选用半导体材料？我们来看元素周期表中不同元素的特性，如图 1-1 所示。

	I$_A$																	O
1	1 H 氢	II$_A$											III$_A$	IV$_A$	V$_A$	VI$_A$	VII$_A$	2 He 氦
2	3 Li 锂	4 Be 铍											5 B 硼	6 C 碳	7 N 氮	8 O 氧	9 F 氟	10 Ne 氖
3	11 Na 钠	12 Mg 镁	III$_B$	IV$_B$	V$_B$	VI$_B$	VII$_B$		VIII		I$_B$	II$_B$	13 Al 铝	14 Si 硅	15 P 磷	16 S 硫	17 Cl 氯	18 Ar 氩
4	19 K 钾	20 Ca 钙	21 Sc 钪	22 Ti 钛	23 V 钒	24 Cr 铬	25 Mn 锰	26 Fe 铁	27 Co 钴	28 Ni 镍	29 Cu 铜	30 Zn 锌	31 Ga 镓	32 Ge 锗	33 As 砷	34 Se 硒	35 Br 溴	36 Kr 氪
5	37 Rb 铷	38 Sr 锶	39 Y 钇	40 Zr 锆	41 Nb 铌	42 Mo 钼	43 Tr 锝	44 Ru 钌	45 Rh 铑	46 Pd 钯	47 Ag 铜	48 Cd 镉	49 In 铟	50 Sn 锡	51 Sb 锑	52 Te 碲	53 I 碘	54 Kr 氙
6	55 Cs 铯	56 Ba 钡	57-71 La-Lu 镧系	72 Hf 铪	73 Ta 钽	74 W 钨	75 Re 铼	76 Os 锇	77 Ir 铱	78 Pt 铂	79 Au 金	80 Hg 汞	81 Ti 砣	82 Pb 铅	83 Bi 铋	84 Po 钋	85 At 砹	86 Rn 氡
7	87 Fr 钫	88 Ra 镭	89-103 Ac-Lr 锕系	104 Rf	105 Db	106 Sg	107 Bh	108 Hs	109 Mt	110 Ds	111 Uuu	112 Uub	113 Uut	114 Uuq	115 Uup	116 Uuh	117 Uus	118 Uuo

图 1-1　元素周期表(部分)

整个元素周期表包括金属、非金属和过渡元素，按照材料的导电性大致可以分为导体、半导体、绝缘体。

　　集成电路是一种固体电路，固体的导电是指固体中的电子或离子在电场作用下的远程迁移，通常以一种类型的电荷载体为主，如：电子导体，以电子载流子为主体来导电；离子导体，以离子载流子为主体来导电；混合型导体，其载流子电子和离子兼而有之。除此以外，有些电现象并不是由于载流子迁移所引起的，而是电场诱发固体极化所引起的，例如介电现象和介电材料等。通常把导电性和导热性差的材料称为绝缘体，如琥珀、陶瓷、橡胶等；把导电性、导热性都比较好的金属称为导体，如金、银、铜、铁、锡、铝等；把介于导体和绝缘体之间的材料称为半导体，如IV_A族元素硅、锗。

　　在金属中，部分电子可以脱离原子核的束缚，在金属内部自由移动，这种电子叫做自由电子。金属导电，靠的就是自由电子。与金属和绝缘体相比，半导体材料的发现是最晚的，直到 20 世纪 30 年代，当材料的提纯技术改进以后，半导体的存在才真正被学术界认可，并得到了广泛应用。

　　半导体的导电性可以通过向本征半导体掺入微量的杂质(简称"掺杂")来控制，这是半导体能够制成各种器件，从而获得广泛应用的一个重要原因。掺杂的材料表现出两种特性，它们是固态器件的基础，这两种特性：一是通过掺杂精确控制电阻率，二是电子和空穴导电。

　　真正有用的、便于控制的是高纯度的半导体材料，也称为本征半导体。利用半导体材料制造集成电路，首先需要制备纯度高达 9 个 "9" (99.999 999 9%)以上的本征半导体，需要极其精确的掺杂量，还需要将掺杂半导体转变成单晶体，才会使其具有优异的性能，满足制备集成电路的要求。

　　那么，什么是单晶体呢？

　　集成电路是一种固体器件。从半导体物理知识中我们了解到，固体可分为晶体和非晶体两大类。晶体是由原子(或离子、分子等)按一定的规律周期排列而成的。非晶体是指不形成结晶的固体，即不具有规则性、周期性、对称性等晶体特征的固体。如果在整块晶体中其长距离的有序性保持不变，则该晶体称为单晶体。单晶体具有完整可重复的晶体结构，这就使得它的物理性能，尤其是电学性质具有特殊的优越性。

　　晶体物质在适当条件下能自发地发展成为一个凸多面体形的单晶体。人工晶体的制备方法很多。有从溶液中生长晶体的方法，此法是将原材料(溶质)溶解在溶剂中，采取适当的措施造成溶液的过饱和，使晶体在其中生长。例如，食盐结晶，就是利用蒸发的措施使NaCl 晶体在其中生长，从而使食盐结晶。人工生成半导体单晶体，一般采用从熔体中生长晶体的方法，锗、硅单晶的生长大部分就是用熔体生长方法制备的。目前常用的制备单晶硅的方法有两种：直拉法(CZ 法)和悬浮区熔法(FZ)。

　　单晶体的生长主要包括成核和长大两个过程。当熔体温度降到某一温度时，许多细小的晶粒就在熔体中形成，并逐渐长大，最后形成整块晶体材料。在日常生活中也经常能见到这种现象。如水结成冰时，先是形成一些小的冰粒，然后这些小冰粒逐渐长大，直至全部的水都结成冰。从水结成冰的过程中可以看到水结成冰要有两个先决条件：其一必须存在冰粒(或晶核)；其二温度必须降低到水的结晶温度(零度以下)。单晶硅的制备也必须具备这两个条件：一是系统的温度必须降到结晶温度以下(称过冷温度)；二是必须有一个结晶中心(籽晶)。

在自然界中，晶体有这样一种物质特性，即当晶体的温度在熔点温度以上时，液态的自由能要比固态低，液态比固态稳定；相反，当温度降到熔点温度以下时，固态的自由能比液态低，这时固态较为稳定。在单晶拉制过程中，就是使熔体处于过冷状态，这时固态的自由能比液态低，一旦溶液中存在结晶中心(籽晶)，它就会沿着结晶中心，使自己从液态变成固态。如果同时存在几个结晶中心，就会产生多晶体，这是我们不希望出现的。因此拉制单晶硅时，往往人为地加入一个籽晶作为结晶中心，使得熔体沿着这个籽晶，最后形成一个完整的单晶体。

在拉制单晶硅时，选择无位错、晶向正、电阻率高的单晶体，按需要的晶向切割成一定形状的籽晶，随后进行严格的化学处理，使其表面无杂质沾污和无任何损伤。

简单地说，半导体材料在适当的条件下，会自发地排列成单晶形态，有特定的晶向、稳定的晶体结构、适度的掺杂，这就是拉单晶工序。不受外力影响下的自发排列，单晶体必然是圆柱形状的。完成这道工序以后，半导体材料转变成了一个个直径大小不一的晶棒。

把晶棒切成薄片，再经过磨片、抛光等一系列工序，就得到了晶圆，如图 1-2 所示。晶圆的厚度大约为(700 ± 20) μm。通常把这些晶圆材料又称为衬底材料。集成电路就是在这些单晶晶圆表面上加工出来的。

图 1-2　各种直径的晶棒及晶圆

晶圆的直径用英寸表示。所谓 12 寸硅晶圆，就是指直径为 12 英寸(约 300 毫米，1 英寸=25.4 毫米)的硅材料单晶圆片。圆片直径越大，表面积越大，一次工艺制得的集成电路数量越多，利润就越高。所以，晶圆厂一方面不遗余力地减小器件的尺寸，采用越来越小的加工线条——28 纳米制程、20 纳米制程、14 纳米制程；另一方面，采取越来越大的晶圆——4 寸片、6 寸片、8 寸片、12 寸片，以期获得更多数量的器件。随着集成度越来越高，集成电路规模越来越大、体积越来越小、速度越来越快、功能越来越强。

1.1.3　特征图形尺寸和集成度水平

现在所说的集成电路是指由多个元器件(如晶体管、电阻器、电容器等)及其连线按一定的电路形式制作在一块或几块半导体基片上，并具有一定功能的一个完整电路。它具有体积小、重量轻、功耗低、可靠性高等一系列优点。

晶圆圆片称为 "wafer"，集成电路就是在 "wafer" 上制造出来的。晶圆上的集成电路是一个个独立立体图形，如图 1-3 所示。通常把这些独立图形称为 "die" 或者 "chip"，也就是芯片，而把封装测试后的成品称为集成电路。在半导体文献资料中，"芯片" 和 "集成电路"两个词经常混用。大家在平常讨论时，也将集成电路设计和芯片设计说成是一个意思。实际上，这两个词有联系，也有区别。狭义的集成电路，是强调电路本身，更强调电路的设计和布局布线。芯片更强调电路的集成、生产和封装；而广义上，只要是使用微细加工手段制造出来的半导体片子，都可以叫做芯片，里面并不一定有电路，比如半导体光源芯片、机械芯片、MEMS 陀螺仪或者生物芯片(如 DNA 芯片)等。本书也按照惯例将这两个词混用。

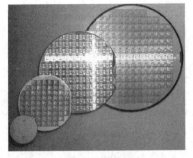

(a) 布满芯片的晶圆

(b) 集成电路的3D示意图

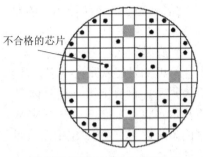

(c) 完成测试的晶圆(不合格品打墨点)

图 1-3 芯片与晶圆示意图

布满芯片的晶圆经过测试以后转入封装工序。将无墨点的芯片用金刚刀头分离出来，经过引线键合、加封装体等工序转变成一颗颗市售的集成电路。引线键合(wire bonding)工序又常称为邦定，如图 1-4 所示。

集成电路中器件的尺寸和数量是集成电路发展的两个共同标志，分别称为特征图形尺寸和集成度水平。

所谓特征图形尺寸，是指集成电路中半导体器件设计的最小尺寸，通常以微米(μm)为单位。特征图形尺寸是衡量集成电路设计与制造水平的重要尺度，其值越小，芯片的集成度越高、速度越快、性能越好。

图 1-4 邦定

电路中器件的数量，也就是电路的密度，用集成度水平表示。集成度越高，单块芯片上所容纳的元件数目越多。集成度水平的范围从小规模集成(SSI)到超大规模集成(ULSI)，有些地方称其为百万芯片(magachips)。图 1-5 为电路板上各种功能的集成电路。

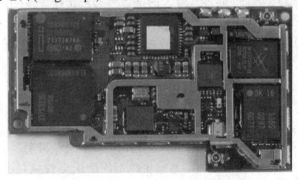

图 1-5 电路板上各种功能的集成电路

1.2 微电子学简史

1.2.1 晶体管的诞生

晶体管是 20 世纪最伟大的发明之一，其诞生拉开了人类社会步入电子时代的序幕，对人类社会的所有领域，包括生活、生产甚至战争都产生了并且还正在产生着深刻的影响。

到底是什么动力驱使科学家发明了晶体管？很多介绍晶体管的资料都把晶体管的历史和计算机的发展联系在一起。其实，追根溯源，应该说，晶体管的历史与电信的发展联系更为紧密。世界上第一只晶体三极管便是由位于新泽西州美利山的贝尔电话实验室(又名"贝尔实验室")的三位科学家 W. Shockley、J. Bardeen 和 W. Brattain 发明的。这三位科学家因为此发明于 1956 年荣获诺贝尔物理学奖。图 1-6 为三人研究小组和世界上第一只晶体管的照片。

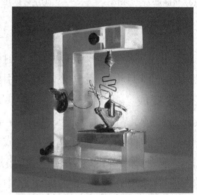

图 1-6　人类历史上第一个晶体管及其发明人

晶体管是用半导体材料制成的。"半导体"(semiconductor)这一术语首次被提出是 1911 年在德国的一篇科技文献中。

半导体的发展最早可以追溯到 19 世纪 30 年代。1833 年，英国物理学家法拉第(Michael Faraday)发现氧化银的电阻率随温度升高而增加，这应该是人们最早发现的半导体性质；之后一些物理学家又先后发现了同晶体管有关的半导体的三个物理效应：1873 年英国物理学家施密斯(W. Smith)发现的晶体硒在光照射下电阻变小的光电导效应、1877 年英国物理学家亚当斯(W. G. Adams)发现的晶体硒和金属接触在光照射下产生电动势的半导体光生伏特效应、1906 年美国物理学家皮尔逊(George Washing Pierce)等人发现的金属与硅晶体接触产生整流作用的半导体整流效应。

1931 年，英国物理学家威尔逊(H. A. Wilson)对固体提出了一个量子力学模型，即能带理论，该理论将半导体的许多性质联系在一起，较好地解释了半导体的电阻负温度系数和光电导现象。1939 年，前苏联物理学家达维多夫、英国物理学家莫特、德国物理学家肖特基各自提出并建立了解释金属-半导体接触整流作用的理论，同时达维多夫还认识到半导体中少数载流子的重要性。此时，普渡大学和康乃尔大学的科学家也发明了纯净晶体的生长技术和掺杂技术，为进一步开展半导体研究提供了良好的材料保证。

晶体管是在理论推动和实际需求牵引的共同作用下发明的。

1837 年，惠斯通(Charles Wheatstone)发明了获得英国专利的电报系统原型；同年，莫尔斯发明了更为实用的电报系统，他创造了用点画线的编码方式进行信息传递，被后人称为莫尔斯码。莫尔斯码使用不同的数字代表英语字母以及 10 个数字。1844 年，在华盛顿特区和巴尔的摩之间的实验电报线完工后，人们通过电线，用莫尔斯码从美国华盛顿特区向巴尔的摩第一次成功传送了一句话："上帝做了什么？"，这标志着电信时代的到来。

从电报到电话的发展之路可以追溯到 1824 年斯特金(William Sturgeon)对马蹄形磁铁的开发利用，以及随后在 1830 年亨利(Joseph Henry)提出的磁衔铁概念。这些工作让后来的发明家能够借助电磁铁使得远方的电话机响铃。19 世纪 50 年代，赖斯(Philipp Reis) 在德国工作，他设计了一种原始的音乐传输系统，并创造了"telephone"(电话)这个术语，tele 表示"远距离的"，phone 表示"声学"。1874 年，格雷开发了实用的开关和继电器，用于传递这些电信号的初期选路系统，可以发送"音乐电报"。贝尔在对各种音响设备试验后，于 1875 年 6 月 5 日制作了第一个实用的电话装置，传输信息给他的助手。当时贝尔年仅 29 岁！1876 年，贝尔将这个设备以电话的名义申请并获得了专利，保护了自己的成果，抢在了格雷之前，因为格雷在数小时之后也提出了类似的专利。

同时，在一系列研究的基础上，无线电话学即空间电信技术的竞赛也在进行着。这些研究包括：1831 年法拉第关于电磁感应现象的发现；1865 年麦克斯韦(James Clerk Maxwell)重要的数学描述；1887 年赫兹利用火花隙产生电磁振荡(电磁正弦波)，并通过空气进行发送和接收。休·汤姆孙(Hugh Thomson) 、费森登(Reginald Fessenden) 、特斯拉和斯坦梅茨(Charles Steinmetz)改进了赫兹的火花隙装置，最终亚历山德森(Ernst Alexanderson) 制造出交流发电机，它能够产生强大的电磁波，即调制无线电载波。与此同时，1892 年，英国的布朗利(Edouard Branly) 设计了名为"检波器"的装置。马可尼(Guglielmo Marconi)改进了检波器，发明了极为重要的、如今无处不在的天线，并于 1896 年在意大利成功演示了距离 2 千米的无线电报传送。这是现代通信史上的一个里程碑，标志着无线电通信时代即将来临。1901 年，马可尼完善了他的无线电系统，使之足以进行横跨大西洋的电报通信。马可尼与布劳恩(Karl Ferdinand Braun) 分享了 1909 年的诺贝尔物理学奖。

真空管的发展，最终推动了羽翼未丰的无线电通信领域的发展。真空管起源于灯泡技术。爱迪生(Thomas Edison)为了寻找可使用电力的实用光源，发明了一种有效的真空泵，然后在抽空密封玻璃壳内放置了一根炭化竹丝，终于获得了成功，发明了白炽灯。1883 年，在爱迪生对灯泡的后续改进中，他偶然发现了"爱迪生效应"：当安装有"热"灯丝的真空玻璃灯管内的另一个"冷"电极或金属板上接通正电压时，会产生电流。第一只"热电子二极管"即"真空管"就这样诞生了。真空二极管的发明专利属于高产的爱迪生一千多种发明专利中的一种。

今天，爱迪生效应被广泛认为是他最重要的科学发现，并被视为电子学领域诞生的标志。可惜，当时爱迪生并没有继续关注他的发现，只是简单地注明了作用，然后就迅速把注意力转移到了他当时认为更重要的事情上去了。幸运的是，后人重拾真空管的大旗继续前行。1904 年，英国工程师弗莱明(John Fleming) 改进了热电子真空二极管，主要用它来检测无线电信号，并独创了"弗莱明阀"，之所以这样命名是因为它的运作像心脏瓣膜，电流只流向一个方向，我们现在称之为"整流器"。弗莱明阀很巧妙地用来演示无线通信的整体概念，包括传输(发射)和检测(接收)调制电磁载波。1906 年的圣诞前夜，费森登(Reginald Fessenden)使用基于弗莱明阀的设备，在马萨诸塞州的布兰特岩第一次进行无线电广播语音传送。将麦克风与交流发电机和马可尼的天线串联，50 kHz 的亚历山德森交流发电机输出了功率为 1 kW 的调制信号。音乐和声音神奇地随着滴滴答答的莫尔斯码不断流出，这让美国东北部的无线电报员目瞪口呆！

也是在 1906 年，德福雷斯特(Lee De Forest) 发明了"三极检波管"——一种有三个电极的真空三极管(即真空管放大器)，它小电流进，大电流出，这一点在克服电信号固有的衰减效应方面非常重要。真空管放大器的改善借助于 1914 年阿姆斯特朗(Edwin Armstrong)和 1927 年布莱克(Harold Black)分别独立得到的正负"反馈"概念的发展。如今对于学习电子学的人来说，反馈技术在电子电路设计中太基础了，几乎随处可见。

1947 年，世界上第一台计算机 ENIAC(Electronic Numerial Integrator and Computer)就是用真空管制造出来的。ENIAC 的制造用了 19 000 个真空管和数千个电阻器及电容器，花费了当时的 400 000 美元。ENIAC 占据约 1500 平方英尺的面积，重量达 30 吨，工作时产生大量的热，需要一个小型发电站来供电。

随着真空管技术的发展，两个突出的负面问题出现了：制作非常困难，寿命相当短。换句话说，电子真空管代价高昂，且可靠性很差。一旦功率真空管开始工作，要么真空管漏气、灯丝烧坏，要么因轻微的敲击就导致玻璃破碎，这些都严重影响了实用无线电设备的制造和发展。

与此同时，当萌芽的真空电子管工业逐渐成长，并被无线电通信的前景所推动时，1874 年，布劳恩发现，金属针头推动硫化铅晶体形成的"点接触"，其功能类似于电子整流器。固体二极管开始进入人们的视野。

接下来，经过 30 多年的不断完善，这种完全不同的电子整流器被制造出来，且被称为"猫须二极管"。几乎有数千种"固体"材料被作为猫须二极管的候选材料进行筛选，但只有极少数材料可用，包括硅、氧化铜、锗、硒和碳化硅，好的猫须二极管只有那些我们已知的半导体材料才可以制造出来。

猫须二极管比真空管要小很多，也更容易制造，但这些用半导体材料制成的晶体检波器性能不稳定，可靠性很差，很快被淘汰了。在需求方面，20 世纪初电子管技术的迅速发展，曾经使晶体探测器失去优势。第一次世界大战的爆发，造成了科学发展的暂时停顿。一战结束后，大多数的科学研究关注于原子和原子核领域，以及将它们用量子理论进行解释。尽管电子学具有重要的现实意义，但由于缺乏对其根本机制的了解，它的发展失去了活力。当时，新兴的无线电行业(晶体收音机)受到大力支持，但电子学的科学理论发展却落后了。

这种情况由于第二次世界大战前雷达的出现而突然改变了。彼时，德国有了雷达，英国和美国为与之竞争，也迫切需要拥有雷达。雷达成为晶体管发展的重要催化剂。雷达的出现使高频探测成为一个重要问题，电子管不仅无法满足这一要求，而且在移动式军用器械和设备上使用也极其不便和不可靠。这样，晶体管探测器的研究重新得到关注。

雷达，是英文 Radar 的音译，源于 Radio Detection And Ranging(无线电探测和测距)的缩写。利用雷达可以产生一束电磁波，然后接收、检测从可疑物体(如飞机)反射回来的电磁"回波"，检测回波源的距离和方位，无论白天或晚上，可以准确定位该移动的物体。在第二次世界大战"闪电战"中，雷达发挥了很大作用。英国利用雷达能够预报纳粹飞机对伦敦的轰炸，而且对于将物体准确击落，雷达也很有帮助，因此对它的需求大大增加。为了得到有意义的雷达回波，以精确获得目标的位置信息，电磁波的波长和被探测物体的尺度相比，必须非常小。对于飞行中的飞机，最佳的电磁波频段是微波频段(比如 5～30 GHz)。猫须二极管恰好能够满足这些微波频段的要求，制造雷达系统时非常有用。

战争使得无数科学家以相当疯狂的方式从事工程师的工作，真正的理论关注方向终于集中到了发展固体电子技术上面，而且更重要的是，其中包括了对科学和物理学机制的了解。固体物理学研究突然间流行起来。在 20 世纪 30 年代末期，在物理学家莫特(Nevill Mott, 1939 年)、肖特基(Walter Schottky, 1939 年)和达维多夫(Boris Davydov, 1938 年)的开拓性的努力之下，整流二极管的系统理论描述诞生了。巧合的是，他们三位分别来自英国、德国以及苏联！

20 世纪 30 年代，随着微波技术的发展，为了适应超高频波段的检波要求，半导体材料又引起了人们的注意，并制出了锗和硅微波二极管。为了改善这些器件的稳定性和可靠性，第二次世界大战后，1946 年 1 月，基于多年利用量子力学对固体性质和晶体探测器的研究以及对纯净晶体生长和掺杂技术的掌握，在美国的 Bell 实验室正式成立了固体物理研究小组，小组由肖克莱(William Schokley)领导，成员包括理论物理学家巴丁(John Bardeen)和实验物理学家布拉顿(Wailter Houser Brattain)，团队的其他成员还有化学家摩根(Stanley Morgan，与肖克莱一起领导小组)，以及两个物理学家皮尔逊(Gerald Pearson) 和吉布尼(Robert Gibney) 。该研究小组的主要工作是组织固体物理研究项目，"寻找物理和化学方法控制构成固体的原子和电子的排列和行为，以产生新的有用的性质"。

在系统的研究过程中，肖克莱提出了一个假说，预言通过场效应可以实现放大器。他认为半导体表面存在一个与表面俘获电荷相等而符号相反的空间电荷层，使半导体表面与内部体区形成一定的电势差，该电势差决定了半导体的整流功能；通过电场改变空间电荷层电荷，会导致表面电流改变，产生放大作用。为了直接检验这一假说，布拉顿设计了一个类似光生伏特实验的装置，测量接触电势差在光照射下的变化。对 N 和 P 型硅以及 N 型锗的表面光照实验，证实了肖克莱的半导体表面空间电荷假说以及电场效应的预言。几天以后，巴丁提出了利用场效应作为放大器的几何结构，并与布拉顿一起设计了实验：把一片 P 型硅的表面处理成 N 型，滴上一滴水使之与表面接触，在水滴中插入一个涂有蜡膜的金属针，在水与硅之间施加 8 MHz 的电压频率，从硅中流到针尖的电流被改变，从而实现了功率放大。之后又发现利用 N 型锗进行实验的效果更好。经过若干改进，最后选用的结构是：在一个楔形的绝缘体上蒸金，然后用刀片将楔尖上的金划开一条小缝，即将金分割成间距很小的两个触点，将该楔形体与锗片接触，在锗片表面形成间距约为 0.005 cm 的两个接触点，它们分别作为发射极和集电极，衬底作为基极。在 1947 年 12 月 23 日，观察到了该晶体管结构的放大特性，电压实现了 100 倍的放大。翌年 7 月，巴丁和布拉顿以致编辑部信的方式在《物理评论》上报道了该结果。同年，肖克莱又提出了利用两个 P 型层中间夹一 N 型层作为半导体放大结构的设想，并于 1950 年与斯帕克斯(Morgan Sparks)和迪尔(Gordon Kidd Teal)一起发明了单晶锗 NPN 结型晶体管。此后，结型晶体管基本上取代了点接触型晶体管。为此，肖克莱、巴丁、布拉顿共同分享了 1956 年的诺贝尔物理学奖。

美国西部电气公司被选中成为第一家生产晶体管的公司，他们为此支付了 25 000 美元的专利许可费。所有同意支付此项费用的公司参加了 1952 年春天贝尔实验室举办的独家"晶体管制造"会议，26 家美国公司和 14 家其他国家公司的代表出席了会议。1953 年被《财富(Fortune)》杂志称为"晶体管年"。1953 年，美国公司生产的晶体管总数大概是每月 5 万个，而每月却生产了将近 3500 万个真空管，但是《财富》杂志具有长远眼光，已经看到了晶体管的光明未来，预见到将有可能每月生产数百万个晶体管！1953 年，一个晶体管的售价大概是 15 美元。

为了让晶体管(从生产工艺上准确地说是肖克莱的BJT(双极结型晶体管))被人了解到投入实际生产，永远不同寻常的肖克莱几乎单枪匹马地带动团队成员，研究必需的技术。最终，他对羽翼未丰的微电子产业许多关键方面的发展都产生了影响。名垂青史、贡献极为杰出的肖克莱，是集科学家、工程师、发明家为一身的典型，他的身上，集中体现了贝尔实验室信奉的著名的"3C"(capable、 contentious and condescending，即能干的、好辩的和傲慢的)心态。他绝对很能干，被一些人景仰，也遭到很多人反感，但没有人敢轻视他。他具有强烈的个性，但重要的是他的技术解释明晰。他总是愿意，也能够支持好的想法(最好是他自己的)。这段时间内肖克莱对微电子制造"工艺"有两个关键性的贡献，包括使用"光刻胶"将图案刻于半导体的模板上(现代光刻技术)和将离子注入(基本上是一个小型的粒子加速器)作为手段在半导体内进行可控掺杂。

肖克莱对于许多技术上的成功从未满足，最终于 1955 年选择离开贝尔实验室，立志成为企业家。在旧金山南部，肖克莱召集了一群年轻聪明的志同道合的科学家、工程师、发明家，于 1956 年 2 月创办了自己的公司——"肖克莱半导体实验室"。他年轻的同事中只有一人超过 30 岁！其中包括超级粉丝诺伊斯(Robert Noyce) 和摩尔(Moore)。据诺伊斯后来回忆，当时接到肖克莱的电话被邀请加入新团队的感觉——"就像拿起电话和上帝对话"。肖克莱的第一个办公场所位于南圣安东尼奥路 391 号的改装活动房里，每月租金 325 美元。1955 年，肖克莱半导体实验室搬到了在加利福尼亚帕洛阿尔托的斯坦福大学工业园区内开始运行，并带动了该地区发展，形成了后来的硅谷。

两年以后，肖克莱实验室的八名员工，也就是那个曾经坚定地追随晶体管之父的诺伊斯，带领摩尔等 7 人，在费尔柴尔德(Sherman Fairchild) 的支持下获得独立，同样在帕洛阿尔托成立了仙童半导体公司(Fairchild)，他们八人在仙童的合影，至今仍被认为是硅谷一景。肖克莱将他们称为"八叛逆"(The Traitorous Eight)！肖克莱对员工缺乏"人性化"管理，现在已成为典故。肖克莱不得不服输，在 1959 年离开公司，成为斯坦福大学的一名教授。之后肖克莱越来越孤僻，与外界几乎断了联系，最终于 1989 年 8 月因胰腺癌去世。

诺伊斯发明 IC 和摩尔提出摩尔定律都是在仙童公司完成的。之后，他们又先后离开了仙童公司，各自创业。1968 年，诺伊斯、摩尔和葛洛夫(Glove)(他不在八叛逆之列)创建了大名鼎鼎的 Intel 公司。

在发明晶体管之后，布拉顿一直在贝尔实验室工作，而巴丁则于 1951 年离开了贝尔实验室，改变研究方向，并最终因为超导理论而第二次获得了诺贝尔物理学奖，这个纪录目前仍未被打破。

1.2.2　集成电路的出现

所谓集成电路(Integrated Circuit, IC)，是指通过一系列特定的加工工艺，将多个晶体管、二极管等有源器件和电阻器、电容器等无源器件，按照一定的电路连接集成在一块半导体单晶片(如硅或 GaAs 等)或陶瓷等基片上，作为一个不可分割的整体执行某一特定功能的电路组件。

普通电子电路需要制作电路板，然后采购各种电子元器件进行焊接装配，才能构成一定功能的电路。集成电路采用半导体材料直接制作电路板和各种元器件，比如用硅的氧化物 SiO_2 做绝缘层，利用掺杂工艺改变材料的电阻率制造电阻，利用金属-氧化物-半导体结构制作 MOS 电容，蒸铝制作导线，等等。

1952 年 5 月，也就是在晶体管发明以后不到五年，英国皇家研究所的达默(G. W. A. Dummer)就在美国工程师协会举办的座谈会上发表的论文中第一次提出了集成电路的设想，文中说到：“可以想象，随着晶体管和一般半导体工业的发展，电子设备可以在一个固体块上实现，而不需要外部的连接线。这块电路将由绝缘层、导体和具有整流放大作用的半导体等材料组成。”20 世纪 50 年代末，关于制造完整的“硅内电路”可能性的说法已广为流传，即在一块硅片上制造多个晶体管，并将它们连接在一起，以形成一个完整的“单片”，也就是现在著名的集成电路。

在此后几年，随着工艺水平的提高，美国得克萨斯仪器(TI)公司的基尔比(Jack S. Kilby)提出了在硅片内制造集成电路的想法，其中最为重要的是就在硅片的内部制造必要无源元件(电阻器、电容器、电感器)，以实现电子电路的集成。“由于电容、电阻、晶体管等所有部件都可以用一种材料制造，我想可以先在一块硅材料上将它们做出来，然后进行互连而形成一个完整的电路。”(基尔比 2001 年访问北京大学时与王阳元的对话。)1958 年 9 月 12 日，他成功地制造了第一个集成的数字“触发器”电路，并于 1959 年公布了该结果。当时该电路实际上是一个仅包含 12 个元件的混合集成电路，该集成电路是在锗衬底上制作的相移振荡和触发器。器件之间的隔离采用的是介质隔离，即将制作器件的区域用黑腊保护起来，之后通过选择腐蚀在每个器件周围腐蚀出沟槽，即形成多个互不连通的小岛，在每个小岛上制作一个晶体管；器件之间互连线采用的是引线焊接方法。正是由于基尔比教授对人类社会的巨大贡献，他获得了 2000 年诺贝尔物理学奖。

与此同时，仙童半导体公司的诺伊斯侧重于寻找金属互连的最佳方式，以制造由许多组件组成的集成电路。1959 年 1 月他引进“平面工艺”进行金属互连。随后出现了令人不快的专利纠纷。旷日持久的法律战后，基尔比和诺伊斯双方如今已被确认为集成电路的共同发明人。

集成电路的迅速发展，除了物理原理的发现之外还得益于许多新工艺的发明。其中重大的工艺发明主要包括：1950 年美国人奥尔(R. Ohl)和肖克莱发明的离子注入工艺、1956 年美国人富勒(C. S. Fuller)发明的扩散工艺、1960 年卢尔(H. H. Loor)和克里斯坦森(H. Christensen)发明的外延生长工艺、1970 年斯皮勒(E. Spiller)和卡斯特兰尼(E. Castellani)发明的光刻工艺。这些关键工艺为晶体管从点接触结构向平面型结构过渡并使其集成化提供了基本的技术支持。

经过几十年的发展，集成电路已经从最初的小规模发展到目前的甚大规模集成电路和系统芯片，单个电路芯片集成的元件数从当时的十几个发展到目前的几亿个甚至几十亿、上百亿个。

　　早期研制和生产的集成电路都是双极型的。1962 年以后又出现了由金属-氧化物-半导体(MOS)场效应晶体管组成的 MOS 集成电路。实际上，早在 1930 年，德国科学家 Lilien Field 就提出了关于 MOS 场效应晶体管的概念、工作原理以及具体的实施方案，但由于当时材料和工艺水平的限制，直到 1960 年，Kang 和 Atalla 才研制出第一个利用硅半导体材料制成的 MOS 晶体管，从此 MOS 集成电路得到了迅速发展。

　　双极和 MOS 集成电路一直处于相互竞争、相互促进、共同发展的状态，由于具有功耗低、适合于大规模集成等优点，MOS 集成电路在整个集成电路领域中所占的份额越来越大，现在已经成为集成电路领域的主流。虽然双极集成电路在总份额当中占的比例在减少，但它的绝对份额依然在增加，在一些应用领域中的作用短期内也不会被 MOS 集成电路替代。在早期的 MOS 技术中，铝栅 P 沟 MOS 晶体管是最主要的技术。20 世纪 60 年代后期，多晶硅取代 Al 成为 MOS 晶体管的栅材料。20 世纪 70 年代中期，利用 LOCOS 隔离的 NMOS(全部 N 沟 MOS 晶体管)集成电路开始商品化，由于 NMOS 器件具有可靠性好、制造成本低等特点，NMOS 技术成为 20 世纪 70 年代 MOS 技术发展的主要推动力。虽然早在 1963 年就提出了 CMOS 工艺，并研制成功了 CMOS 集成电路，但由于工艺技术的限制，直到 20 世纪 80 年代，CMOS 才迅速成为超大规模集成电路(VLSI)的主流技术。由于 CMOS 具有功耗低、可靠性好、集成密度高等特点，目前 CMOS 是集成电路的主流工艺。

　　集成电路的出现打破了电子技术中器件与线路分离的传统，使晶体管和电阻、电容等元器件以及它们之间的互连线都被集成在小小的半导体基片上，开辟了电子元器件与线路甚至整个系统向一体化发展的方向，为提高电子设备的性能、降低价格、缩小体积、降低能耗提供了新途径，也为电子设备迅速普及、走向平民大众奠定了基础。

　　不足为奇，一旦晶体管技术被有商业头脑的科学家、工程师、发明家掌握，这个领域就会势如破竹般地发展起来。仙童半导体公司搭上了 BJT(双极结型晶体管)的便车，很快便发展起来。与此同时，肖克莱早期的合作者蒂尔(Gordon Teal)，因为家庭原因在 1952 年离开贝尔实验室，并在德克萨斯州定居，加入了一家当时并不出名的做地球物理学研究的公司，公司名为"德州仪器(TI)"。蒂尔在德州仪器公司从事晶体管的工作，1954 年德州仪器公司拥有一条正常运作的锗 BJT 生产线，并制作了世界上第一台商业化的"晶体管"收音机——Regency。此外，在 1954 年，蒂尔还出席了一个技术会议，会上许多人津津乐道于用硅代替锗作为制造晶体管的最佳半导体材料。当轮到蒂尔发言时，戏剧性的一幕发生了，他迅速拿出一把硅晶体管放在桌上，介绍制作方法——这就是贝尔实验室发明的从半导体熔融物中生长 PN 结的"Teal-Little"工艺。德州仪器公司是步入现在已无所不在的硅的竞技场的第一家公司。事后看来，这一微电子技术的商业化进展已被证明是一个巨大的飞跃。

　　1961 年 5 月，肯尼迪总统宣布美国将把人类送往月球，无意中创造了一个近乎瞬间爆发的集成电路市场。显然，对于航天飞行器来说，尺寸和重量是决定性因素。

　　1961 年 3 月，仙童半导体公司已推出了 6 种不同的集成电路，出售给美国宇航局和各种设备制造商，售价为每个 120 美元。1961 年 10 月，德州仪器公司推出了系列 51 固体电路，其中每种大约包含 24 个元件。10 月下旬，他们推出了"小型计算机"，由 587 块系列

51 集成电路组成。这种原始的"计算机"(比计算器还要小)质量仅 280 克,如沙丁鱼罐头般大小。1971 年,英特尔公司公布了世界上第一块"微处理器"集成电路——英特尔 4004,代表了现代计算机的诞生。

为什么技术大腕贝尔实验室在集成电路技术方面没有成为主要参与者?非常遗憾地说,他们成为了自己 3C 心态的牺牲品。贝尔实验室的老板莫顿,这位富有能力、意志坚强的贝尔实验室晶体管团队的领导,竭尽全力只进行单片集成的尝试。莫顿坚信,晶体管的集成根本上是一个可怕的想法。当时,人们已很了解这个所谓的互连"数字暴政"了。也就是说,随着越来越多的离散晶体管连接在一起,建立一个有效的电子系统本身,就会成为一个可靠性方面的噩梦。解决这个问题的一种方法是集成电路,即把复杂庞大的布线移至硅片本身,但是莫顿却认为这是一个愚蠢的想法。他的理由是,如果成品率只能达到50%,那么在同一硅片上生产 10 个晶体管,以形成一个集成电路,最终产品的净成品率很低。因此,这一想法几乎不值得努力。在集成电路领域的其他参与者努力向前推进时,贝尔实验室却只是放声大笑,对他们的这个推论非常自信,然而他们大错特错了。

1.2.3　微电子学的发展

微电子学是研究在固体(主要是半导体)材料上构成的微小型化电路、子系统及系统的电子学的一门分支学科。

微电子学的研究对象是在固体(主要是半导体)材料上构成的微小型化电路及系统(包括分立器件、集成电路、微机电系统等)的物理规律、器件设计、制造工艺等各个环节。简单地说,微电子学是主要研究电子或离子在固体材料中的运动规律及其应用,并利用它实现信号处理功能的科学。

微电子学是以实现电路和系统的集成为目的的,故实用性极强。微电子学中所实现的电路和系统又称为集成电路和集成系统,是微小型化的;在微电子学中的空间尺度通常是以微米为单位的。微电子学是一门发展极为迅速的学科,高集成度、低功耗、高性能、高可靠性是微电子学发展的方向。微电子产业则涵盖市场、应用、投资、人才等各个层面。

微电子学是信息领域的重要基础学科。在信息领域中,微电子学是研究并实现信息获取、传输、存储、处理和输出的科学,是研究信息载体的科学,构成了信息科学的基石,其发展水平直接影响着整个信息技术的发展。微电子科学技术是信息技术中的关键,其发展水平和产业规模是一个国家经济实力的重要标志。

学科研究是产业发展的基础。微电子学科源于 1947 年晶体管的诞生和 1958 年集成电路的发明。60 余年来,微电子学科的研究取得了长足进展,逐步由微电子学科演变为微纳电子学科。微纳电子学科研究涉及基础理论、器件结构、材料应用、电路设计、产品制造和产业结构等诸多方面。集成电路在微电子产品市场中占有 80%以上的份额,是微纳电子学科的主要研究对象和代表产品,以集成电路为基础的信息产业已成为世界第一大产业。

集成电路产品可分为数字电路、模拟电路和数模混合电路。数字电路主要由微处理器、存储器和逻辑电路构成;模拟电路由线性电路和非线性电路构成;数模混合电路主要由数/模和模/数转换器,以及射频电路构成。

集成电路的产业规模、科学技术水平和创新能力正在成为衡量一个国家综合国力的重要标志，并成为国际政治、军事和经济斗争的焦点。可以说，集成电路作为信息技术最重要的、不可或缺的载体，谁掌握了集成电路，谁就掌握了在智能竞争中的主动权和话语权，谁就能在当今的世界竞争中占领战略制高点。

今后，微纳电子学科将沿着多元化的途径持续发展，即将进入以提高性能/功耗比的"后摩尔时代"。该时代的特点包括：一是继续按比例缩小；二是多功能化，即在 SoC (System on Chip)的基础上以 SiP(System in Package)的方式完成多功能集成；三是新器件结构和新材料(如化合物半导体)的应用将成为微纳电子学科及其产业发展的驱动力；四是在进入纳米尺度后，传统半导体物理理论将有可能产生革命性的突破。这些多元化途径交汇与融合的过程，将为我国的微纳电子学科和产业实现跨越式发展提供宝贵的创新机遇。

下面简单梳理一下微电子学的研究历程，具体如下：

1900 年，德国物理学家普朗克首先提出了"量子论"；1928 年，他提出的固体能带理论第一次科学地阐明了固体可按导电能力的强弱分为导体、半导体和绝缘体。

1931 年，英国物理学家威尔逊提出了半导体的物理模型，阐述了"杂质导电"和"本征导电"的机制，奠定了半导体学科的理论基础。

1939 年，肖特基、莫特和达维多夫建立了解释金属–半导体接触整流作用的"扩散理论"。

1946 年，美国贝尔实验室成立了由肖克莱、巴丁和布拉顿组成的固体物理学研究小组；1947 年 12 月 23 日，布拉顿和巴丁实验成功点接触锗三极管；1948 年，肖克莱提出了晶体管的理论，并于 1950 年与斯帕克斯(Morgan Sparks)和戈登.K.蒂尔(Gordon Kidd Tear) 一起研制成功锗 NPN 三极管。晶体管的发明开启了微电子学科的先河。

1958 年，9 月 12 日和 19 日，基尔比分别完成了相移振荡器和触发器的制造和演示，标志着集成电路的诞生。1959 年 2 月 6 日，TI 为此申请了小型化的电子电路(Miniaturized Electronic Circuit) 专利(专利号为 No.3138743，批准日期为 1964 年 6 月 26 日)。1959 年 3 月 6 日，TI 在纽约举行的无线电工程师学会(Institute of Radio Engineers，IRE，现 IEEE 的前身)展览会的记者招待会上公布了"固体电路"的发明。

在 TI 申请了集成电路发明专利的 5 个月以后，即 1959 年 7 月 30 日，仙童半导体公司的诺伊斯(Robert Noyce) 申请了基于硅平面工艺的集成电路专利(专利号为 No.2981877，批准日期为 1961 年 4 月 26 日)。诺伊斯的发明更适合于集成电路的大批量生产。图 1-7 为基尔比和诺伊斯各自发明的集成电路。

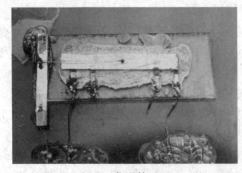 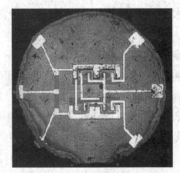

(a) Kilby 发明的 IC　　　　　　　　　　　　(b) Noyce 发明的 IC

图 1-7　世界上第一块集成电路

1968 年，诺伊斯和戈登·摩尔、安德鲁·格鲁夫及其他几名仙童半导体公司雇员成立了英特尔(Intel)公司。Intel 公司最早的产品是 64 比特双极型静态随机存取存储器(SRAM)，1970 年，Intel 用 12 微米工艺开发了 1K MOS DRAM(型号 1103)。半导体存储器以其体积小、质量轻、功耗低、工作稳定的特点迅速取代了计算机中的磁芯存储器，使计算机的存储结构发生了革命性的变化。存储器的生产与工艺设备密切相关，而这正是当时日本企业的优势所在，这导致了日本在存储器市场上开始崛起。面对存储器的竞争，Intel 开始进行战略调整，逐步将产品重心朝微处理器方向转移。1971 年，Intel 将 4 位微处理器 4004 推向市场，宣告了集成电路产业的新纪元。1981 年，Intel 的微处理器 8088 被用于 IBM 的个人计算机(PC)，开创了个人计算机的新时代。

　　随着集成电路技术的进步，其产品门类越来越多，产品性能越来越高，应用领域越来越广。20 世纪 90 年代，移动通信成为可能；21 世纪初，网络开始进入家庭，这标志着人类已经踏入了信息社会。

　　集成电路的技术进步一般用"摩尔定律"来描述。1965 年 4 月 19 日，任职仙童半导体公司的戈登·摩尔在《电子学》杂志上发表了题为《向集成电路填充更多的元件》一文，文章认为，集成电路在最低元件成本下的复杂度大约每年增加一倍。1975 年，摩尔对此预测作了修正，即集成电路的集成度每两年增加一倍。这就是业界大名鼎鼎的"摩尔定律"。迄今，Intel 微处理器上的晶体管数量一直遵循着摩尔定律的规律发展，DRAM 集成度的增长要略快，即每 18 个月翻一番。

　　当前，随着半导体加工工艺采用 FinFET 等新技术，集成电路量产加工的最小尺寸已达到 14 纳米，单一芯片可集成几十亿个晶体管。如果继续沿着按比例缩小(scaling down) 之路走下去，根据 2011 年 ITRS(International Technology Roadmap for Semiconductors) 的预测，DRAM 的最小加工线宽在 2024 年有可能达到 8 纳米，进入介观物理的范畴。

　　"介观"(Mesoscopic) 这个词汇，是 Van Kampen 于 1981 年所创，指的是介乎于微观和宏观之间的尺度。介观物理学是物理学中一个新的分支学科，是研究介于纳米和微米尺度之间结构的物理学。科学家在这个尺度范围内进行了激动人心的研究，设计出了亚微观电子器件和亚微观机械器件。制造如此微小的电子元件需要量子力学知识，所以这些研究一般横跨物理学和工程两大领域。这些研究未来可用于制造清除动脉血管阻塞的机器人"医生"、亚微观驱动器和可置于针尖的超级计算机等产品。工作在这个领域的物理学家、工程师和化学家正在为我们规划和制造着未来的精彩世界。介观物理学所研究的物质尺度和纳米科技的研究尺度有很大重合，所以这一领域的研究也常被称为"介观物理和纳米科技"。由于介观尺度的材料一方面含有一定量粒子，无法仅仅用薛定谔方程求解，另一方面，其粒子数又没有多到可以忽略统计涨落的程度，因此集成电路技术的进一步发展遇到很多物理障碍，如费米钉扎、库伦阻塞、量子隧穿、杂质涨落、自旋输运等，需用介观物理和基于量子化的处理方法来解决。对于这里涉及的大量名词，感兴趣的读者可以参考原子物理学、固体物理学或量子力学等方面的资料。

　　除了尺寸变小带来的限制，还有一种物理限制是功耗。从微观的角度看，随着集成电路集成度的不断提高，晶体管、阻容元件及连接导线在单位体积内所产生的热量也越来越高。实验表明，Pentium 功率密度已与电炉相当。由于高温对集成电路的高频性能、漏电和可靠性会产生不良影响，所以，目前的 CPU 全部都附加风冷散热装置。若任其发展，则集成电路的发热要向着核反应堆、火箭喷嘴乃至太阳表面的功率密度发展。显然，这不可能接受。对不断增长的热耗散，如果采用水冷装置来解决散热问题，就与电子设备的小型化、轻量化、移动化的发展方向相悖；故必须开发低功耗乃至甚低功耗的集成电路来解决集成电路功耗不断上升的问题。

当今社会，人类面临着巨大的能源问题。为了破解能源的困惑，一是要降低消耗，二是要开发新能源。就集成电路产业而言，降低能源消耗有两条途径：一是集成电路自身要成为低功耗产品，因为电子产品中的集成电路也必然消耗着能源，目前一个家庭中集成电路能源的消耗已与照明的能源消耗相当；二是充分发挥集成电路在节能减排中的作用，利用集成电路的功能减少其他产业的能耗。

降低集成电路自身功耗是集成电路业界多年来一直追求的目标。例如，CPU 不再单纯提高主频速度，而是采用多核的工作方式来提升处理器的性能；2000 年，金帆(Gene A.Frantz)提出了 DSP 器件的功耗每 18 个月下降 1 倍的"金帆定律"；2005 年，Intel CEO 欧德宁曾指出，今后应以性能/瓦作为衡量处理器的重要指标；中国科学院王阳元院士也在国内首先提出了"绿色微纳电子学"的概念，并组织境内外有关专家及时撰写了《绿色微纳电子学》一书并出版，分别从能源经济、社会文化、低功耗集成电路设计、绿色集成电路芯片制造、绿色电子封装、微纳电子新器件结构、绿色存储器的发展和集成微纳系统等各个角度对绿色微纳电子学进行了阐述，对半导体绿色照明光源、薄膜太阳能电池等有关领域进行了学术探讨。王阳元认为："未来集成电路产业和科学技术发展的驱动是降低功耗，不再仅以提高集成度，即减小特征尺寸为技术节点，而以提高器件、电路与系统的性能/功耗比作为标尺。"

如何突破集成电路的物理限制并满足节能社会的需求，目前有四条技术途径，预计在 21 世纪 30 年代，这四种技术途径在相互碰撞的火花中会产生革命性的突破。

一是延续摩尔(more Moore)，继续走 scaling down 之路，将与数字有关的内容全部集成在单一芯片上，成为芯片系统(System on Chip，SoC)。

二是扩充摩尔(more than Moore)，采取系统封装(System in Package，SiP)的方法将非数字的内容，如模拟电路、射频电路、高压和功率电路、传感器乃至生物芯片全部集成在一起，形成功能更全、性能更优、价值更高的电子系统。

三是超脱摩尔(beyond Moore)，即采用自下而上(bottom up) 的方法或采用新的材料创建新的器件结构，如量子器件(单电子器件、自旋器件、磁通量器件等)和基于自组装的原子和分子器件(石墨烯、碳纳米管、纳米线等)。

第四，也有可能随着物理、数学、化学、生物等新发现和技术突破，另辟蹊径，建立新形态的信息科学技术及其产业。

微电子学是一门综合性很强的边缘学科，其中包括了半导体器件物理、集成电路工艺和集成电路及系统的设计、测试等多方面的内容；涉及了固体物理学、量子力学、热力学与统计物理学、材料科学、电子线路、信号处理、计算机辅助设计、测试与加工、图论、化学等多个学科。微电子学的渗透性极强，它可以与其他学科结合而诞生出一系列新的交叉学科，例如它与机械、光学等结合导致了微机电系统(MEMS)的出现，它与生物科学结合诞生了生物芯片。

信息技术发展的方向是多媒体(智能化)、网络化和个体化，要求系统获取和存储海量的多媒体信息，以极高速度精确可靠地处理和传输这些信息，并及时地把有用信息显示出来或用于控制。所有这些都只能依赖于微电子技术的支撑才能成为现实。超高容量、超小型、超高频、超低功耗是信息技术永远追求的目标，是微电子技术迅速发展的动力。

1.3　微电子产业概述

1.3.1　微电子工业选用的主要材料

我们知道，材料大致可以分为导体、半导体和绝缘体三大类。晶体管和集成电路一般采用半导体材料制得。

为什么是半导体而不是导体或者绝缘体呢？

第一，半导体材料的电阻率可以按照需要调整。可以通过掺杂等手段，使半导体材料的电阻率得到极其精确的调控，其大小可以跨越几个数量级范围。这样，就可以轻易地将半导体从绝缘体变成导体，反之亦然。任何导体和绝缘体材料都无法做到这一点。利用电阻率的改变，可以用半导体材料制备大量的电子和光子器件。

第二，半导体材料非常独特，除了晶体中只有一种原子的单质半导体(如硅、锗)和各元素有一定比例的化合物半导体(如 III-V 族、II-VI 族)外，甚至还有 IV-IV 族半导体"合金"(如碳化硅 SiC)。半导体合金内部构成元素之间的比例可以连续变化，从而形成一种"固溶体"。根据合金中元素的种类可将半导体合金分为"二元合金""三元合金""四元合金"，比如激光打印机中的激光二极管就是用三元合金砷化铝镓($Al_xGa_{1-x}As$)生产的。利用半导体合金的性质可以创造出无限多种"人造"半导体，以满足特定需求或者应用。这种构思和制造人造材料的过程，称为"带隙工程"，是纳电子学和光电子学的核心。

第三，选择半导体材料还有个巨大的优势，就是它制造方便，原材料丰富，非常适合大规模生产。

微电子工业不仅制造集成电路，还制造其他半导体器件，比如 LED、光伏电池等。选用的主要材料如下。

1. 硅(Si)和锗(Ge)

重要的半导体材料硅、锗等在化学元素周期表中都属于第IV族元素，原子的最外层都有四个价电子。大量的硅、锗原子组合成晶体靠的是共价键结合，它们的晶格结构与碳原子组成的一种金刚石晶格一样，都属于金刚石型结构。

金刚石型结构的特点是：每个原子周围都有四个最近邻的原子，组成一个如图 1-8(a)所示的正四面体结构。四个原子分别处在正四面体的顶角上，任一顶角上的原子和中心原子各贡献一个价电子为该两个原子所共有，共有的电子在两个原子之间形成较大的电子云密度，通过它们对原子的引力把两个原子结合在一起，这就是共价键。这样，每个原子和周围四个原子组成四个共价键。上述四面体四个顶角原子又可以各通过四个共价键组成四个正四面体。如此推广，将许多正四面体累积起来就得到如图 1-8(b)所示的金刚石型结构(为了看起来方便，有些原子周围只画出二个或三个共价键)，它的配位数是 4。

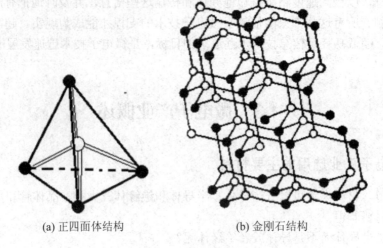

(a) 正四面体结构　　　　　　　　　　(b) 金刚石结构

图 1-8　硅晶体结构

在固态器件时代之初，第一个晶体管是由锗制造的，但是锗在工艺和器件性能上有问题。锗的熔点只有 937℃，限制了高温工艺，更重要的是，它表面缺少自然发生的氧化物，从而容易漏电。而硅与二氧化硅平面工艺的发展解决了集成电路的漏电问题，使得电路表面轮廓更平坦，并且硅的熔点(1415℃)允许更高温的工艺。现在，世界上超过 90% 的晶圆生产用的材料都是硅。

选择硅材料还有更多充分的理由，具体如下：

第一，地壳组分的 74% 是硅酸盐(硅氧化合物长石($NaAlSi_3O_6$)、绿柱石($BeAl_2(Si_6O_{18})$)、橄榄石($(MgFe)_2SiO_4$)等)，可以说，我们生活在一个硅星球上。硅是地球上含量丰富的元素，仅在铁(35%)和氧(30%)之后，排在第三位(重量占 15%)。只需要去海滩铲一些沙子，就拥有了一些硅。地球上惊人地盛产硅，并且硅可以很容易纯化至极低的本征杂质浓度(小于 1×10^{-6})，从而成为地球上最纯净的用来生产晶体管的材料之一。

第二，单晶硅结构稳定。晶体硅内部的原子规则排列，形成金刚石结构，是建造电子产品的首选形态。这是一种非常稳定和强大的晶体结构，硅的许多优良特性直接与这一基本的晶体结构有关，这种结构使得硅晶体可以生长得非常大，而且几乎无缺陷。现在量产的 12 寸晶圆的晶棒，就是直径 30 厘米、约 1.8 米长的晶体硅，重量可达数千千克！这种像宝石一样完美的硅晶体又称为"硅刚玉"，实际上是地球表面最大的完美晶体。同样结构的碳晶体，就是我们熟识的恒久不变的美丽的钻石。不同的是，硅晶体显示出一种低调的、不透明的铅灰色。

第三，硅具有优良的热性能，可以有效地去除散发的热量。这很关键，因为即使组成一个微处理器的 1000 万个晶体管中每一个散发出的热量极少(比如说 0.001 瓦)，但加起来就有许多的热量(1000 万 × 0.001 = 10 000 瓦)。如果这些热量不能有效地去除，那么芯片温度的上升就会失控，可靠性和性能就会降低，器件就会被烧毁。

第四，硅无毒且高度稳定，这使得它在许多方面成为最好的"绿色"材料，遗憾的是完成制造过程所需的化学品(二硼烷、磷化氢、砷化氢、氢氟酸)很多是剧毒的，材料学家在这方面仍在不断努力寻找替代品。

第五，硅具有优良的力学性能，使得微纳电子制造过程便于操作。试想一下，要把一根直径为300毫米的比铁还硬的硅晶棒切削成700多微米厚的薄片，还要保证圆片尽量保持平直，材料需有极佳的力学性能稳定性。而且，在生产集成电路的时候，硅晶片的绝对平面度是至关重要的。晶圆经常要暴露在1000℃以上的极高温度下，极佳的力学性能稳定性使制造过程中圆片的翘曲减到最小。

第六，硅的天然氧化物是绝缘体。硅暴露在空气中，即使在室温条件下，表面也能长出一层厚度为40×10^{-10}的氧化膜(二氧化硅膜)。这一层氧化膜相当致密，能阻止硅表面继续被氧原子所氧化，而且还具有极稳定的化学性和绝缘性。正因为硅的氧化膜具有这些特性，才引起人们的广泛关注。经研究表明，硅氧化膜除具有上述特点之外，还能对某些杂质起到掩蔽作用(即杂质在二氧化硅中的扩散系数非常小)，从而可以实现选择性扩散。这样，二氧化硅的制备与光刻、扩散的结合，才促进了硅平面工艺及集成电路的发展。

2. 半导体化合物

有很多半导体化合物由元素周期表中第Ⅱ族、第Ⅲ族、第Ⅴ族和第Ⅵ族的元素形成。在这些化合物中，商业半导体器件中用得最多的是砷化镓(GaAs)、磷砷化镓(GaAsP)、磷化铟(InP)、砷铝化镓(GaAlAs)和磷镓化铟(InGaP)。这些化合物有特定的性能。当电流激活时，由砷化镓和磷砷化镓做成的二极管会发出可见的激光，可用这些材料来制作电子面板中的发光二极管(LED)。

砷化镓的另一个重要特性就是其载流子的高迁移率。这种特性使得在通信系统中砷化镓器件比硅器件能更快地响应高频微波，并有效地把它们转变为电流。载流子的高迁移率也是人们对砷化镓晶体管和集成电路感兴趣的原因所在。砷化镓器件中载流子的迁移率比类硅器件快两到三倍，应用于超高速计算机和实时控制电路(如飞机控制)。砷化镓本身就对辐射所造成的漏电具有抵抗性。辐射(如宇宙射线)会在半导体材料中形成空穴和电子，它会升高不想要的电流，从而造成器件或电路工作不正常或停止工作。可以在辐射环境下工作的器件叫做辐射硬化器件。砷化镓是天然辐射硬化的。

砷化镓也是半绝缘的，这种特性使邻近器件的漏电最小化，允许更高的封装密度，进而由于空穴和电子移动的距离更短，电路的速度更快了。在硅电路中，必须在表面建立特殊的绝缘结构来控制表面漏电，这些结构使用了不少空间并且降低了电路的密度。

尽管砷化镓有这么多的优点，但它也不会取代硅成为主流的半导体材料，原因在于其制造难度。另外，虽然砷化镓电路非常快，但是大多数的电子产品不需要那么快的速度。

具体来说，在性能方面，砷化镓如同锗一样没有天然的氧化物，为了补偿，必须在砷化镓上淀积多层绝缘体，这样就会导致更长的工艺时间和更低的产量。而且在砷化镓中占半数的原子是砷，对人类是很危险的。更令人遗憾的是，在正常的工艺温度下砷会蒸发，这就额外需要抑制层或者加压的工艺反应室，这些步骤延长了工艺时间，增加了成本。在晶体生长阶段蒸发也会发生，导致晶体和晶圆不平整，这种不均匀性造成晶圆在工艺中容易折断，而且也导致了大直径的砷化镓生产工艺水平比硅落后。尽管有这些问题，但是砷化镓仍是一种重要的半导体材料，其应用也将继续增多，而且它在未来对计算机的性能可能有很大影响。

3. 锗化硅

与砷化镓有竞争性的材料是锗化硅。锗和硅这样的结合把晶体管的速度提高到可以应用于超高速的对讲机和个人通信设施当中。锗化硅器件和集成电路的结构特色是用超高真空/化学气相沉积法(UHV/CVD)来淀积锗层，双极晶体管就形成在锗层上。不同于硅技术中所形成的简单晶体管，锗化硅需要晶体管具有异质结构(heterostructure)和异质结(heterojunction)。这些结构包括好几层并且有特定的掺杂等级，从而允许高频运行。

主要的半导体材料和二氧化硅之间的比较列在表 1-1 中。

表 1-1　几种半导体材料的物理性能比较

	Ge	Si	GaAs	SiO$_2$
原子质量	72.6	28.09	144.63	60.08
每立方厘米原子数	4.42×10^{22}	5.00×10^{22}	2.21×10^{22}	2.3×10^{22}
晶体结构	金刚石结构	金刚石结构	闪锌矿结构	无定形态
单位晶格	8	8	8	—
密度	5.32	2.33	5.65	2.27
能隙	0.67	1.11	1.40	8
绝缘系数	16.3	11.7	12.0	3.9
熔点/℃	937	1415	1238	1700
击穿电压	8	30	35	600
热膨胀线性系数	5.8×10^{-6}	2.5×10^{-6}	5.9×10^{-6}	0.5×10^{-6}

4. 铁电材料

更快更可靠的存储器采用铁电材料。铁电材料电容如锆钛酸铅 PbZr$_{1-x}$T$_x$O$_3$(PZT)和钽酸锶铋 SrBi$_2$Ta$_2$O$_9$(SBT)用"0"或"1"两种状态存储信息，能够快速地响应和可靠地改变状态。通常把它们并入 SiCMOS 存储电路，称为铁电随机存储器(FeRAM)。

1.3.2　从沙子到集成电路(IC)

所有的现代硅集成电路都是从沙滩上的沙子开始的，最终得到了包含几百块完全相同 IC 的晶片。集成电路产业是名副其实的"点石成金"产业。硅源于沙，为石。2010 年 12 月黄金价格为每克 349 元，用硅材料制成的 8 G 内存芯片质量约为 1 克，售价 388 元(含封装)，即同等质量的芯片价值几乎等于同等质量的黄金，这正是无数人的智慧凝聚在同一芯片上所产生的财富。但是，集成电路产业又是名副其实的"食金虫"产业。2007 年，Intel 在大连 Fab 68 生产线的投资为 25 亿美元；2011 年，中芯国际 300 毫米晶圆 32 纳米生产线的投资为 35 亿美元。集成电路的技术进步源于雄厚资本的持续投入，只有持续的高投入才能使集成电路产品在残酷的市场竞争中立于不败之地。

集成电路的投资主要是用于购置生产线设备和新产品研发，小部分用于生产运转及市场营销。设备折旧和直接材料大约占了生产成本的60%～80%。从集成电路工厂的建设看，一个12英寸、65纳米技术的集成电路生产厂的投资为25亿美元(如大连Intel Fab68)，约等于两个秦山核电站的投资；从集成电路生产设备看，一台193纳米光刻机的售价为6000万～7000万美元，与一架波音737-700飞机的价格相当，而一条32纳米工艺、月产12英寸晶圆35 000片的生产线需要3台这样的光刻机。

鉴于集成电路每两年加工尺寸缩小到上一技术节点70%的规律，每一代集成电路产品的寿命约为3年，但由于市场需求不同，当新一代产品出现时，上一代产品并未完全被淘汰，在市场上会出现几代产品同时存在的局面。这种快速发展的态势一定要有超前的研发能力为后盾，而研发能力的形成既取决于对市场的敏锐判断和果敢的程序决策，更需要雄厚的资本投入作为支撑。集成电路企业的研发投入几乎与设备投入相当。作为Foundry的代表，台积电2010年的资本支出为59亿美元，2011年的研发预算为8亿美元；2010年中芯国际资本支出为7.28亿美元，研发费用为1.75亿美元；作为存储器的主要提供商，韩国三星电子从2004年起，每年在设备上的投资为66亿美元，2011年的研发投入为79.9亿美元。多数产品的研发投入恰恰是在集成电路市场增长率处于低谷的时期。在这不仅要抵抗市场波动的巨大压力，反过来还要加大对研发的投入的时刻，企业最需要政府的支持，需要政府与企业联手共度时艰。对于集成电路产业处于发展中的国家来说，尤应如此。

中国现在是世界第一的集成电路消费大国。消费大国在产业强国面前潜藏着两个危机。一是高端产品、关键产品别人不允许你"消费"，产业强国会以各种手段控制产品的供给，一方面使消费大国在电子系统的竞争中永远处于落后的态势，另一方面可以通过对供应链条的控制来达到其政治和经济目的。在智能时代，掌控集成电路资源重要性和工业时代掌控能源的重要性相当，甚至更加重要。二是低端产品、量大面广的产品任消费大国消费，但产业强国从供应链中提走了最多的利润，控制了世界经济的财富分配，从而蚕食消费大国的经济机体，削弱消费大国的竞争能力。

尽管中国已经成为世界第一集成电路市场，但关键器件、核心器件是花多少钱也买不到的，或者说，即使可以得到这些器件，但很难保证其中没有隐藏随时可以引爆的"定时炸弹"。为此，涉及政治、军事、国家安全、金融、航天等领域的集成电路必须要有自给自足的能力。

从沙子到集成电路(IC)包含一系列加工过程，主要分为四个阶段，分别是原材料准备、晶体生长和晶圆准备、芯片制造以及封装测试，如图1-9所示。

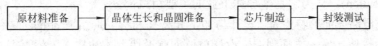

图1-9　半导体制造阶段

原材料准备阶段，将开采的半导体材料根据半导体标准进行提纯。例如硅材料准备，以沙子为原料，沙子通过转化可成为具有多晶硅结构的纯净硅。

晶体生长和晶圆准备阶段，经过提纯的材料首先形成带有特殊的电子和结构参数的晶体，再进行晶体生长。接下来的晶体生长和晶圆准备工艺中，将晶体切割成薄片，称为"晶圆(wafer)"，并进行表面处理。半导体工业除了用硅单晶，也用锗和不同半导体材料的混合物来制作器件与集成电路。

第三个阶段是芯片制造或称为晶圆制造，也就是在晶圆表面形成器件或集成电路。每个晶圆上通常可形成 200～300 个同样的器件，有时甚至可多至成千上万个。在晶圆上由分立器件或集成电路占据的区域叫做芯片。晶圆制造也可称为制造、Fab、芯片制造或是微芯片制造。晶圆的制造有几千个步骤，它们可分为两个主要部分：在晶圆表面上形成晶体管和其他器件称为前线工艺(FEOL)；以金属线把器件连在一起并加一层最终保护层称为后线工艺(BEOL)。晶圆上的芯片完成后，仍然保持晶圆形式，接下来，每个芯片经过晶圆电测来检测是否符合客户的要求。经过电测检验合格的芯片进入封装阶段。

封装测试阶段是通过一系列的过程把晶圆上的芯片分割开，然后把它们封装起来。封装起到保护芯片免于污染和外来伤害的作用，并提供坚固耐用的电气引脚以和电路板或电子产品相连。测试主要分为中测和成测。中测一般是晶圆测试，封装前使用探针或探针测试卡直接在圆片上进行芯片级的测试，以打墨点的方式挑出不合格的芯片。封装后的测试称为成品测试或成测，一般采用自动测试系统进行批量测试。典型大规模集成电路的测试内容主要分为功能测试和参数测试两类。

一个硅片上的集成电路越多，同样的成本就可以获得更多利润。现代集成电路的生产环节始终都是在 IC 制造厂，或称为"Foundry"中进行的。大规模集成电路的制造往往需要上千个单独的制造步骤，经历数月的时间方能完成。它涉及了如下 7 个主要的生产环节，每一个环节都必须按照难以置信的原子级精度来执行：

(1) 建立环境：超高洁净室技术、超低缺陷密度、超纯化学品和化学气体、去离子水。

(2) 有选择地加入材料：掺杂(离子注入、扩散)、薄膜制备(外延、氧化、金属镀层、淀积)、旋转涂布光刻胶。

(3) 在材料上形成特定图形：光刻。

(4) 有选择地去除材料：化学刻蚀、等离子体刻蚀、光刻胶显影、化学机械抛光。

(5) 有选择地重新布料：扩散、硅化物形成、应变工程。

(6) 应用损伤控制：退火、氢钝化、牺牲层。

(7) 封装测试：功能测试、切割、封装、贴管芯、连线焊接、老化、最终测试。

1.3.3　半导体产业及规模介绍

半导体工业包括材料供应商、电路设计、芯片制造和半导体工业设备及化学品供应商，这是广义的概念。我们又往往把制造半导体固态器件和电路的企业的生产过程称为晶圆制造(wafer fabrication)，认为它是半导体工业的主要组成部分。

现代集成电路产业的特点是"设计与加工分离"，即集成电路产品的完成由两方面配合而成，一方是设计，另一方是制造。设计单位拥有设计人才和技术，但不拥有生产线，无生产线的集成电路设计公司称为 Fabless，可以独立生存和发展。芯片制造单位专心致力于代客户加工的工艺实现，简称代工厂，即 Foundry。

无生产线的集成电路设计公司(Fabless)从代工(Foundry)获取工艺参数文件，将设计好的电路按照工艺数据进行仿真和优化，并将电路图转化为版图，对版图进行 DRC(设计规则检查)、参数提取和 LVS(版图电路对比)，最终生成版图文件交给代工厂"流片"，制造出芯片，交给设计方。设计方通过测试，若符合设计要求，则芯片制造成功；若不符合要求，则要修改设计重新加工。图 1-10 为设计单位与代工厂的关系示意图。

图 1-10 设计单位与代工厂的关系示意图

为了降低制版和硅片加工费用，众多学校、研究所和中小企业还常常采用 MPW 计划制造芯片。所谓 MPW，是指 Multi Project Wafer(多项目晶圆)，它是将几种甚至几十种工艺兼容的芯片拼装为一个宏芯片(Macro-chip)，从而将成本分摊至几十种芯片，大大降低芯片研制成本。

在半导体行业中有三种类型的芯片供应商：第一种是集设计、制造、封装和销售为一体的公司(IDM 型)；第二种是做设计和晶圆市场的公司(Fabless 型)，它们从晶圆厂购买芯片；第三种是晶圆代工厂(Foundry 型)，它们为顾客生产各种类型的芯片。

半导体产业中以产品为终端市场的生产商和以产品为内部使用的生产商都生产芯片。以产品为终端市场的生产商制造并在市场上销售芯片，以产品为内部使用的生产商生产的芯片用于它们自己的终端产品，如计算机、通信产品等，其中一些企业也向市场销售芯片。还有一些企业生产专业的芯片供内部使用，在市场上购买其他的芯片产品。

半导体市场大致可以分为集成电路、分立器件、光电器件和传感器四大领域，其中尤以集成电路所占份额最大。据美国半导体产业协会(SIA)发布的数据显示，2015 年全球半导体市场规模为 3352 亿美元，集成电路的规模高达 2753 亿美元，占半导体市场的 82.1%；2014 年全球半导体市场规模为 3331.6 亿美元，集成电路的规模达成 2745.9 亿美元，占半导体市场的 82.4%。所以说集成电路是半导体产业的重中之重。图 1-11 所示为 2014 年全球半导体市场规模占比图。

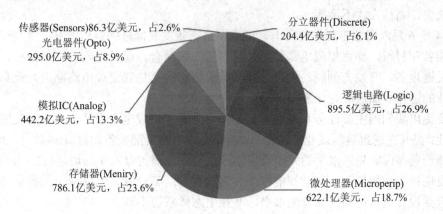

图 1-11 2014 年全球半导体市场规模占比图

半导体产业的体量惊人，增长速度远远超过其他经济形式。据 IMF(国际货币基金组织)报道，2014 年世界经济 GDP 增长率为 3.3%。而据中国半导体行业协会统计，2014 年世界半导体产业营收额 3331.5 亿美元，同比增长 9.0%。图 1-12 是来源于博思数据研究中心的

《2014—2018 年中国电力载波通信市场分析与投资前景研究报告》中 2007—2013 年全球半导体产业销售额情况。

在 2014 年世界半导体产业前二十名的企业中，有近一半是做存储器和处理器的企业。这些企业中，IDM 型企业有 12 家，占比 60%；Foundry 型企业有 2 家，占比 10%； Fabless 型企业有 6 家，占比 30%。世界半导体产业前二十名的企业营收额为 2596.50 亿美元，占世界总值的 77.9%，这说明世界半导体产业寡头更为集中。

2014 年世界半导体产业进入前二十名的企业按总部所在地区划分，美国为 8 家，占比为 40%；欧洲为 3 家，日本为 3 家，中国台湾为 3 家，占比各为 15%；韩国为 2 家，占比为 10%；新加坡为 1 家，占比为 5%。中国大陆还没有企业总部进入前二十名。

图 1-12　2007—2013 年全球半导体产业销售额情况

我国集成电路产业链发展起步较早，长期以来由于受到各种原因的困扰，发展迟缓，表现为资金注入不足、产业规模上不去、产业链不配套、企业小而散、自主发展乏力、核心技术缺失、高档人才不足等。

2014 年 6 月，国务院公布的《国家集成电路产业发展推进纲要》指出：要突破集成电路关键装备和材料，加强集成电路装备、材料与工艺结合，研发光刻机、刻蚀机、离子注入机等关键设备，开发光刻胶、大尺寸硅片等关键材料，加强集成电路制造企业和装备、材料企业的协作，加快产业化进程，增强产业配套能力。

纲要提出我们的主要任务和发展重点是：着力发展集成电路设计业；加速发展集成电路制造业；提升先进封装测试业发展水平；突破集成电路关键装备和材料。目标到 2020 年，集成电路产业与国际先进水平的差距逐步缩小，全行业销售收入年均增速超过 20%，企业可持续发展能力大幅增强。移动智能终端、网络通信、云计算、物联网、大数据等重点领域集成电路设计技术达到国际领先水平，产业生态体系初步形成。16/14 nm 制造工艺实现规模量产，封装测试技术达到国际领先水平，关键装备和材料进入国际采购体系，基本建成技术先进、安全可靠的集成电路产业体系。到 2030 年，集成电路产业链主要环节达到国际先进水平，一批企业进入国际第一梯队，实现跨越发展。

随后，我国于 2014 年 9 月成立了工信部、财政部指导下的"国家集成电路产业投资基金公司"("大基金")和由 37 人组成的咨委会。"大基金"募集到千亿元资金,主要用于晶圆制造业,兼顾设计业、封测业和设备材料业等。2016 年 7 月 31 日,由 27 家高端芯片、基础软件、整机应用等产业链的重点骨干企业、著名院校和研究院所,共同发起成立"中国高端芯片联盟"。该联盟接受国家集成电路产业发展领导小组办公室的指导,其宗旨是围绕高端芯片领域,以建立产业生态为目标,以重点骨干企业为主体,整合各方资源,建立产、学、研、用深度融合的联盟,推动协同创新攻关,促进核心技术和产品应用推广,探索体制机制创新,打造"架构—芯片—软件—整机—系统—信息服务"的产业生态体系,推进集成电路产业快速发展。联盟发起单位包括紫光集团、长江存储、中芯国际、中国电子、华为、中兴、联想,以及清华大学、北京大学、中科院微电子所、工信部电信研究院等国内顶尖芯片产业链骨干企业及科研院所。我国集成电路产业在国内外市场发展的带动下,正在迎来一个大发展的时期。

复习思考题

1．微纳电子的"微""纳"指的是什么?

2．8 英寸晶圆的直径是多少毫米? 12 英寸呢?

3．什么样的晶体是单晶体? 单晶体有何特点?

4．第一个晶体管是用什么材料做出来的?

5．集成电路为什么主要选用硅材料?

6．什么是本征半导体?

7．什么是特征图形尺寸?

8．集成电路按照集成度水平可分为哪几个阶段?

9．介绍一下集成电路由沙子开始到最终形成集成电路的工艺过程。

第二章　半导体分立器件和集成电路

半导体器件构成了世界上最大的产业——电子产业的基础。半导体分立器件的发展从1990 年以后就成为电子产业的技术驱动者。

2.1　本征半导体和掺杂半导体

2.1.1　本征半导体

本征半导体是指纯净的半导体，指材料处于纯净状态而不是掺杂了杂质或其他物质。更通俗地讲，完全纯净的半导体称为本征半导体或 I 型半导体。利用半导体材料制造集成电路，首先需要制备纯度高达 9 个 "9" (即 99.999 999 9%)以上的本征半导体。

理论上讲，完全不含杂质且无晶格缺陷的纯净半导体称为本征半导体。实际的半导体不可能绝对的纯净，工程上把导电主要由材料的本征激发决定的纯净半导体称为本征半导体。

那么什么叫本征激发呢？

当半导体的温度 $T > 0\,\mathrm{K}$ 时，有电子从 "价带" 激发到 "导带" 去，同时价带中产生了空穴，这就是所谓的本征激发。

一般来说，半导体中的价电子不像绝缘体中价电子所受的束缚那样强，如果能从外界获得一定的能量(如光照、温升、电磁场激发等)，一些价电子就可能挣脱共价键的束缚而成为近似自由的电子(同时产生出一个空穴)，这就是本征激发。这是一种热学本征激发，所需要的平均能量就是禁带宽度。本征激发还有其他一些形式。如果是光照使得价电子获得足够的能量，挣脱共价键而成为自由电子，则是光学本征激发(竖直跃迁)；这种本征激发所需要的平均能量要大于热学本征激发的能量——禁带宽度。如果是电场加速作用使得价电子受到高能量电子的碰撞、发生电离而成为自由电子，则是碰撞电离本征激发；这种本征激发所需要的平均能量大约为禁带宽度的 1.5 倍。

要了解上面所说的价带、导带、禁带宽度的含义，需要进一步的半导体物理基础知识。这里简单描述一下，希望对读者有一定的帮助。

制造半导体器件所用的材料大多是单晶体。单晶体是由靠得很紧密的原子周期性重复排列而成的，相邻原子间距只有零点几个纳米的数量级。因此，半导体中的电子状态肯定和原子中的不同，特别是外层电子会有显著的变化。但是，晶体是由分立的原子凝聚而成的，而与电子状态又必定存在着某种联系。

下面以原子结合成晶体的过程定性地说明半导体中的电子状态。原子中的电子在原子核的势场和其他电子的作用下，分列在不同的能级上形成所谓电子壳层，不同支壳层的电子分别用 1s；2s，2p；3s，3p，3d；4s，…等表示，每一支壳层对应于确定的能量。当原子相互接近形成晶体时，不同原子的内外各电子壳层之间就有了一定程度的交叠，相邻原子最外壳层交叠最多，内壳层交叠较少。原子组成晶体后，由于电子壳层的交叠，电子不再完全局限在某一个原子上，可以由一个原子转移到相邻的原子上去，因而，电子将可以在整个晶体中运动。这种运动称为电子的共有化运动。但需注意，因为各原子中相似壳层上的电子才有相同的能量，电子只能在相似壳层间转移，所以，共有化运动的产生是由于不同原子的相似壳层间的交叠引起的，例如 2p 支壳层的交叠，3s 支壳层的交叠。也可以说，原子结合成晶体后，每一个原子能引起"与之相应"的共有化运动，例如 3s 能级引起"3s"的共有化运动，2s 能级引起"2p"的共有化运动，等等。由于内外壳层交叠程度很不相同，所以，只有最外层电子的共有化运动才显著。

晶体中电子作共有化运动时的能量是怎样的呢？先以两个原子为例来说明。当两个原子相距很远时，如同两个孤立的原子，原子的能级如图 2-1(a)所示，每个能级都有两个态与之相应，是二度简并的(暂不计原子本身的简并)。当两个原子互相靠近时，每个原子中的电子除受到本身原子的势场作用外，还要受到另一个原子势场的作用，其结果是每一个二度简并的能级都分裂为两个彼此相距很近的能级，两个原子靠得越近，分裂得越厉害。图 2-1(b)示意地画出了八个原子互相靠近时能级分裂的情况。可以看到，每个能级都分裂为八个相距很近的能级。当两个原子互相靠近时，原来在某一能级上的电子就分别处在分裂的两个能级上，这时电子不再属于某一个原子，而为两个原子所共有。分裂的能级数需计入原子本身的简并度，例如 2s 能级分裂为两个能级；2p 能级本身是三度简并的，分裂为六个能级。

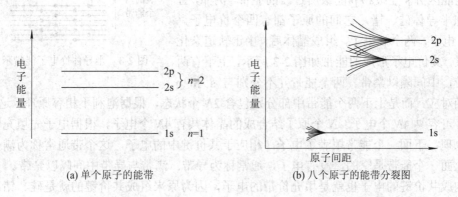

(a) 单个原子的能带　　　　　　　　　(b) 八个原子的能带分裂图

图 2-1　能级分裂图

现在考虑由 N 个原子组成的晶体。晶体每立方厘米体积内约有 $10^{22} \sim 10^{23}$ 个原子，所以 N 是个很大的数值。若 N 个原子相距很远尚未结合成晶体，则每个原子的能级都和孤立原子的一样，它们都是 N 度简并的(暂不计原子本身的简并)。当 N 个原子互相靠近结合成晶体后，每个电子都要受到周围原子势场的作用，其结果是每一个 N 度简并的能级都分裂成 N 个彼此相距很近的能级，这 N 个能级组成一个能带。这时电子不再属于某一个原子而是在晶体中作共有化运动。分裂的每一个能带都称为允带，允带之间因没有能级称为禁带。图 2-2 示意地画出了原子能级分裂为能带的情况。

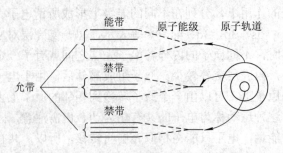

图 2-2　晶体能带图

　　内壳层的电子原来处于低能级，共有化运动很弱，其能级分裂得很小，能带很窄；外壳层电子原来处于高能级，特别是价电子，共有化运动很显著，如同自由运动的电子，常称为"准自由电子"，其能级分裂得很厉害，能带很宽，图 2-2 也示意地画出了内外层电子的这种差别。每一个能带包含的能级数(或者说共有化状态数)与孤立原子能级的简并度有关。例如 s 能级没有简并(不计自旋)，N 个原子结合成晶体后，s 能级便分裂为 N 个十分靠近的能级，形成一个能带，这个能带中共有 N 个共有化状态。p 能级是三度简并的，便分裂成 $3N$ 个十分接近的能级，形成的能带中共有 $3N$ 个共有化状态。实际的晶体由于 N 是一个十分大的数值，能级又靠得很近，所以每一个能带中的能级基本上可视为连续的，有时称它为"准连续的"。

　　但是必须指出，许多实际晶体的能带与孤立原子能级间的对应关系，并不都像上面所说的那样简单，因为一个能带不一定同孤立原子的某个能级相当，即不一定能区分 s 能级和 p 能级所过渡的能带。例如，金刚石和半导体硅、锗，它们的原子都有四个价电子，两个 s 电子，两个 p 电子，组成晶体后，由于轨道杂化的结果，其价电子形成的能带如图 2-3 所示，上下有两个能带，中间隔以禁带。两个能带并不分别与 s 和 p

图 2-3　半导体价电子能带示意图

能级相对应，而是上下两个能带中部分别包含 $2N$ 个状态，根据泡利不相容原理，这 $2N$ 个状态各可容纳 $4N$ 个电子。N 个原子结合成的晶体共有 $4N$ 个电子，根据电子先填充低能带这一原理，下面一个能带填满了电子，相应于共价键中的电子，这个带通常称为满带或价带；上面一个能带是空的，没有电子，通常称为导带。满带与导带中间隔以禁带。

　　构成共价键的电子也就是填充价带的电子，因为原来组成共价键的就是硅、锗原子最外层的四个价电子，它们能量最高，所以，在能带中它们填充的也是能量最高的满带——价带。这里可能会发生疑问，共价键不是一对对把硅、锗原子联结起来的电子么？它们怎么又是价带里的电子呢？实际上，两者并不矛盾，它们标志问题的两个方面，能带图形不是实物图，并不说明电子是否成对地处在原子之间这样的问题，而是着重于说明电子的能量。

　　既然构成共价键的电子就是填充价带的电子，那么电子摆脱共价键的过程从能带来看，就是电子离开了价带从而在价带中留下了空的能级。摆脱束缚的电子到哪里去呢？它只能到上面的一个空能带中，而到导带中去显然需要的能量最小，正是因为这个原因，电子摆脱束缚后一般都处于导带之中，所以，电子摆脱共价键而形成一对电子和空穴的过程，在能带图上面，就是一个电子从价带到导带的电子跃迁过程，其结果是在导带中增加了一个电子而在价带中则出现了一个空的能级。这就表明，半导体中导电的电子就是处于导带中的电子，而在原来填满的价带中出现的空能级则代表着导电的空穴。当然，这里所谓空能级(空穴)的导电性实质上是反映价带中电子的导电作用，这和讲水中气泡的运动实际上是反映水的运动，是一样的道理。

　　固体按其导电性分为导体、半导体、绝缘体的机理，可以根据电子填充能带的情况来说明。

　　固体能够导电，是固体中的电子在外电场作用下作定向运动的结果。由于电场力对电子的加速作用，使电子的运动速度和能量都发生了变化。换言之，即电子与外电场间发生能量交换。从能带论来看，电子的能量变化就是电子从一个能级跃迁到另一个能级上去。对于满带，其中的能级已为电子所占有，在外电场作用下，满带中的电子并不形成电流，对导电没有贡献，通常原子中的内层电子都是占据满带中的能级，因而内层电子对导电没有贡献。对于被电子部分占满的能级在外电场作用下，电子可从外电场中吸收能量跃迁到未被电子占据的能级，形成了电流，起导电作用，常称这种能带为导带。它是原子中的价电子所占据的能带，因而价电子对导电作出了贡献。金属中，组成金属的原子中的价电子占据的能带是部分占满的，如图 2-4(c)所示，这就说明了金属是导体的原因。

　　绝缘体和半导体的能带类似，如图 2-4(a)、(b)所示，即下面是已被价电子占满的满带(其下面还有为内层电子占满的若干满带未画出)，中间为禁带，上面是导带(又称为空带)。因此，在外电场作用下并不导电，但是，这只是绝对温度为零时的情况。当外界条件发生变化，例如温度升高或有光照时，满带中有少量电子可能被激发到上面的导带中去，使导带底部附近有了少量电子，因而在外电场作用下，这些电子将参与导电；同时，满带中由于少了一些电子，在满带顶部附近出现了一些空的量子状态，满带变成了部分占满的能带，在外电场的作用下，仍留在满带中的电子也能够起导电作用，满带电子的这种导电作用等效于把这些空的量子状态看作带正电荷的准粒子的导电作用，常称这些空的量子状态为空穴。

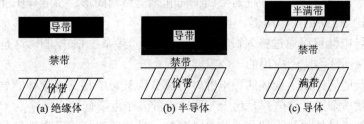

图 2-4　绝缘体、半导体和导体的能带示意图

　　在半导体中，导带的电子和价带的空穴均参与导电，这是半导体与金属导体的最大差别。绝缘体的禁带宽度很大，激发电子需要很大能量，在通常温度下，能激发到导带去的电子很少，所以导电性很差。半导体禁带宽度比较小，数量级在 1 eV 左右，在通常温度下已有不少电子被激发到导带中去，所以具有一定的导电能力，这是绝缘体和半导体的主要区别。室温下，金刚石的禁带宽度为 6～7 eV，它是绝缘体；硅为 1.12 ev，锗为 0.67 eV，

砷化镓为 1.43 eV，所以它们都是半导体。

　　图 2-5 是在一定温度下半导体的能带示意图
(本征激发情况)，图中"·"表示价带内的电子，
它们在绝对温度 $T = 0$ K 时填满价带中的所有能
级。E_v 为价带顶能量，它是价带电子的最高能量。
在一定温度下，共价键上的电子，依靠热激发，有
可能获得能量脱离共价键，在晶体中自由运动，成
为准自由电子。获得能量而脱离共价键的电子，就
是能带图中导带上的电子；脱离共价键所需的最低
能量就是禁带宽度 E_g；E_c 为导带底能量，它是导带

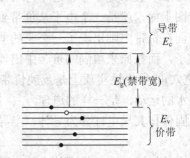

图 2-5　一定温度下半导体的能带示意图

电子的最低能量($E_g = E_c - E_v$，相关能带知识参阅半导体物理中能带理论)。共价键中的电
子激发成为准自由电子，即价带电子激发成为导带电子的过程，称为本征激发。

　　硅和锗都是四价元素，其原子核最外层有四个价电子，它们都是由同一种原子构成的
"单晶体"，属于本征半导体。本征半导体的特点为电子浓度＝空穴浓度；缺点为载流子少，
导电性差，温度稳定性差。

2.1.2　掺杂半导体

　　对本征半导体进行极其精确的掺杂，可制得掺杂半导体。这里所谓的掺杂，就是用人
为的方法，将所需要的特定元素(杂质)以一定的方式掺入到半导体基片规定的区域内，并
达到规定的数量和符合要求的分布。如：将Ⅲ族的硼掺入硅中形成 P 型半导体，半导体材
料叫做受主(acceptor)材料；在硅中掺入 V 族元素，如砷，形成 N 型半导体，半导体材料叫
做施主(donor)或授主材料。通过掺杂可以精确控制电阻率及电子和空穴导电，它们是固态
器件的基础。

　　通过掺杂，可以改变半导体基片或薄膜中局部或整体的导电性能，或者通过调节器件
或薄膜的参数来改善其性能，形成具有一定功能的器件结构。掺杂技术能起到改变某些区
域中的导电性能等作用，是实现半导体器件和集成电路纵向结构的重要手段。并且，它与
光刻技术相结合，能获得满足各种需要的横向和纵向结构图形。半导体工业利用这种技术
制作 PN 结、集成电路中的电阻器、互连线等。

　　半导体的导电性可以通过掺入微量的杂质(简称"掺杂")来控制，这是半导体能够制
成各种器件，从而获得广泛应用的一个重要原因。

　　为什么掺杂能够控制半导体的导电性？有哪些因素影响掺杂半导体的导电性？怎样通
过导电性来测量掺杂量？这些就是这一节要讨论的几个主要问题。

　　目前主要的半导体材料大部分是共价键晶体。硅、锗等 V 族元素半导体就是最典型的
共价键晶体。以硅为例，在硅原子中有 14 个电子围绕原子核运动，每个电子带电为 $-q$，
原子核带正电 $+14q$，整个原子呈电中性。在 14 个电子中，有四个电子处于最外层(见图 2-6)，
主要由它们决定硅的物理性质和化学性质，被称为价电子。在硅原子近邻有四个硅原子，
每两个相邻原子之间有一对电子，它们与两个原子核都有吸引作用，称为共价键。正是共价
键的作用，使硅原子紧紧结合在一起，构成了晶体。图 2-7 是形象说明硅原子靠共价键结合
成晶体的一个平面示意图。硅晶体实际的立体结构——金刚石结构留在以后再具体介绍。

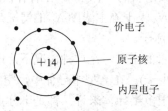

图 2-6 硅的电子分布图

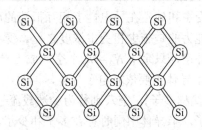

图 2-7 硅原子共价键平面图

共价键中的电子如果获得了足够的能量，就可以摆脱共价键的束缚，成为可以自由运动的电子。这时在原来的共价键上就留下了一个缺位，因为邻键上的电子随时可以跳过来填补这个缺位，从而使缺位转移到邻键上去，所以，缺位也是可以移动的。这种可以自由移动的缺位被称为空穴。半导体就是靠电子和空穴的移动来导电的，因此，电子和空穴被称为载流子。电子摆脱共价键所需的能量可以来自外面光的照射。但是，在这里要指出的是，在一般情况下，靠存在于晶体本身内的原子的热运动激发共价键上的电子而产生的电子和空穴数量不超过 1.5×10^{10} 个/cm，它们对硅的导电性的影响是十分微小的。

常温下硅的导电性能主要由杂质来决定。例如，硅中掺有 V 族元素杂质(磷 P、砷 As、锑 Sb、铋 Bi)，如图 2-8 所示，这些 V 族杂质替代了一部分硅原子的位置，但是因为它们外层有五个价电子，其中四个与周围的硅原子形成共价键，多余的一个电子就成了可以导电的自由电子，所以一个 V 族杂质原子可以向半导体硅提供一个自由电子而本身成为带正电的离子，通常把这种杂质称为施主杂质。当硅中掺有施主杂质时，主要靠施主提供的电子导电，这种依靠电子导电的半导体叫做 N 型半导体。另外一种情况是硅中掺有 III 族元素杂质(硼 B、铝 Al，镓 Gn、铟 In)，如图 2-9 所示，这些 III 族杂质原子在晶体中也替代了一部分硅原子的位置，但是因为它们外层仅有三个价电子，在与周围硅原子形成共价键时，产生一个缺位，这个缺位就要接受一个电子而向晶体提供一个空穴。所以一个 III 族杂质原子可以向半导体硅提供一个空穴，而本身接受了一个电子成为带负电的离子，通常把这种杂质称为受主杂质。当硅中掺有受主杂质时，主要靠受主提供的空穴导电，这种主要靠空穴导电的半导体称为 P 型半导体。

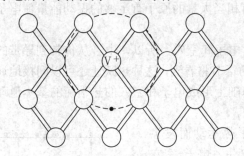

图 2-8 半导体中掺杂的 V 族元素

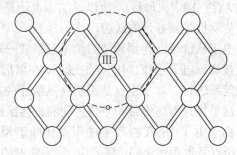

图 2-9 半导体中掺杂的 III 族元素

事实上，一块半导体中常常同时含有施主和受主杂质。当施主数量超过受主时，半导体就是 N 型的；反之，若受主数量超过施主，半导体就是 P 型的。更具体地讲，在 N 型半导体中，单位体积内有 N_D 个施主，同时还有 N_A 个受主，但 $N_A < N_D$，这时施主放出的 N_D 个电子中将有 N_A 个去填补受主造成的缺位，所以只余下 $N_D - N_A$ 个电子成为供导电的载流

子。这种受主和施主在导电性上相互抵消的现象叫做杂质的"补偿"。在有补偿的情况下，决定导电能力的是施主和受主浓度之差。受主浓度 N_A 大于施主浓度 N_D 的情况是完全类似的，由于补偿，只余下 $N_A - N_D$ 个空穴成为导电的载流子。

　　N 型半导体主要依靠电子导电，同时还存在少量的空穴，在这种情况下，电子称为多数载流子(简称多子)，空穴则称为少数载流子(简称少子)。在 P 型半导体中，空穴是多子，电子是少子。半导体中同时存在多子和少子，这对很多半导体来说，都是十分重要的。这是在实践中最常引用、也最单纯的一项电子的统计规律，通常采用"热平衡"一词描述这种物理现象。所谓"热平衡"，是指半导体内部的载流子(包括多子和少子)在大量热跃迁的基础上形成的热平衡的状态，并不是相对静止的、绝对的平衡，而是相互对立的热跃迁之间的一种相对平衡。

　　为什么半导体中总是同时存在电子和空穴呢？其根本的原因是晶格的热振动促使电子不断发生从价带到导带的热跃迁。晶格的热振动可以形象地看做每个原子来回不断地向四周的电子撞击。原子撞击的能量如果超过了半导体的禁带宽度 E_g，就有可能以足够的能量供给共价键的电子，使它从价带跃迁到导带。原子热运动力能量是用 kT 来衡量的，而 kT 往往远远小于半导体的禁带宽度(例如硅、锗、砷化镓等半导体的禁带宽度都在 1 eV 上下，而室温下 kT 只有 0.026 eV)。但是，热运动的特点是，不论运动的方向还是运动的强弱，都不是整齐划一的，而是极不规则的。原子振动可以取各种方向，振动的能量有大小，kT 只代表一个平均值。虽然大多数原子的能量与 kT 相差不远，但是有少量原子的能量可以远远大于 kT。

　　实际上，热运动理论表明，大量原子极不规则的热运动力表现出确定的统计规律性，具有各种不同的热振动能量的原子之间保持确定的比例。例如，热运动理论告诉我们，在具有各种不同的热振动能量的原子之中，振动能量很大(远远大于 kT)，超过了某一能量 E 的原子所占的比例是 E_g/kT。以硅为例，$E_g = 1.12$ eV，在室温下 kT=0.026 eV，热运动能量超过 E 的原子占的比例为

$$e^{-E_g/kT} \approx e^{-43} \approx 2 \times 10^{-19}$$

这个比例虽然很小，但因为原子总数很大(单位体积内硅原子有 5×10^{22} 个)，每秒钟振动次数很大(约 10^{13} 次每秒)，所以，实际上还是有相当大量的原子有足够的振动能量使电子不断发生从价带到导带的跃迁。

　　电子从价带跃迁到导带的结果是形成一对电子和空穴，所以，电子从价带到导带的热跃迁被称为电子-空穴对的产生过程。在以后的章节将看到，这种热跃迁还可以间接地通过杂质能级进行。本节重点是说明在热跃迁的基础上形成电子和空穴的热平衡的基本道理，所以这里将只考虑价带和导带之间的直接跃迁。

　　由于电子-空穴的产生过程是伴随着原子热运动而发生的，所以是永不休止的。随着电子-空穴对的产生，电子-空穴的复合也同时无休止地进行，所以，半导体中电子和空穴的数目并不会越来越多。以 N 型半导体为例，一旦由于电子-空穴的产生在价带中出现了空穴，那么，当导带电子和空穴相遇时，电子就可以从导带落入价带的这个空能级(多余的能量放出来成为晶格振动)，如图 2-10 所示。这个过程称为电子-空穴的复

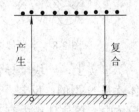

图 2-10　电子空穴复合过程

合。显然，复合是与产生相对立的变化过程，通过复合将使一对电子和空穴消失。因此，在半导体中产生与复合总是同时存在的，如果产生超过复合，则电子和空穴将增加；如果复合超过产生，则电子和空穴将减少。如果没有光照射或 PN 结注入等外界影响，温度又保持稳定，则半导体内部将在产生和复合的基础上形成热平衡。

为了说明问题，具体考虑 N 型半导体，并设想最初没有少子，即只有施主提供的电子，而没有空穴。这时，空穴将由于电子-空穴的产生过程而逐渐出现，但最开始为数甚少。虽然出现了空穴就会发生复合，然而这时产生是超过复合的。在这种情况下，电子和空穴数目继续不断增加。随着空穴数目的增多，电子和空穴相遇的机会增多，复合的次数也随之增多。只要复合没有赶上产生，电子和空穴就要增多，使复合继续增加。这样发展下去，直到复合完全赶上产生，每秒复合掉的电子-空穴对和每秒产生的电子-空穴对相等，半导体里的电子和空穴浓度才不再变化，也就是说达到了热平衡。显然如果我们考虑的是 P 型半导体，同样会得到这种热平衡的情况。

所以，在热平衡时，电子和空穴大约浓度保持稳定不变，但是产生和复合仍在持续不断地发生。载流子浓度似乎是静止不变的，但实际上始终存在着产生和复合这一对矛盾的斗争。平衡是相对的、有条件的，而矛盾的斗争则是绝对的。

依据杂质能级在禁带中的位置，杂质可分为浅能级杂质和深能级杂质。依据杂质对半导体导电性的影响，杂质又可分为电活性杂质和电中性杂质，浅能级杂质能级靠近导带底的称为浅施主杂质，杂质能级靠近价带顶的称为浅受主杂质。浅能级杂质可在室温全部电离。半导体的电学特性，如导电类型、电阻率等，主要由浅能级杂质决定，所以浅能级杂质又称为电活性杂质，它们是半导体中特别重要的一类杂质。深能级杂质是指禁带中杂质的施主能级距导带底较远，杂质的受主能级距价带顶也较远的一类杂质。深能级杂质的电离能较大，在室温下不会全部电离。深能级杂质有的既能引入施主能级，又能引入受主能级。深能级杂质原子的结构、大小与其在晶格中的位置有关。目前，深能级杂质的行为和理论尚未完全清楚。深能级杂质主要起电子和空穴的复合中心或陷阱作用，降低少数载流子寿命。其扩散系数较大，容易在晶体缺陷上凝聚沉淀，诱生二次缺陷。多数情况下，深能级杂质对半导体性能起有害作用。

化合物半导体的范围很广泛。目前研究最多的一类化合物半导体是由Ⅲ族元素和Ⅴ族元素构成的Ⅲ-Ⅴ族化合物，如砷化镓(GaAs)、锑化铟(InSb)、磷化镓(GaP)、磷化铟(InP)等。其中砷化镓是目前最重要的化合物半导体，已用于制造发光二极管、激光器以及微波器件等各种新型器件。Ⅲ-Ⅴ族化合物也是主要靠共价键结合的晶体，其结构和硅、锗等十分相似，每个Ⅲ族原子近邻为四个Ⅴ族原子，每个Ⅴ族原子的近邻则为四个Ⅲ族原子，如图 2-11 所示。

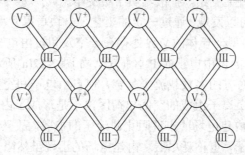

图 2-11　Ⅲ-Ⅴ族化合物半导体的共价键平面图

如图 2-11 所示，原子之间的结合可以这样来看：每个Ⅴ族原子把一个电子转移给一个Ⅲ族原子，分别形成Ⅴ族的正离子 Ⅴ$^+$和Ⅲ族的负离子Ⅲ$^-$，这样它们最外层都具有四个价电子，可以在近邻的离子间共有电子对，形成共价键。因为它们既是靠共价键结合，又具有一定的离子性，所以，和同一周期内的Ⅳ族元素半导体相比，其结合强度更大。例如，电子摆脱 GaAs 中的共价键需要 2.43 eV，而在 Ge 中这个能量只有 0.78 eV。

像 GaAs 这样的化合物半导体，在常温下的导电性同样主要由杂质决定。掺进 GaAs 的Ⅱ族元素，如锌、镉等，因与Ⅲ族原子 Ga 性质相近，通常取代 Ga 的位置而成为受主。而掺进 GaAs 的Ⅵ族元素，如碲、硒等，与Ⅴ族原子 As 性质相近，通常取代 As 的位置而成为施主。硅、锗等Ⅳ族元素在 GaAs 中则既可以取代Ⅲ族原子 Ga 而成为施主，又可以取代Ⅴ族原子 As 而成为受主。

2.2　半导体分立器件

半导体器件主要有七个族，分别是二极管、晶体管、非易失性存储器、晶闸管、光子器件、电阻和电容器件、传感器。这七个族又有 74 个基本类别，由这 74 个基本类别还可以衍生出 130 种类型的器件。随着材料研究的深入，又有许许多多的新型器件不断出现，而这些半导体器件的名称基本上是由其组成结构名称的首写字母缩写而成的，这使得一般的半导体文献深奥难懂。本节将介绍三种最基本的器件：PN 结二极管、双极型晶体管(BJT)和金属-氧化物半导体场效应晶体管(MOSFET)，复杂的器件都是在它们的基础之上实现的。

2.2.1　PN 结和 PN 结二极管

采用掺杂工艺，可以在一块半导体材料中获得不同掺杂的区域。在一块 N 型(或 P 型)半导体晶体上，掺入 P 型(或 N 型)杂质，就会形成 P 型(或 N 型)区域，使不同区域分别具有 N 型或 P 型导电类型，在二者的交界处有一层很薄的过渡区域，就是 PN 结。PN 结是大多数半导体器件的心脏。

形成 PN 结常用的掺杂方法有合金法、热扩散法和离子注入法。合金法是一种较为古老的掺杂方法，用它制造的 PN 结称为合金结；采用热扩散法制造的 PN 结称为扩散结；采用离子注入法制造的 PN 结称为离子注入结；用外延方法制得的 PN 结称为外延结。形成 PN 结的方法不同，PN 结中杂质分布的情况也不同，因此 PN 结又大致可分为突变结和缓变结两种。合金结是一种突变结，扩散结属于缓变结。

定性地分析 PN 结可以发现，通过一定的工艺使一块单晶片两边分别形成 P 型和 N 型半导体后，在 P 型和 N 型半导体的交界处存在着空穴和自由电子的浓度差，于是 P 区的空穴向 N 区扩散，N 区的自由电子向 P 区扩散，如图 2-12(a)所示。扩散到对方的载流子成为少数载流子，并与对方的多数载流子复合，使自由电子和空穴同时消失。这样就在交界处留下不能移动的正负离子组成的空间电荷区，于是形成了内建电场，即形成 PN 结，如图 2-12(b)所示。这个内建电场的出现阻止载流子的扩散，故又称阻挡层；因在空间电荷区缺少自由移动的载流子，也称耗尽层。内建电场的出现虽然阻止多数载流子的扩散，但出现了少数载流子的漂移运动，即只要少数载流子靠近空间电荷区，就会被内建电场很快拉到对方的区域中去，即漂移过去，使内建电场减弱。在一定温度下，扩散和漂移这两种运动在 PN 结形成后达到动态平衡，空间电荷区的宽度基本稳定，PN 结就处于相对稳定的状态。

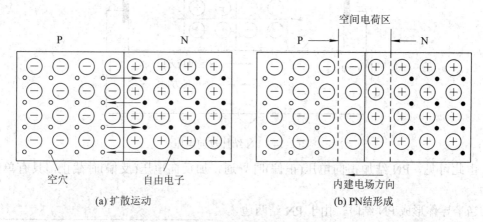

(a) 扩散运动   (b) PN 结形成

图 2-12 PN 结的形成

当给 PN 结加正向电压时，即 P 区接外加电源的正极，N 区接负极，如图 2-13 所示，外电场和内电场方向相反，内电场被削弱，整个空间电荷区就会变窄，多数载流子的扩散运动增强，形成了较大的扩散电流，空穴和电子虽然带不同极性的电荷，但由于它们的运动方向相反，因此电流方向一致，这种状态称为 PN 结的导通状态，这时的电流称为正向电流。

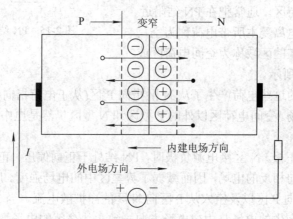

图 2-13 PN 结加正向电压

当给 PN 结加反向电压时，即 P 区接外加电源的负极，N 区接正极，如图 2-14 所示，外电场和内电场方向相同，内电场被加强，整个空间电荷区变宽，多数载流子的扩散被阻挡，但加强后的内电场增强了少数载流子的漂移运动而形成漂移电流，即反向电流。由于少数载流子数量很少，因此反向电流很小，可以忽略，这种状态称为 PN 结的截止状态。由于半导体的少数载流子浓度受环境温度影响很大，因此反向电流也受温度的影响，温度越高，反向电流也就越大。

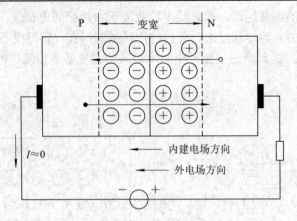

图 2-14 PN 结加反向电压

由此可见，PN 结加正向电压(正偏)时导通；加反向电压(反偏)时截止，具有单向导电性。

当半导体形成 PN 结时，由于 PN 结两边存在着载流子浓度梯度，导致了空穴从 P 区到 N 区、电子从 N 区到 P 区的扩散运动。P 区空穴离开后，留下了不可移动的带负电荷的电离受主，由于电离受主没有正电荷与之保持电中性，因此在 PN 结附近 P 区一侧出现了负电荷区；同理，在 PN 结附近 N 区一侧出现了由电离施主构成的正电荷区。通常把在 PN 结附近的这些电离施主和电离受主所带电荷称为空间电荷，它们所存在的区域称为空间电荷区或势垒区，如图 2-15 所示。

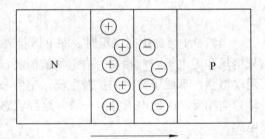

图 2-15 PN 结的空间电荷区

空间电荷区中的这些电荷产生了从 N 区指向 P 区(从正电荷指向负电荷)的电场，称为内建电场或自建电场。空间电荷区以外的 P 型区和 N 型区仍然是电中性的，没有空间电荷，所以不存在电场。

当 P 区接电源正极，N 区接电源负极时，PN 结处于正向偏压。正向偏压在势垒区中产生了与内建电场方向相反的电场，因而减弱了势垒区中的电场强度。所以在加正向偏压时，产生了电子从 N 区向 P 区以及空穴从 P 区向 N 区的净扩散电流。当 PN 结加反向偏压时，反向偏压在势垒区产生的电场与内建电场方向一致，势垒区的电场增强，势垒区也变宽，在反向偏压下，PN 结的电流很小并且趋于不变。这种电流只能沿一个方向流动的性质称为整流。可见，PN 结具有整流、开关作用，加上管壳和引线，就可以制得二极管，如图 2-16 所示。同时利用电场下 PN 结电容的变化，还可将其制成电容器使用。

PN 结二极管有许多类型，从工艺上分，有点接触型和面接触型，如图 2-16 所示。点接触型二极管的特点是 PN 结面积小(结电容小)，因此不能通过较大电流，但其高频性能好，故一般适用于高频和小功率的电路中，也用作数字电路中的开关元件。面接触型二极管(一般为硅管)的特点是 PN 结面积大，因此可通过较大电流(可达上千安培)，但其结电容大、工作频率低，故一般用作整流。按用途分，有整流管、开关二极管、检波二极管、稳压二极管、变容二极管、光电二极管、隧道二极管、光电池和半导体检测器等 PN 结二极管。市面上最常见的是开关二极管、整流二极管和发光二极管(LED)，如图 2-17 所示。随着 SMT工艺的发展，越来越多形式各样的 PN 结二极管器件涌现出来。

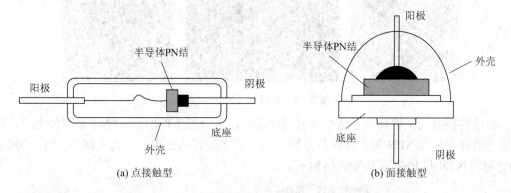

(a) 点接触型　　　　　　　　　　　　(b) 面接触型

图 2-16　点接触型和面接触型晶体二极管

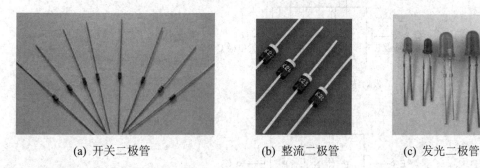

(a) 开关二极管　　　　　(b) 整流二极管　　　　(c) 发光二极管

图 2-17　各种二极管实物图

2.2.2　双极型晶体管

双极型晶体管有三个电极：发射极 E、集电极 C 和基极 B，由电子和空穴两种载流子输运以实现其功能，所以被称为"双极型(Bipolar Junction Transistor，BJT)"。双极型晶体管实际上由两个背靠背的 PN 结连接构成，它的基本用途是作为以基极电流为输入，以集电极电流为输出的电流控制型放大器和开关。双极型晶体管又分 NPN 型和 PNP 型两种。最普通的 NPN 型晶体管是一个四层三结结构，四层是 N^+发射区层，P 型基层，N 型集电区(即外延层)和 P 型衬底层，三结是发射结、集电结和隔离结(衬底结)。其结构示意图如图 2-18 所示。

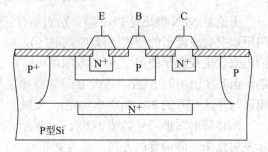

图 2-18　NPN 型晶体管结构示意图

双极型晶体管也称晶体管或半导体三极管，自问世以来，由于它具有电流放大和开关作用这两个重要特性，所以其应用几乎涉足每一个电子领域。

晶体管按工作频率分为低频管和高频管，按耗散功率大小分为小功率管和大功率管(见图 2-19)，按用途分为放大管、开关管和功率管，按所用的半导体材料分为硅管和锗管等。

图 2-19　不同功率的三极管

晶体管根据三块掺杂半导体组合方式的不同，可分为 NPN 型和 PNP 型两种类型。目前生产的硅管多为 NPN 型，锗管多为 PNP 型，其中硅管的使用率远大于锗管。图 2-20(a)、(b)分别为 NPN 与 PNP 晶体管的结构示意图。

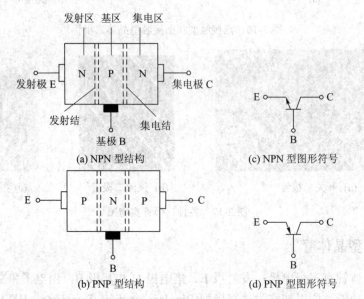

(a) NPN 型结构　　　　　　　(c) NPN 型图形符号

(b) PNP 型结构　　　　　　　(d) PNP 型图形符号

图 2-20　晶体管的结构和图形符号

无论是 NPN 型还是 PNP 型，它们都有三个区、三个电极和两个 PN 结。三个区为：专门用来发射载流子的一侧区域(叫发射区)，位于中间、较薄起控制作用的区域(叫基区)，专门用来收集载流子的另一侧区域(叫集电区)；三个电极为：由发射区引出的电极(叫发射极 E)，由基区引出的电极(叫基极 B)，由集电区引出的电极(叫集电极 C)；两个 PN 结为：集电区与基区交界的 PN 结(叫集电结)，发射区与基区交界的 PN 结(叫发射结)。

晶体管的图形符号如图 2-20(c)、(d)所示。图形符号中的箭头放在发射极，箭头方向表示发射结加正向偏置的方向，即为 P 指向 N；也表示发射极与基极之间和发射极与集电极之间的电流方向。

含有两个背靠背的 PN 结、发射区掺杂浓度高、基区很薄且掺杂浓度低、集电结面积大等，特点是三极管具有电流放大作用的内部条件。

NPN 型与 PNP 型晶体管的工作原理基本上是相同的，只是极性不同。以 NPN 型为例，器件结构要求发射区的自由电子密度要比基区的空穴密度高很多，而基区的宽度非常薄。基极电流控制着流过 C-E 间的电流，因此双极型晶体管在基极电流流动状态即 B-E 间加正向偏压的条件下工作。此时电子从发射区注入到基区。

当 C-B 间加反向偏压时，注入基区的电子的一部分与基区中的空穴复合而流入基极，余下的大部分电子会穿过薄的基区进入集电区。如果提高 B-E 间的正向偏压，增大基极电流，那么不管集电极电压值如何，集电极电流都将会与基极电流成比例地增大。但是与基极电流的变化部分相比，可以发现集电极电流的变化部分要大得多。这就是双极型晶体管具有放大作用的理由，即使输入(即基极电流)有微小的变化，也会引起输出(即集电极)电流很大的变化。通常把集电极电流的变化部分与基极电流变化部分之比叫做电流放大倍数。

当 C-B 间加正向偏压时，其工作状态是不同的。从发射区注入到基区的大部分电子可以穿过薄的基区到达基区/集电区的界面，但是遇到高的势垒阻挡时，就难以越过势垒进入集电区，在徘徊于基区期间，会与空穴复合而流入基区电极。这时，即使提高 B-E 间的正向偏压，增加基极电流，集电极电流仍没有变化。集电极电流不是输入的基极电流，它对应于集电极电压的微小变化会发生明显的变化。

由此可见，所构成的电路没有变化，只是通过选择电路的不同工作条件，就可以使双极型晶体管分别工作在放大或开关状态。晶体管的性能取决于基区宽度，基区宽度越薄，电流放大倍数就越高，开关的速度也就越快。PNP 型与 NPN 型晶体管的电路极性相反，主要载流子变为空穴，二者的工作原理是一样的。

与二极管一样，晶体管也可以作为光电器件使用。如果由光照产生光生电子-空穴对替代基极电流，由于基极电极悬浮工作，因此它的有效量子产额(即 1 个光子激发光生载流子数)比光电二极管约高 2 个数量级。

2.2.3　MOS 场效应晶体管

场效应晶体管(Field Effect Transistor，FET)是由源极(S)、漏极(D)和栅极(G)构成的一种三端器件。与 BJT 之类的双极型器件不同，场效应晶体管是通过栅极电压来控制源极-漏极之间多数载流子电流，仅靠多数载流子工作的一种器件，是单极型器件，属电压控制器件。它的基本用途是作为电压输入、电流输出的电压控制型放大器和开关，以栅极电压为输入，以漏极电流为输出。与双极型晶体管相比，它的特点是具有高输入阻抗。

场效应晶体管按照其栅极结构的不同，大体上可分为两大类：结型栅场效应晶体管(JFET)和绝缘体栅场效应晶体管(MISFET)。按照沟道不同，FET 又可进一步细分为 N 型和 P 型两类 FET。

1. JFET 晶体管

以 N 型为例，JFET 晶体管结构如图 2-21 所示，主要包括以下几个部分：

(1) 栅极(G，Gate)：位于上下两侧的 P 型区，工作时它们连在一起。

(2) 沟道(Channel)：位于栅极之间的 N 型区域，其厚度为 d，长度为 L，宽度为 W。

(3) 漏极(D，Drain)和源极(S，Source)：位于沟道两端的欧姆接触。

如果将栅极改为 N 型区域，而沟道采用 P 型，就构成了 P 型 JFET 晶体管，或称 P 沟道 JFET，简称 P 沟 JFET。

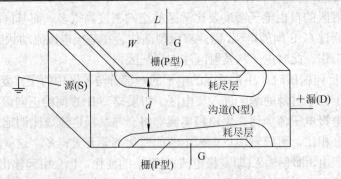

图 2-21　JFET 晶体管结构示意图

JFET 很容易和双极型晶体管兼容，在模拟电路中应用广泛，可用作恒流源、差分放大器等单元电路。

对 N 沟 JFET 和 P 沟 JFET，均可采用耗尽型和增强型两种工作模式，因此 JFET 一共分为四类。它们在电路应用中采用的电路符号如表 2-1 所示。栅极采用实线表示零偏时已有导电沟道，代表耗尽型器件；栅极采用虚线表示零偏时不存在导电沟道，代表增强型器件。符号中的箭头代表源极电流的方向。

表 2-1　JFET 器件类型和电路符号

器件符号	N 沟道		P 沟道	
	增强型	耗尽型	增强型	耗尽型
器件符号				

前面分析 JFET 工作原理所结合的 N 沟 JFET 器件具有下述特点：

(1) 当栅源电压为零时已存在导电沟道，使用时栅源之间施加反偏电压使导电沟道变窄，当反偏电压增大到使源端沟道夹断时，器件进入截止状态。这种器件称为耗尽型器件。使导电沟道完全消失的栅源电压称为夹断电压。

(2) 当栅源电压为零时不存在导电沟道，使用时要施加一定的正偏栅源电压才能形成导电沟道。这种器件称为增强型器件。例如，当沟道为高阻材料，在栅源电压为零时，耗尽层已完全使沟道夹断，不存在导电沟道，就是一种增强型器件。为了形成导电沟道需要外加的栅源电压称为阈值电压，记为 U_T。目前 JFET 一般都采用耗尽型工作模式。

2. MOSFET

MISFET 是金属-绝缘体-半导体结构的场效应管，当栅极绝缘层的绝缘体是 SiO_2 膜时，就特别称其为 MOS 场效应晶体管(Metal-Oxide-Semiconductor Field Effect Transistor，MOSFET)。事实上，MOSFET 是市面上大多数集成电路的基本单元。MOSFET 用于制造互补金属氧化物半导体(CMOS)，而 CMOS 是大多数数字系统的构件，例如微处理器的核心。所以说，MOSFET 是通信技术的基础。

图 2-22 中源极、漏极之间的区域的长度称为"栅极长度"，集成电路制造工艺中的"CMOS 技术节点"就是指栅极长度。例如 90 nm 晶圆生产线就是指能够加工的器件栅

极长度是 90 nm。

与 JFET 情况类似，MOS 晶体管也是一种由栅极控制导电沟道从而控制器件特性的器件。MOSFET 按照沟道中载流子类别不同，分为 N 沟 MOS 晶体管(记为 NMOS)和 P 沟 MOS 晶体管(记为 PMOS)两类。二者基于相同的原理工作，只是极性不同。每类 MOS 器件又按照栅源电压为 0 时是否存在导电沟道，分为增强型(U_{GS}=0 时不存在导电沟道)和耗尽型(U_{GS}=0 时已存在导电沟道)两类。因此一共有 4

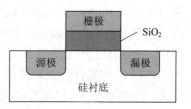

图 2-22　MOS 管结构示意图

种类型 MOS 器件。表 2-2 给出了这几种 MOS 晶体管在电路中应用时的电路符号。

表 2-2　4 种 MOS 晶体管符号

	N 沟道 MOSFET		P 沟道 MOSFET	
	增强型	耗尽型	增强型	耗尽型
器件符号	G⊣⊢D 衬底 S	G⊣⊢D 衬底 S	G⊣⊢D 衬底 S	G⊣⊢D 衬底 S
常用符号		⊣⊢		⊣⊢

表 2-2 中代表沟道区的线(与栅极平行的线)为实线的表示该器件为耗尽型 MOS 器件，即栅压为 0 时，表面已经存在沟道。沟道区为虚线的则代表增强型 MOS 器件，表示栅压为 0 时表面不存在沟道。如果符号中箭头由衬底指向沟道，则表示沟道为 N 型的，因为对于 NMOS 器件，衬底为 P 型，源漏为 N 型，箭头相当于描述衬底-源之间 PN 结极性的二极管符号，只是将二极管符号中的线条给省去了。有些资料中甚至将箭头直接用二极管符号代替。反之，若箭头从沟道指向衬底则表示是 PMOS 器件。为了简化，也可以不采用衬底线，用源极上的箭头方向表示沟道的类型。表 2-2 中同时给出了在线路中常用的符号形式。

下面介绍 N 沟增强型 MOS 晶体管的典型结构，如图 2-23 所示。P 沟 MOS 晶体管结构与其类似，只需要将图 2-23 中 P 和 N 导电类型分别改为 N 和 P，同时改变电源极性即可。

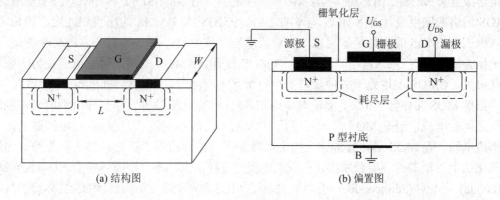

(a) 结构图　　　　　　　(b) 偏置图

图 2-23　N 沟道增强型 MOS 管

MOS 晶体管有 4 个电极,分别称为 S(源极,Source)、D(漏极,Drain)、G(栅极,Grid)和 B(衬底,Bulk)。对 NMOS 晶体管,源和漏极是用浓度很高的 N$^+$杂质构成的。在源、漏极之间是受栅电压控制的沟道区,沟道区长度为 L,宽度为 W。衬底通常接地,如图 2.23(b)所示。有时为了控制电流或由于电路结构的需要,在衬底和源之间也加一个小偏压(U_{BS})。

　　现以 N 沟器件为例来说明其工作原理。N 沟 MOS(NMOS)FET 是以 N-P-N 的 P 型区作为一个电极形成的 MOS 结构。MOS 结构中的金属叫做栅电极。MOSFET 的基本电路与双极型晶体管是相同的。MOSFET 的图形符号意味着由栅极控制流过 D-S 间的电流。栅极与 P 型区之间所加的电压使栅极处于高电位。如果栅极电压达到阈值电压以上,那么 P 型区的表面就可以聚积大量的自由电子,从而形成反型层,它将被 P 型区隔开的两个 N 型区连接起来。所以这个反型层就叫做 N 型沟道(电子的通道)。如果 D-S 之间所加电压使漏极处于高电位,那么来自源极的电子就可以通过 N 型沟道向漏极移动。当提高栅极电压时,沟道的电导率变大,漏极电流也就增大。这样就能够通过栅极电压控制漏极电流。这就是MOSFET 的放大作用和开关作用的原理。栅极电压是输入,漏极电流是输出。通常把漏极电流的变化部分与栅极电压的变化部分之比叫做跨导。MOS 结构中,栅极氧化膜的厚度愈薄,或者栅极的长度即沟道长度愈短,则跨导愈高。

　　当漏极电压大于栅极电压与阈值电压之和时,N 型沟道还达不到漏极区域。从源极向漏极移动的电子要到达漏极,就像行走在崎岖小道上那样困难。但是如果提高栅极电压,使能够移动的电子数目增多,就会有更多的电子移动到漏极。所以当 MOSFET 工作在这个范围时,就具有放大功能。

　　当漏极电压小于栅极电压与阈值电压之和时,N 型沟道延伸到漏极区域。这时来自源极的电子就像沿着宽畅的大道一样可以直奔漏极,漏极电流不再随输入的栅极电压变化,而是当漏极电压有微小变化时会发生明显的变化。MOSFET 如果工作在这种条件下,就是开关处于闭合状态,即导通状态。在表示输出漏极电流与输入栅极电压关系的图中,若MOSFET 工作在漏极电流与栅极电压呈比例关系的范围内,就具有放大功能;若工作在漏极饱合电流范围内,就具有开关功能。

　　P 沟 MOSFET 的基本电路与 N 沟 MOSFET 相同,只是与 N 沟型的极性相反,主要载流子变为空穴。

　　对于 MOSFET 来说,单独使用 N 沟或者 P 沟器件的情况比较少,通常是将 N 沟与 P沟组合成互补 MOS(CMOS)使用。CMOS 器件是由一对 NMOSFET 和 PMOSFET 构成的。PMOS 沟道的宽度设计为 NMOS 沟道的 2 倍。PMOS 和 NMOS 的栅极相连接,加相同的输入电压。CMOS 的优势是低功耗,当栅极电压"低"时,NMOS 打开,PMOS 关闭,漏极电压为"高";当输入电压"高"时,PMOS 打开,NMOS 关闭,输出电压变为"低"。由此可见,CMOS 不论处于哪种状态都没有贯穿电流流过,所以能够降低功率的消耗。

　　虽然 MOS 晶体管与 JFET 都是电压控制器件,即通过栅源电压控制导电沟道来控制漏、源极之间的电流,但是 MOS 晶体管是采用电场控制感应电荷的方式控制导电沟道的。为了形成电场,在 MOS 晶体管沟道区的上面覆盖了一层很薄的二氧化硅层,称为栅氧化层。栅氧化层上方覆盖的一层金属铝,形成栅电极。这样从上往下,构成一种金属(Metal)-氧化物(Oxide)-半导体(Semiconductor)结构,故称为 MOS 结构,这一结构是 MOS 晶体管的核心。随着工艺技术的进步,为了进一步改进 MOS 晶体管的特性,目前栅电极大多采用多晶硅,甚至是金属硅化物。栅氧化层也逐步采用介电常数更高的绝缘材料，又称为高 k 介质。

2.2.4 其他半导体分立器件

半导体分立器件种类很多，应用广泛。除了以上介绍的几种典型结构，还有金属-半导体接触形成的肖特基二极管和三极管(MESFET)、绝缘层上 MOSFET(SOI 器件)、基于 MOSFET 和 MOS 电容器结构的存储器(SRAM、DRAM、Flash 等)、BiCMOS，以及有机发光器件、光电器件、光伏器件等。下面介绍几种常用的分立器件的特点和应用场合，其他半导体器件限于篇幅，就不在这里一一介绍，感兴趣的读者可以参阅施敏、李明逵所著的《半导体器件物理与工艺》一书。

1. OLED

OLED(Organic Light Emitting Diode)是有机发光二极管的简称，结构一般是非晶态的。OLED 是以直流电致发光(Electro Luminescence，EL)的研究为基础发展而来的，其发光机理常被称为"有机 EL"。通常将分子质量大于 10 000 原子质量单位的大分子称为聚合物发光二极管(PLED，Polymer LED)，而轻一些的称为小分子发光二极管(SMOLD)。PLED 一般采用旋涂、丝网印刷技术制造，而 SMOLD 一般采用真空蒸镀技术制造。此外，根据技术发展，还有两种分类方法，将 OLED 分为无源矩阵 OLED(PMOLED)和有源矩阵 OLED(AMOLED)、荧光发射 OLED 和磷光发射 OLED 等。无论采用哪种技术生产，有机发光二极管一般都笼统称为 OLED。

和液晶(Liquid Crystal Display，LCD)显示相比，OLED 响应时间更短，且能够使用凸显(punching)技术，产生比屏幕亮度更亮的点，以提高局部亮度，强调图像区域。OLED 凭借其低功耗、优秀的发光性能和宽视角等诸多优异特性，一出现就获得了快速的发展，在大面积全彩色平板显示方面获得了广泛的应用。

2. 半导体激光器

半导体激光器的核心是激光二极管，也是工作于正向偏压条件的 PN 结器件。其二极管结构能提供对载流子与光场的约束，满足受激发射条件。激光二极管由早期同质结逐步发展成双异质结、分布式反馈结构，再发展成量子阱结构，以进一步降低发光的阈值电流密度，实现单一频率发射。和固态红宝石激光器与氦氖气体激光器相比，半导体激光器体积很小(长度大约只有 0.1 mm)，而且在高频时易于调制，只需调节其偏置电流，就能发出具有高度方向性和单色性的光束。半导体激光器是长距离光纤通信系统的关键器件。此外，它还广泛应用于摄像、高速打印、光学读取等方面。在许多基础研究与技术方面，如高分辨率气体光谱学及大气污染监测等，也需要用到半导体激光器。

3. 光电探测器和太阳能电池

光电探测器和太阳能电池的工作原理都与光子的吸收有关，光子的吸收是为了产生荷电载流子。

光电探测器是一种能够将光信号转换为电信号的半导体器件。光电探测器的工作过程包括三个步骤：入射光产生载流子；载流子输运及通过某种电流增益机制而倍增；电流与外部电路作用，以提供输出信号。

光电探测器包括光敏电阻、光电二极管、雪崩光电二极管、光电晶体管等。它们能将光信号转换成电信号，当光子被吸收之后，器件中会产生电子-空穴对；接着电子-空穴对会被电场分离，从而在电极之间产生光电流。

光电探测器应用广泛，如光隔离器中的红外传感器、光纤通信中的探测器等。在工作状态下，要求光电探测器在工作波长处有高灵敏度、高响应速度、低噪声、小尺寸、低电压及高可靠性等。

太阳能电池(solar cell)类似于光电二极管，它们具有相同的工作原理。太阳能电池可以将阳光转化为能量，与光电探测器有相似之处，两者的主要区别在于器件面积、工作频率及光源。太阳能电池是大面积器件，且涵盖的光谱(太阳辐射)范围很宽。

太阳能电池在太空中及地表的应用都非常广泛，它可以为人造卫星提供长期电力供应，能以高效率将日光直接转换成电能，而且对环境无害，能几乎无污染地提供低成本且近乎永久的电力。所以它是地球上能源的一个主要选择。总的来说，太阳能电池有两类：基于晶圆的太阳能电池和薄膜太阳能电池。目前，重要的太阳能电池包括高效率的硅 PERL 电池(24%)、GalnP/GaAs 串联式电池(30%)、低成本薄膜微晶 a-Si 太阳能电池(15%)以及 CIGS 太阳能电池(19.8%)。太阳能电池的发展目标是提供更高的效率，同时降低产生每瓦电力所需的成本。

2.3　半导体集成电路

集成电路(Integrated Circuit，IC)是指通过一系列特定的加工工艺，将电路中的有源器件(二极管、晶体管等)和电阻、电容等无源元件，以及它们之间的互连引线等集成在一块半导体单晶片(如硅或 GaAs 等)或陶瓷等基片上，形成一块独立的不可分的整体电路。集成电路的各个引出端又称管脚，就是该集成电路的输入、输出、电源和地线等接线端。图 2-24 为一张集成电路的显微照片。

图 2-24　集成电路的显微照片示例

2.3.1　半导体集成电路的分类

集成电路的应用范围广泛，门类繁多，有很多不同的分类方法。

1．按集成电路中有源器件的结构类型和工艺技术分类

按集成电路中有源器件的结构类型和工艺技术分类，可将集成电路分为三类：双极集成电路、MOS 集成电路和 BiMOS(双极-MOS 混合型)集成电路。

双极集成电路是半导体集成电路中最早出现的电路形式，1958 年制造出的世界上第一块集成电路就是双极集成电路。这种电路采用的有源器件是双极晶体管，所谓双极(Bipolar)，是指它的工作机制依赖于电子和空穴两种类型的载流子。在双极集成电路中，又可以根据双极晶体管类型的不同而将它细分为 NPN 型和 PNP 型双极集成电路。双极集成电路的特点是速度高、驱动能力强，缺点是功耗较大、集成度相对较低。

MOS 集成电路中所用的晶体管为 MOS 晶体管。所谓 MOS，就是金属-氧化物-半导体(Metal-Oxide-Semiconductor)结构，它主要靠半导体表面电场感应产生的导电沟道工作。在 MOS 晶体管中，起主导作用的只有一种载流子(电子或空穴)，因此有时为了与双极晶体管对应，也称它为单极晶体管。根据 MOS 晶体管类型的不同，MOS 集成电路又可以分为 NMOS、PMOS 和 CMOS(互补 MOS)集成电路。与双极集成电路相比，MOS 集成电路的主要优点是输入阻抗高、抗干扰能力强、功耗小(约为双极集成电路的 1/10～1/100)、集成度高(适合于大规模集成)。

　　同时包括双极晶体管和 MOS 晶体管的集成电路称为 BiMOS 集成电路，一般是 BiCMOS。BiCMOS 集成电路综合了双极晶体管和 MOS 器件两者的优点，但这种电路制作工艺较复杂。

　　随着 CMOS 集成电路中器件特征尺寸的减小，CMOS 集成电路的速度越来越高，已经接近双极集成电路，因此，进入超大规模集成电路时代以后，集成电路的主流技术是 CMOS 技术。

2. 按集成电路规模分类

　　每块集成电路芯片中包含的元器件数目叫做集成度。集成电路规模的划分主要根据集成电路中的器件数目，即集成电路规模由集成度确定。根据集成电路规模的大小，通常将集成电路分为小规模集成电路(Small Scale IC，SSI)、中规模集成电路(Medium Scale IC，MSI)、大规模集成电路(Large Scale IC，LSI)、超大规模集成电路(Very Large Scale IC，VLSI)、特大规模集成电路(Ultra Large Scale IC，ULSI)和巨大规模集成电路(Gigantic Scale IC，GSI)等。具体的划分标准还与电路的类型有关，目前，不同国家采用的标准并不一致。

3. 按集成电路的结构形式分类

　　按照集成电路的结构形式，可以将它分为半导体单片集成电路及混合集成电路。

　　半导体单片集成电路是最常见的一种集成电路，通常，在不加任何修饰词的情况下提到的集成电路就是指这类集成电路。它是指电路中所有的元器件都制作在同一块半导体基片上(通常是硅材料)的集成电路。

　　混合集成电路是指将多个半导体集成电路芯片或半导体集成电路芯片与各种分立元器件通过一定的工艺进行二次集成，构成一个完整的、更加复杂的功能器件，该功能器件最后被封装在一个管壳中，作为一个整体使用。有时也称混合集成电路为二次集成 IC。

　　混合集成电路主要由片式无源元件(电阻、电容、电感、电位器等)、半导体芯片(集成电路、晶体管等)、带有互连金属化层的绝缘基板(玻璃、陶瓷等)以及封装管壳组成。根据制作混合集成电路所采用的工艺，还可以将它分为厚膜和薄膜混合集成电路。

　　厚膜混合集成电路采用厚膜工艺在陶瓷板上制作电阻和互连线，采用的主要材料是各种浆料，如氧化钯-银等电阻浆料、金或铜等金属浆料以及作为隔离介质的玻璃浆料等。各种浆料通过丝网印刷的方法涂敷到基板上，形成电阻或互连线图形，图形的形状、尺寸和精度主要由丝网掩膜决定，每次完成浆料印刷后要进行干燥和烧结。

　　薄膜混合集成电路是指利用薄膜工艺(膜的厚度一般小于 1 μm)制作电阻、电容元件和金属互连线，采用的工艺主要有真空蒸发、溅射等，各种薄膜的图形通常采用光刻、腐蚀等工序实现。通常所说的微电子工艺是指薄膜工艺，通常所说的集成电路都是薄膜集成电路。

4. 按电路功能分类

根据集成电路的功能可以将其划分为数字集成电路、模拟集成电路和数模混合集成电路三类。

数字集成电路(Digital IC)是指处理数字信号的集成电路。由于这些电路都具有某种特定的逻辑功能,因此也称它为逻辑电路。该类集成电路又可分为组合逻辑电路和时序逻辑电路。组合逻辑电路的输出结果只与当前的输入信号有关,例如反相器、与非门、或非门等都属于组合逻辑电路;时序逻辑电路的输出结果不仅与当前的输入信号有关,而且与以前的逻辑状态有关,例如触发器、寄存器、计数器等就属于时序逻辑电路。

模拟集成电路(Analog IC) 是指处理模拟信号(连续变化的信号)的集成电路。模拟电路的用途很广,例如在工业控制、测量、通信、家电等领域都有着很广泛的应用。早期的模拟集成电路主要是指用于线性放大的放大器电路,因此这类电路长期以来被称为线性 IC,直到后来又出现了振荡器、定时器以及数据转换器等许多非线性集成电路以后,才将这类电路叫做模拟集成电路。因此,模拟集成电路又可以分为线性集成电路和非线性集成电路。线性集成电路的输出信号通常与输入信号之间呈线性放大关系,故又叫放大集成电路,如运算放大器、跟随器等。非线性集成电路则是指输出信号与输入信号呈非线性关系的集成电路,如振荡器等。

数模混合集成电路(Digital-Analog IC)是指既包含数字电路,又包含模拟电路的集成电路。直到 20 世纪 70 年代,随着半导体工艺技术的发展,才研制成功单片数模混合集成电路。最先发展起来的数模混合电路是数据转换器,用来连接电子系统中的数字部件和模拟部件,用以实现数字信号和模拟信号的互相转换,可以分为数模(D/A)转换器和模数(A/D)转换器两种。目前它们已经成为数字技术和微处理机在信息处理、过程控制等领域推广应用的关键组件。除此之外,数模混合电路还有电压-频率转换器和频率-电压转换器等。

集成电路是一种高速发展的技术,各种新型的集成电路层出不穷,这也是集成电路分类方法繁杂多样的一个原因。除了以上介绍的几种分类方法之外,集成电路还可以根据应用领域分为民用、工业投资、军用、航空/航天用等集成电路,根据应用性质分为通用 IC、专用 IC(ASIC),以及根据速度、功率进行分类,等等,在此就不一一介绍了。

2.3.2　半导体集成电路的性能指标

集成电路中器件的尺寸和数量是集成电路发展的两个共同标志。描述集成电路性能的几个主要性能指标是集成电路的集成度、集成电路的功耗延迟积、特征图形尺寸。

所谓集成度,是指每块集成电路芯片中包含的元器件数目。集成电路集成规模的大小用集成度来表示。

集成电路的功耗延迟积又称为电路的优值,顾名思义,就是把电路的延迟时间与功耗相乘,该参数是衡量集成电路性能的重要参数。功耗延迟积越小,即集成电路的速度越快或功耗越低,性能便越好。

特征图形尺寸又叫特征尺寸,通常是指集成电路中半导体器件的最小尺度,如 MOSFET的最小沟道长度或双极型晶体管中的最小基区宽度。该参数是衡量集成电路加工和设计水平的重要参数。特征尺寸越小，加工精度越高，可能达到的集成度也越大，性能越好。

2.3.3　CMOS集成电路

随着MOS技术的发展，目前数字MOS集成电路中，基本单元(如门电路)广泛采用的是同时包含NMOS和PMOS的CMOS结构，该结构可以大幅度降低功耗。CMOS集成电路具有功耗低、速度快、噪声容限大、可适应较宽的环境温度和电源电压、易集成、可按比例缩小等一系列优点，发展极为迅速，更成为整个半导体集成电路的主流技术。目前CMOS技术的市场占有率超过95%，而且据预测微电子技术发展到21世纪前半叶，主流技术仍将为CMOS技术。

CMOS实际是PMOSFET和NMOSFET串联起来的一种电路形式。为了在同一硅衬底上同时制作出P沟和N沟MOSFET，必须在同一硅衬底上分别形成N型和P型区域(注意：PMOSFET长在N型衬底上，而NMOSFET长在P型衬底上)。若选用N型衬底，则可在衬底上直接制作PMOSFET，但对于NMOSFET，则必须在硅衬底上形成P型扩散区，常称为P阱(well)，以满足制备NMOSFET的需要。同样，若采用P型衬底，则须制作N阱以满足制备PMOSFET的需要。当然也可以在硅衬底上同时形成P阱和N阱，这通常称为双阱CMOS。图2-25为双阱硅栅CMOS反相器剖面示意图。

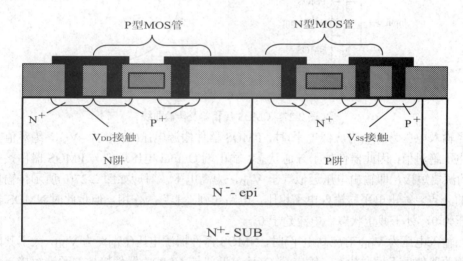

图2-25　双阱硅栅CMOS反相器剖面示意图

CMOS电路最简单的结构为反相器，由一个PMOSFET和一个NMOSFET构成。如图2-26所示，CMOS反相器("非"逻辑)是数字电路最基本的单元，由反相器的逻辑非功能可以扩展出"与非""或非"等基本门电路，进而得到各种组合逻辑电路和时序逻辑电路。

CMOS反相器电路如图2-27(a)所示。CMOS反相器(又称为"非门")电路是由一个增强型PMOS器件与一个增强型NMOS器件串联而成的。PMOS器件的源端接正电压V_{DD}(对应逻辑高电平)，NMOS器件的源端接地(对应逻辑低电平)。两个器件的栅极连在一起，作为电路的输入端。两个器件的漏极连在一起，作为电路的输出端。一般情况下，输出端接至下一级电路输入器件的栅极。

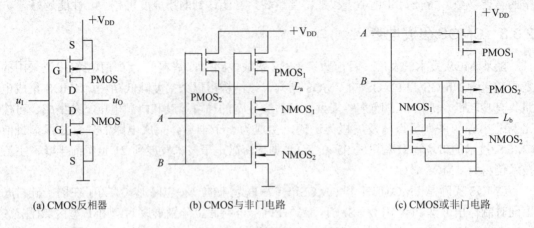

(a) CMOS反相器　　　　　(b) CMOS与非门电路　　　　　(c) CMOS或非门电路

图 2-26　CMOS 基本门电路

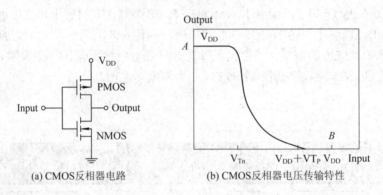

(a) CMOS反相器电路　　　　(b) CMOS反相器电压传输特性

图 2-27　CMOS 反相器及传输曲线

当输入电压为 0 V(对应低电平)时,PMOS 器件栅源电压$(U_{GS})_P$ 为$-V_{DD}$,绝对值大于其阈值电压绝对值,因此器件处于导通状态,输出端 Output 电压近似与 PMOS 器件接电压源 V_{DD} 的源端短接,即输出电压近似等于 V_{DD},为高电平,对应如图 2-27(b)所示传输特性曲线上的 A 点。输出电平与输入电平相比,电路起到"非"的作用。但是此时 NMOS 器件栅源电压为 0,处于截止状态,电流趋于 0。

当输入电压为 V_{DD}(对应高电平)时,NMOS 器件栅源电压$(U_{GS})_N$ 为 V_{DD},大于其阈值电压,因此器件处于导通状态,输出端 Output 近似与 NMOS 器件接地的源端短接,为低电平,对应如图 2.27(b)所示传输特性曲线上的 B 点。输出电平与输入高电平相比,电路起到"非"的作用。但是此时 PMOS 器件栅源电压为 0,处于截止状态,电流趋于 0。

由以上分析可见,如图 2.27(a)所示的反相器电路不但确实起到输出与输入之间的反相功能,而且在高低这两种稳定的逻辑状态下,两个串联的 MOS 器件中总有一个处于截止状态,除了处于截止状态的泄漏电流外,没有直接从正电源到地的电流通道,因此 CMOS 电路的最大特点是直流(静态)功耗非常低,使得 CMOS 在现代数字集成电路中占据了绝对的主导地位。

2.3.4　半导体存储器集成电路

存储器是一种能够保存信息并可以随时读出信息的记忆单元。存储器记忆单元中的最小记忆单位是位(bit)，每一位记录一个"0"或"1"。存储器是许多电子系统中必不可少的主要部件。半导体存储器的研制成功和大量生产，大大促进了计算机的发展。目前半导体存储器已成为计算机的主要存储部件。半导体存储器的基本要求是高密度、大容量、高速度、低功耗和非易失性。

存储器按功能可分为两类：随机存取存储器(Random Access Memory，RAM)和只读存储器(Read Only Memory，ROM)。

随机存取存储器(RAM)使用方便，用户可以随时将外部信息写入 RAM 或者从 RAM 中读出，但是，断电后信息将丢失。随机存取存储器分为静态存储器(SRAM)和动态存储器(DRAM)。

只读存储器(ROM)即使关断电源，所存的信息也不会丢失，通常称 ROM 具有非易失性或非挥发性。用户可以随意地读出 ROM 中任何一个单元中的信息，但是不能像 RAM 那样自由地随时写入信息。ROM 分为掩膜 ROM 和可编程 PROM。掩膜 ROM 的信息是事先固定在集成电路芯片上的，用户只能读取其中早已存好的信息，而无法改变其中的存储内容；对于 PROM，用户可以根据需要，把信息写入到存储器中，存储新的内容，而且切断电源后，所存储的信息不会丢失，目前广泛应用的快闪存储器(Flash Memory)就属于这一类。

复习思考题

1．什么是本征半导体？
2．何谓单晶体？
3．什么是掺杂半导体？
4．为什么要向半导体内部掺杂？
5．主要的半导体分立器件有哪些？
6．半导体集成电路有哪些分类？
7．为什么半导体中总是同时存在电子和空穴？
8．什么是集成电路的集成度？描述一下集成电路的集成度水平发展。
9．半导体存储器主要有哪些分类？内涵有何不同？

第三章　集成电路(IC)设计

集成电路设计是指根据电子系统的要求，按照集成电路制造工艺的设计规则来设计电路，从而使集成电路生产线能制造出符合要求的芯片，实现电子系统所要求的功能。目前电子系统的规模越来越大，功能也越来越强，而现代集成电路制造工艺尺寸越来越小，未来多层次的"集成"将成为设计的主题，系统级的设计方法学将是未来设计技术发展的助力器，可测性设计(DFT)、可制造性设计(DFM)和可靠性设计(DFR)在芯片设计中所占的比重则越来越大，因此需要付出巨大的努力研究新的设计方法和开发新的电子设计自动化(EDA)设计工具，以提高芯片设计的产出率。

3.1　集成电路(IC)设计流程

集成电路(IC)的设计一般包括以下六个过程：

(1) 系统规范化说明。IC 设计过程从系统需求开始，EDA 工具将用户需求转化为功能描述和技术指标表示的规范化说明，包括系统功能、性能、物理尺寸、设计模式、制造工艺、设计周期、设计成本等。

(2) 寄存器传输级设计。寄存器传输级设计主要完成系统功能的实现方案设计，即给出系统的时序图及各子模块之间的数据流图。对于复杂系统来说最好是将其划分为各种子系统，然后分而治之。

(3) 逻辑设计。所谓逻辑设计，就是在系统设计的基础上，借助于 EDA 工具和模型库将各子系统结构化、实体化，通常以文本、原理图、逻辑图或布尔表达式来表示逻辑设计的结果。

(4) 电路设计。电路设计是在考虑电路的速度、功耗等性能的前提下以电路结构来实现的。通常需要使用 EDA 工具对所设计电路进行分析及优化。

(5) 版图设计。版图设计又称为物理设计，即将电路设计中的每一个元器件如晶体管、电阻、电容、电感等以及它们之间的连线，转换成集成电路制造所需要的版图信息。版图信息是用带有层次的几何图形来表示的。

(6) 设计验证。版图上的信息包括对于寄生参数的大小进行参数提取，并进行各种模拟验证，从而确保设计的正确性。

集成电路设计通常有两种设计途径：正向设计、逆向设计。

正向设计是指从电路指标、功能出发，先进行逻辑设计(子系统设计)，再由逻辑图进行电路设计，最后由电路进行版图设计，同时还要进行工艺设计。

正向设计的设计流程为：根据功能要求画出系统框图→划分成子系统(功能块)进行逻

辑设计→由逻辑图或功能块功能要求进行电路设计→由电路图设计版图，根据电路及现有工艺条件，经模拟验证再绘制总图→工艺设计(如原材料选择，设计工艺参数、工艺方案，确定工艺条件、工艺流程)。如有成熟的工艺，就根据电路的性能要求选择合适的工艺加以修改、补充或组合。这里所说的工艺条件包含源的种类、温度、时间、流量、注入剂量和能量、工艺参数及检测手段等内容。

逆向设计又称解剖分析，通过仿制原产品，获取先进的集成电路设计思想、版图设计技术、制造工艺等设计和制造的技术，综合各家优点，确定工艺参数，制订工艺条件和工艺流程，推出更先进的产品。

逆向设计的设计流程如下：

第一步，提取横向尺寸：主要内容包括打开封装→放大、照相→提取复合版图→拼复合版图→提取电路图、器件尺寸和设计规则→电路模拟、验证所提取的电路→画版图。

第二步，提取纵向尺寸：即用扫描电镜、扩展电阻仪等提取氧化层厚度、金属膜厚度、多晶硅厚度、结深、基区宽度等纵向尺寸和纵向杂质分布。

第三步，测试产品的电学参数。电学参数包括开启电压、薄膜电阻、放大倍数、特征频率等。

逆向设计在提取纵向尺寸和测试产品的电学参数的基础上确定工艺参数，制订工艺条件和工艺流程。

可见，不管是正向设计还是逆向设计，在由产品提取出电路图和逻辑关系后，还要经过工艺设计、版图设计才能完成集成电路设计。所以，可以说集成电路设计包括逻辑(或功能)设计、电路设计、版图设计和工艺设计。

逻辑(或功能)设计、电路设计、版图设计、工艺设计是集成电路设计的重要组成部分，它们之间是不能互相孤立的。在对电路进行版图设计之前，必须通过电路的逻辑关系详细地分析电路的工作原理，了解其特性和参数，掌握电路在各种工作状态下的特性以及各种影响因素(如元件参数变化、温度变化等对电路参数的影响)。必要时，可以对电路进行模拟实验或模拟分析，以获取电路的实际资料。同时，应全面熟悉工艺过程和步骤，掌握各工艺参数，只有在对电路和工艺具有深刻的理解和掌握的基础上，才能设计出切实可行的高质量版图。

3.1.1　不同功能集成电路设计过程

根据集成电路的功能可以将集成电路划分为数字集成电路、模拟集成电路和数模混合集成电路三类。应按照功能区分数模混合集成电路的设计，在遵守数字集成电路和模拟集成电路的设计规则和约束条件的前提下，完成相应单元的设计。

1. 数字集成电路设计

在数字集成电路设计过程中，通常按照行为设计、模块设计、逻辑设计、电路设计、版图设计的顺序自上而下进行，如图 3-1 所示。

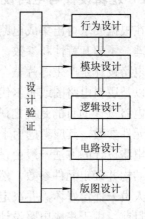

图 3-1　数字集成电路设计步骤

(1) 行为设计是按照芯片功能和性能的要求，给出详细的设计规范和端口安排，并进行行为建模和验证。

(2) 模块设计是将整个电路分成若干个功能模块，描述各功能模块需要完成的功能，规划好模块子端口之间的连接关系，对各模块进行建模和验证。对较大的模块还要再进行子模块划分。

(3) 逻辑设计是对各模块进行逻辑电路设计，并进行各模块及整体逻辑模拟，验证电路逻辑级的功能正确性。

(4) 电路设计是对各个逻辑单元进行晶体管级电路设计。由于电路的设计与工艺的选择有密切的关系，因而需要利用工艺给出的晶体管模型参数对晶体管级电路进行电路模拟，以验证所设计芯片功能、时序的正确性。

(5) 在版图设计需要按照工艺线给出的版图设计规则和电路要求进行芯片版图设计、布局布线，在经过设计规则检查、版图与逻辑图一致性检查后，应考虑版图中连线等的寄生效应对芯片性能的影响。最后需要将达到可以投片的水平版图转化为数据(tape out)送交工艺线制造光刻版和投片生产。

一般情况下，设计单位和工艺线都积累了针对一定工艺的不同结构的各种设计风格的单元库，每个单元包括确定的逻辑功能、电路结构、版图等层次，给设计带来很大方便。

2．模拟集成电路设计

模拟集成电路的作用是对由端口输入的电压和电流物理量进行放大、变换等处理，其电路及组成电路的晶体管的工艺、结构、性能、寄生参数等对电路精度、干扰等指标有重要影响，通常集成度不会太高。

模拟电路的设计者在电路功能和性能指标要求确定后首先要进行算法和结构建模，验证正确后才能进行电路级设计和版图设计。

到目前为止，还没有完善的模拟电路自动化设计工具在业界使用。为了使得在所选择的工艺下，芯片性能和面积最优，模拟电路的结构一般由人工设计，当采用电路模拟软件经过反复模拟达到要求后，再由人工来进行版图设计，并进行相关的设计规则检查以及对称性和精度等方面的检查。

3.1.2　逻辑设计与电路设计

在根据要求得出集成电路主要功能模块分析后，可以利用电路设计详细分析电路的工作原理，了解其特性和参数，掌握元件参数变化、温度变化对电路参数的影响。

电路设计是产生芯片整个过程的第一步。电路设计从布局和逻辑功能图开始，设计结果可以是逻辑电路图或布尔代数式，或者是由特定语言所描述的逻辑关系。

电路设计的目的是确定满足电路性能(如直流特性、开关特性和频率响应等)的电路结构和元件参数，其应考虑由于环境变化(如温度变化)和制造工艺偏差所引起的性能变化。

电路设计的方法一般由设计工程师根据电路的性能要求，采用人机交互方法，设计好电路结构并确定元件参数，然后用电路模拟程序进行性能模拟，并输出模拟结果，最后由设计人员来评价好坏，并决定是否修改。

目前，由于集成电路设计规模越来越庞大，设计复杂度也不断加大，设计者必须采用层次化设计(hierarchical design)方法以及适合于电子设计自动化的设计流程。

层次化设计是数字集成电路设计最广泛使用的方法，它使得复杂的设计工作高效而有序。层次化设计方法又分为自顶向下(top-down)和自底向上(bottom-up)两种设计过程。

1. 自顶向下设计过程

自顶向下的设计开始于目标设计的行为概念，然后建立起越来越具体的层次结构，最终达到某个能够变换为物理实现的较低的抽象层次。设计可以在某一种抽象级别上(一般为算法级或RTL)进行描述，然后通过EDA综合工具，将其转化为最终的版图实现。

自顶向下的设计路线是设计者先进行行为设计，确定芯片的功能、性能、拟采用的工艺、允许的芯片面积、成本等，将系统分解为接口清晰、相互关系明确的子系统。接着把各子系统转换成逻辑图或电路图，对模拟单元直接进行电路设计，对数字单元先进行逻辑设计，经逻辑设计验证后再转换成电路图。在电路设计阶段，设计者应该根据IC制造厂家提供的工艺参数，选择合适的器件模型与模拟工具，以确定电路图是否满足设计要求。下一步将电路图转换成版图，版图设计与工艺密切相关，设计者应按照IC制造厂家的几何设计规则进行电路的版图设计。为了确保芯片的成品率，在版图设计移交给IC制造厂家之前，必须进行版图验证。随着IC技术的发展，IC设计的重点向更大规模、更复杂的子系统和系统转移，很多功能模块早已开发出来，从逻辑功能、电路网表到版图都形成了完备的单元库。再加上EDA工具的开发，使IC设计完全可以从顶层即复杂电路与系统出发，自顶向下地完成IC的设计。

层次设计将设计目标划分为不同层次的级别，而针对设计对象的不同，又可以将各层次划分为3个不同的设计区域：行为域、结构域和物理域，如图3-2所示。行为域设计主要考虑系统要完成什么样的功能，设计中不考虑具体用什么方式来实现，电路的具体要求如速度、功耗等可以表示为设计的约束条件。结构域设计是指完成电路的具体结构，即确定完成各功能的具体电路形式。物理域设计是将电路转换成物理的版图，生成IC生产制造所用的掩膜数据。

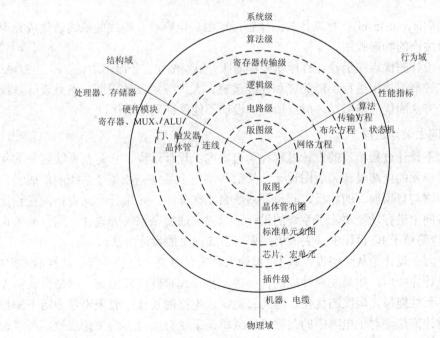

图3-2 数字系统描述的层次关系

对于数字集成电路来说，如果将复杂的设计进行划分，则可以认为一个系统设计由若干模块(module)组成，而每个模块又是由若干单元(unit)组成的，如果能够将单元甚至模块重复使用，则必然会提高设计效率。若将较高设计层次(如系统设计层)的每个组成部分(如模块层)当作黑盒子(black box)，则系统设计人员只需知道黑盒子的特性和参数，而不必涉及黑盒子的设计和实现细节。这样一来，电路的复杂性被层层抽象，层层分担，从而建立起一个自顶向下的层次化设计过程。

自顶向下的数字集成电路设计描述的层次关系如图 3-2 所示，分别称为系统级、算法级、寄存器传输级、逻辑级、电路级及版图级。从系统级向下，每一级对集成电路的描述越来越精确，也越发接近实际芯片版图。

从图 3-2 中可以看出，自顶向下的设计过程可按下述对应的设计层次从抽象到具体展开：

(1) 系统级(system level)：对整个电路最高层次的描述。在这个层次上，用户需求被转化为系统设计规范，并且给出电路性能指标要求、工艺条件以及开发周期等具体要求。

(2) 算法级(arithmetic level)：这一层次的设计将系统设计规范转化为硬件描述语言的算法或行为描述。其中，行为描述代码包括操作、变量及数组等与高级语言描述的算法类似或相同的表达方式，因此这一级又称为行为级(behavioral level)描述。

(3) 寄存器传输级(Register-Transfer Level，RTL)：将算法转化为可以采用硬件(寄存器、多路选择器、组合电路等)实现的描述。

(4) 逻辑级(logic level)：又称为门级(gate level)。在这一级描述中，电路被进一步具体化成各种基本逻辑门和触发器的互连。

(5) 电路级(circuit level)：又称开关级描述。此级是电路抽象层次最低的底层描述，在该级中基本逻辑门和触发器可以被进一步转换成具体的晶体管、电阻、电容以及连线的描述。

(6) 版图级(layout level)：将具体的晶体管、电阻、电容以及连线的描述转化成几何图形，即可进行生产的物理版图。

自顶向下设计的优点在于设计目标从全局着眼，层层细化，分而治之，借助于 EDA 工具辅助，可在较高层次上进行功能验证和性能改进，大大缩短设计周期，而且设计规模越大，这种设计方法的优势越明显。但自顶向下设计不能保证局部最优。

2. 自底向上设计过程

与自顶向下设计过程相反的设计过程称为自底向上设计过程，它是在系统划分的基础上，首先进行单元的电路设计和版图设计，然后逐层向上最终完成整个系统的集成。自底向上的设计步骤与自顶向下的相反，其设计路线自工艺开始，先进行单元设计，在设计好各单元后逐步向上进行功能块、子系统的设计，最终完成整个系统的设计。到目前为止，在模拟 IC 和较简单子 IC 设计中，大多仍然采用自底向上的设计方法。

由于自底向上设计是从底层设计着手，设计人员缺乏对整个电子系统总体性能的把握，在整个系统设计完成后，如果发现性能尚待改进，修改起来就比较困难。但是自底向上设计能够保证单元性能最大限度的优化，因此目前集成电路的设计一般采用自顶向下和自底向上结合的设计方法。对于电路中的关键模块或单元采用自底向上的设计过程，可将设计好的模块或单元当作单元库的元件来进行调用，而整个系统则采用自顶向下设计。

3.1.3　版图设计与工艺设计

版图设计是根据逻辑功能和电路结构要求以及工艺制造约束条件来设计集成电路的版图。

在版图设计中，要遵守版图设计规则。所谓版图设计规则，就是为了保证电路的功能和一定的成品率而提出的一组最小尺寸，如最小线宽、最小可开孔、线条间的最小间距、最小套刻间距等。在版图设计中，只要遵守版图设计规则，所设计出的版图就能保证生产出具有一定成品率的合格产品。另外，设计规则是设计者和电路生产厂之间的接口，由于各厂家的设备和工艺水平不同，各厂家提供给设计者的设计规则也是不同的。设计者只有根据厂家提供的设计规则进行版图设计，所设计出的版图才能在该厂生产出具有一定成品率的合格产品。

熟悉了线路及特性，掌握了各工艺参数和光刻基本尺寸后，即可进行版图设计。版图设计的程序为：先对线路划分隔离区，再对各隔离区上的各元件进行图形及尺寸设计，最后进行排版、布线，绘制出电路的总图。

图 3-3 为三输入与门电路的电路图、棍图和版图。

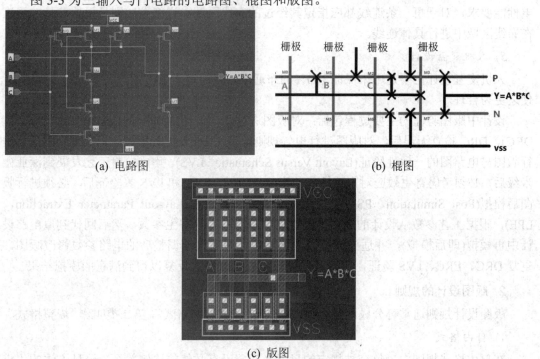

(a) 电路图　　　　　　　　　　　　　　(b) 棍图

(c) 版图

图 3-3　三输入与门电路

1. 版图设计的主要内容

所谓电路的版图设计，就是根据电路参数应达到的要求，结合实际工艺条件，按照已确定的电路的线路形式设计各个元件的具体图形和尺寸，并进行排版布线，得到一套符合要求的光刻掩膜板的过程。其内容主要包括：组件设计、芯片规划、划分和布局、总体布线和详细布线、人机交互设计等。

1) 组件设计

对于一个芯片，可以由小到大地进行组件设计。芯片最小的单位是元件，此后由元件到门，由门到元胞，由元胞到宏单元，由宏单元到芯片。其中，门、元胞和宏单元都可以作为新的组件。

2) 芯片规划

芯片规划是根据已知组件的个数和连接表，估计芯片所需要的面积，包括组件占有的面积和布线区域面积之和，通常布线区域面积约占芯片面积的 50%。

3) 划分和布局

所谓划分，就是自顶向下，先将芯片分成两块，然后再将每块一分为二，如此继续下去直到被划分的每一小块只包含一个组件为止。

所谓布局，就是把每一个组件考虑成一个点，根据组件之间的连接表，在芯片上分配各个组件的位置使得所占芯片面积最小。

4) 总体布线和详细布线

总体布线是指从总的方面考虑布线方式，合理分配布线空间使布线均匀合理，并符合电性能要求，对于每一条连线都应指定其经过的布线区域。详细布线则是根据芯片的层次在布线区域中进行具体连线。

5) 人机交互设计

人机交互设计主要是用来保证 100% 的布通率，并通过人工干预，调整布局布线结果，使之更为合理。

设计中版图验证的主要过程包括：对版图进行几何设计规则验证(Design Rule Check，DRC)，DRC 检查无误后，对版图进行电气规则验证(Electrical Rule Check，ERC)，最后进行版图与电路图的一致性验证(Layout Versus Schematic，LVS)。集成电路工艺发展到深亚微米级后，必须考虑寄生效应对电路性能的影响。DRC、ERC 和 LVS 等验证后，必须进行版图后模拟(Post Simulation，PS)。首先是寄生参数提取过程(Lay-out Parameter Extraction，LPE)，根据工艺参数从设计的版图提取寄生电阻、电容等寄生参数，然后回代到原电路设计中再模拟(即后模拟)，并适当调整原电路参数。最后根据调整后的电路参数修改版图，重复 DRC、ERC、LVS 验证，LPE 及后模拟，要经过多次反复以得到满意的模拟结果。

2. 版图设计的规则

版图设计规则通常可分成两种类型。第一类叫作"自由格式"，第二类叫作"规整格式"。

1) 自由格式

在自由格式规则中，每个被规定的尺寸之间，没有必然的比例关系。这种方法的优点是各尺寸可相对独立地选择，可以把每个尺寸定得更合理，所以电路性能好，芯片尺寸小；缺点是对于一个设计级别，就要有一整套数字，而不能按比例放大、缩小。

2) 规格格式

在规整格式规则中，绝大多数尺寸规定为某一特征尺寸 λ 的某个倍数。这样一来，就可使整个设计规则简化。例如对于双极型集成电路，就是以引线孔为基准的，其尺寸规定如下：

(1) 引线孔的最小尺寸为 $2\lambda \times 2\lambda$。

(2) 金属条的最小宽度为 2λ，扩散区(包括基区、发射区和集电区)的最小宽度为 2λ，P^+隔离框的最小宽度为 2λ。

(3) 基区各边覆盖发射区(对 I^2L 为集电区)的最小富裕量为 2λ，扩散区对引线孔各边留有的富裕量大于或等于 1λ，埋层对基区各边应留有的富裕量大于或等于 1λ。

(4) 除 N^+埋层与 P^+隔离槽间的最小间距应为 4λ 外，其余的最小间距均为 2λ。这是因为 P^+的隔离扩散深度较深，故横向扩散也大，所以应留有较大余量。

规整格式的优点是简化了设计规则，对于不同的设计级别，只要代入相应的 λ 值即可，有利于版图的计算机辅助设计；缺点是有时增加了工艺难度，有时浪费了部分芯片面积，而且电路性能也不如自由格式。

3. 版图设计的一般原则

简单说来，划分隔离区原则、确定元件图形尺寸基本原则、排版和布线基本原则是版图设计过程中需遵循的一般原则。图 3-4 为集成电路版图的内部单元示例。

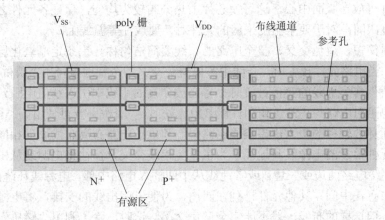

图 3-4　集成电路版图的内部单元示例

在采用 PN 结隔离的集成电路中，元件间需要互相绝缘。通常可按电路要求对隔离区进行划分。划分隔离区时，其基本的处理原则如下：外延层电位相同的元件可共置于同一隔离区内。例如，凡是集电极电位相同的 NPN 管可以共岛，集电极电位不同的 NPN 管则应置于不同的隔离岛内，二极管可视情况按晶体管处理。所有的硼扩电阻原则上可共岛，但该岛必须接电路的最高电位。集电极接电路最高电位的 NPN 管可放在电阻岛上。有时为了布局布线的方便，某些硼电阻可和其他元件(如晶体管等)放在同一隔离岛内，条件是该电阻上任意点的电位与所处隔离区外延层的电位差要小于一个 PN 结导通压降。如果电路中电阻数目较多，或为了布线的方便，则同一个电路中可设置几个电阻隔离区。一般来说，一个电路所需隔离区的数目以少些为好，但这并不是绝对的，应从缩小芯片占用面积、减小隔离结寄生电容和漏电流、便于排版布线等各方面去综合考虑权衡。

电路划分隔离区后，结合选定的光刻基本尺寸、工艺基本参数，可确定各隔离区上元件的图形和尺寸。这是版图设计中一项最重要的内容，必须依据产品的电参数、电路对各个元件的具体要求，结合工艺水平和条件，通过定性、定量的综合分析和计算才能完成。原则上说，若电路中某些晶体管的特性频率要求较高，则可选择单基极条图形并按光刻的最小基本尺寸，设计较小面积的晶体管；若某些晶体管要求较大的电流容量或较低的饱和压降，则可选取较大的尺寸并采用各种符合要求的图形；若电阻上流过的电流较大或精度要求较高，则电阻条宽应较大；对于电路性能取决于比值误差的元件，则要按比例大小来决定图形尺寸，以减小工艺过程对元件比值的影响。

各隔离区上元件的图形尺寸基本设计完成后，接下来进行排版和布线工作，一般先排出草图，最后按有关作图规则绘制放大数倍的总图。在排版和布线过程中，有时对所设计的各元件图形尺寸尚需进行适当的调整。

排版和布线时元件的排列应尽可能紧凑，以减小每个电路实际占用的硅片面积和有关寄生效应，提高电路的性能和成品率。

参数相一致的元件应排布在邻近的区域，避免由于材料、工艺的不均匀造成元件参数之间的较大差异。

元件的分布要符合压焊点和管壳外引线的要求，使布铝方便。

整个电路的功耗应在管壳散热允许的范围内，尽可能使电路芯片上温度分布均匀。功耗较大的元件可放在版面中心，这可使芯片上热分布较为均匀，保证各元件之间的电参数有良好的温度跟随；对于要求温度平衡的元件对，要放在等温线上。

布线尽量简短，避免交叉，整个电路的布线要简洁匀称。铝条走厚氧化层，三次氧化层上不布铝。当电路元件较多时，布线中难以避免交叉的个别地方可用"磷桥"作为过渡，但使用"磷桥"作为引线的穿接过渡时，将在被穿接的铝线中引入小值电阻，只有在确认引入的小值电阻对电路的正常工作和性能参数无妨时，"磷桥"方可使用。

在电路元件数较多的中大规模集成电路中，和电子电路布局布线原理相同，布线最困难的是连接元件很多的电源线和地线。为了避免铝线交叉，往往将电源线从中间插入电路中部，地线环绕电路两边或三边；或者地线从中间插入电路中部，电源线环绕两边或三边。如果电阻岛布置在中间，其他元件排列在四周，为便于引出线的安排，将电源线从中间插入较为有利，但这样的布线一般不能完全避免交叉。这时，除了利用"磷桥"穿接外，还常常需要对某些元件的图形尺寸进行一定的修改，供布线在元件图形上穿过。常用的方法如把多发输入管的脖子拉长变粗以供穿线，或把晶体管的 B、C 电极间距拉开供中间穿线，这时，要将集电极的磷扩区做大些。某些元件的接地可通过接隔离槽来实现，当然通过接隔离槽的方法来接地也会引入一定的电阻。所有这些做法，都必须从电路工作原理上予以分析，经实践证明附加的电阻和电容对电路性能影响不大时才能采用。

在中大规模集成电路中，布线图形有时十分繁复。由于布线密度过大，铝条上的电流容量和压降过大，往往造成短路、断路，从而使电路功能混乱失效。这时可采用多层(如双层)布线的方法。双层布线是在两层铝布线之间加有一层介质层(如氮化硅)加以绝缘，两层布线间需要连接处可在介质层上开出连接孔。第一层铝布线可以先完成单元电路的连接，第二层铝布线再完成整个电路的连接。两层铝布线间的介质层针孔要少，绝缘性能要高，两层铝布线之间的感应及交连也要设计得较小，并且要采取措施防止氧化层台阶等引起的断铝问题。

铝条要有一定的宽度。特别是通过大电流的铝条和走线较长的铝条要适当宽些，对常规厚度的铝层，其宽度大小大致可按 0.8 mA/μm 的电流容量来进行估计，个别的情况如十分为难则可放宽到 1 mA/μm，这是因为在大密度电流通过铝条时，存在着铝的"电迁移"现象(即在外电场影响下，导体内运动的电子将动能传给金属离子，引起导电材料产生质量输运现象，造成金属线中出现空洞)，并且硅原子也会不断迁移到铝膜中形成硅晶体，这两种现象都会使铝条在氧化层台阶等处易于造成断铝现象。

压焊点的分布要符合管壳外引线的排列次序，对有统一规定的电路，引出线次序要与标准规定相一致。压焊点大小要符合键合工艺的要求。压焊点与压焊点之间，压焊点与电路内部元件、布线之间应留有足够的距离，电路的输出引线与输入引线之间要防止窜扰。压焊点应做在隔离岛上，防止因氧化层针孔等原因造成压焊点与衬底的漏电或短路现象。

电阻岛应接电路最高电位，隔离槽应接电路最低电位，接触孔面积应开得足够大，以保证铝硅的接触良好。在电阻岛等 N 型外延层上的欧姆接触孔，应事先进行 N$^+$ 浓磷扩散。

版图设计要求布局合理、单元配置适当、布线合适，尽量避免铝线爬坡梯度过大，由最低处到最高处要分几个台阶过渡。同时，为便于检查工艺质量，版图上要安排大量的测试图形。

合理的版图设计是制备集成电路的先决条件，版图设计的优劣对电路产品的性能和成品率具有关键的影响，必须严肃认真地予以对待。

4. 工艺设计的主要内容和参数选取

工艺设计主要根据超精细加工水平以及扩散、离子注入等半导体工艺来确定晶体管的尺寸，例如，设计双极型晶体管的射极宽度、面积、基极面积、杂质浓度等，或 MOS 管的沟道长、宽、栅极厚度、杂质浓度等。其次是确定布线的宽度和线间距等的设计规则，并根据功率损耗、开关特性等电气指标和制造工艺方面的限制条件来设计器件。工艺设计要求全面熟悉工艺过程和步骤，掌握各种工艺参数。进行版图设计，必须首先掌握一整套具体工艺参数，这些参数包括材料特性参数、氧化扩散工艺参数、工艺水平参数等。

只有在掌握一套完整的具体工艺参数的基础上，才能开始集成电路的版图设计。由于受工艺水平的限制以及电路参数对各工艺参数互相制约的要求，常规工艺在参数的选取中大都作了折中。提高目前电路的工艺水平，采用新的工艺装备和技术手段，是提高电路性能和开拓新型电路的重要途径。

以目前相对比较稳定和成熟的 TTL 电路工艺为例，简单分析一下工艺参数的选取。

1) 衬底材料参数的选取

采用 PN 结隔离的 TTL 电路中，衬底采用<111>晶向 P 型大圆片。<111>向原子面密度最大，杂质沿此晶向的扩散速度最慢，使扩散过程较易控制，获得的 PN 结面较为平整。单晶片厚度取 200～400 μm，太薄晶片易碎，太厚浪费材料。考虑到衬底结的反向击穿电压要求较高，隔离结的寄生电容要求较小等因素，衬底的电阻率不应太低，一般取 $\rho = 8 \sim 13$ Ω·cm，但也不宜过高，防止因掺杂浓度过低， N 型外延过程中，部分 P 型衬底反型为 N 型。此外，衬底材料的质量要好，晶格缺陷(如位错等)应严格控制，否则，当杂质高温扩散时，如外延层晶格缺陷较多，掺杂原子将沿着晶体缺陷快速扩散，最终在器件中形成结面平整度不良或导电沟道的弊病，使制成的电路低击穿或漏电流很大。

2) 埋层扩散的工艺参数选取

隐埋层扩散应采用如锑、砷等慢扩散杂质进行扩散。扩散层方块电阻控制在 15～20 Ω/sq，若埋层扩散浓度太低，R_{sg} 较大，则制成的晶体管集电极串联电阻会增大，晶体管以及电路的性能变差；若扩散浓度太高，则埋层表面形成合金点，无法保证其后的外延层晶格完整性。

3) 外延层的工艺参数选取

外延工艺是电路制造中的关键工艺之一，外延层的质量参数主要有掺杂浓度、厚度、晶格缺陷等。从提高晶体管击穿电压 BV_{CBO}、BV_{CEO} 和减小各 PN 结电容的角度考虑，外延层掺杂浓度低些，电阻率高些是有利的；从减小晶体管集电极串联电阻，降低饱和压降，提高晶体管开关速度和减小电流调制效应角度考虑，电阻率过高又是不利的。目前常选用的电阻率为 $0.2 \sim 0.5\ \Omega \cdot cm$。外延层厚度一般应大于硼扩基区深度、埋层反扩散深度和工艺过程中各次氧化消耗的外延层厚度之和，必要时应考虑晶体管集电结的势垒扩展宽度。

在一般采用 PN 结隔离的电路中，为保证隔离扩散的深度和浓度，使隔离槽和隔离槽的横向扩散占去了电路总面积中相当多的部分，因此，若采用薄外延层工艺，则隔离扩散时间和占用的芯片面积可大幅减少，电路面积几乎可缩小一半。电路面积缩小后，还带来成品率提高和电路性能改善的好处，但采用薄外延后，由于埋层反扩散使集电区杂质浓度加大，会降低晶体管的击穿电压，这时隐埋扩散可改用扩散系数较小的砷作为杂质源。此外，集电结深和发射结深也应相应减小些。

4) 基区硼扩散和发射区磷扩散的工艺参数选取

基区淡硼扩散和发射区浓磷扩散的主要工艺参数是薄层方块电阻(或掺杂浓度)和扩散结深。基区硼扩的方块电阻一般控制在 $150 \sim 200\ \Omega/sq$，这时表面掺杂浓度约为 $10^{18}\ cm^{-3}$，结深控制在 $2 \sim 3\ \mu m$；发射区磷扩的方块电阻控制在 $2 \sim 3\ \Omega/sq$，相应表面掺杂浓度为 $10^{23}\ cm^{-3}$，结深为 $1 \sim 2\ \mu m$。方块电阻或掺杂浓度的高低，主要影响到晶体管的结电容、击穿电压、电流增益和扩散电阻的阻值，必须综合考虑，合理选择确定。

在采用薄外延层工艺时，基区和发射区的扩散结深要相应浅些，如基区结深常减小到 $1\ \mu m$，甚至更小。作浅结工艺制得的晶体管可以有许多优点，如基区薄了，即 W_b 减小，晶体管的 f_T 及 β 值将提高；晶体管图形尺寸可缩小，整个晶体管的电容寄生也将减小；浅结扩散使晶体管基区的杂质浓度相应提高，有利于改善晶体管的大电流特性。发射区扩散结深相应减小后，要注意这时磷扩的浓度不要高到出现反常分布的程度，免得引起过多的位错线，同时过高的磷扩浓度将造成"重掺杂效应"，使发射区有效载流子浓度反而下降，发射效率从而降低，晶体管的电流增益也下降。总之，浅结扩散具有相当多的优点，但也有一定的工艺难度，成品率受表面缺陷的影响较大。为改善电路的表面状态，应进行表面钝化处理，并注意防止和去除有害杂质，如 Na^+ 离子的沾污等。

5) 光刻工艺基本尺寸的选取

一般而言，生产线的工艺水平在一定时期内具有相对的稳定性。光刻工艺的基本尺寸是由生产线的实际工艺水平及参考电路的性能要求而选定的。按不同的电路要求，各光刻工艺的基本尺寸可在一定的范围内有所变动。需选取的光刻工艺基本尺寸主要如下：

(1) 最小光刻孔(或线条)的尺寸。

最小光刻孔尺寸限制了引线孔的最小尺寸、电阻条的最小宽度和铝条之间的最小间距。最小光刻孔的大小由制版和光刻水平决定。若光刻孔设计太小，则开孔合格率下降，电路成品率会受到影响；若光刻孔设计太大，则电路的尺寸增大，集成度降低，成品率也会下降。

(2) 最小套准间距。

套准间距决定了各次光刻间的套准精度。最小套准间距由制版精度和光刻水平来决定。

(3) 隔离槽宽度。

隔离槽宽度应大于最小光刻线条宽度。由于隔离槽较长，太窄容易间断，而且因横向扩散，它的宽度大小对隔离扩散的浓度也有一定影响，所以隔离槽宽度总是取得比最小光刻宽度大。

(4) 隔离槽到其他扩散图形的间距。

若隔离槽的横向扩散长度相当于外延层厚度，基区横向扩散长度相当于基区扩散的深度，则隔离槽到相邻扩散图形的间距(如隔离槽到晶体管基区的距离)，应大于外延层厚度、基区扩散深度和光刻套准精度三者之和。考虑到外延层厚度的误差、反偏隔离结的势垒扩展和其他各种工艺因素的影响，这个间距还有适当放大的必要。该间距取值过小，会引起隔离槽与相邻扩散图形间的穿通或低击穿；取值过大，会降低电路的集成度，增加寄生电容和漏电流，降低电路成品率。

3.1.4　设计验证与设计综合

1. 设计验证的必要性

在设计完成之后，需要对其进行验证。目前广泛采用计算机辅助模拟的方法来模拟硬件系统，从而可以分析系统的性能，验证其功能是否正确。

一般来讲，对于已完成的待验证的设计描述，在进行模拟验证之前，首先需要搭建一个验证平台。在此平台中，需要在待验证的设计的输入端口加载验证向量作为激励信号，而从输出端口检查其输出结果是否正确。

Verilog HDL 语言既支持对电路的设计描述，也支持与之密切相关的模拟与验证环境的描述。Verilog HDL 语言本身包含有专门用于描述模拟验证的语句，若要建立简单的验证平台则只需要为待验证的设计写一个用于验证的模块即可。一般这个模块应至少包括两方面的内容：一方面是调用待验证的设计以对它进行验证；另一方面是用于验证的激励信号源。验证结果正确与否可通过检查输出波形来确定。

设计验证是数字集成电路设计过程中的重要环节，如果设计没有得到充分验证，则会带来不可估量的后果。为了正确并及时地生产出合格的芯片产品，验证必须满足两方面要求：一是验证的完整性，只有全部验证点得到充分验证，达到一定的覆盖率要求，才能对产品有信心；二是高效率，只有尽可能减少验证时间对产品上市时间的影响，验证才是成功的，这需要借助 EDA 工具和先进验证手段。

在当今超大规模集成电路的设计中，验证工作的投入占据整体工程量的很大份额，一般来说验证大约消耗 70% 的设计努力。在电子设计自动化设计流程中，设计的不同阶段始终伴随着验证工作。

2. 设计验证的流程

设计规范是电子设计自动化设计流程的起点，随着设计的层层细化，该规范被依次转换为 RTL 模型、门级网表以及版图等描述。每一层次的描述都可以看作是对设计规范的某种实现。设计验证的目的就是确认某个实现方案是否满足设计规范。随着设计层次的推进，验证工作基本按照如下流程进行：

(1) RTL 验证：依据设计规范，通过设计得到 RTL 代码，然后需要进行 RTL 功能验证。

相应的验证技术包括逻辑模拟、模型检查及定理证明等。

(2) 网表验证：RTL 设计经逻辑综合后，得到门级网表，在此层次上需要进行功能验证和时序验证。门级网表的功能验证可采用 RTL-门级形式等价检查，目的是保证 RTL 模型与门级网表在功能上是等价的；随着时钟树和可测性设计扫描链的插入，新生成的网表还要进行等价性检查以确保功能的正确性。从网表验证开始，在以后各阶段为保证设计满足时序要求，均需要进行静态时序分析验证。

(3) 版图验证：在版图实现这一层次，需要进行功能验证、时序验证以及面验证。通常采用后仿真、形式等价检查等技术进行功能验证，采用静态时序分析技术进行时序验证。此时还需要对版图设计进行各种物理验证，包括电气规则检查(ERC)、设计规则检查(DRC)、版图与电路图的一致性检查(LVS)、信号完整性检查等验证工作。

3. 设计验证的分类

依据验证的目的不同，设计验证可分为以下几种：

(1) 功能验证：验证在各个抽象层次上的设计描述或模型是否正确达到设计的功能规范要求。

(2) 时序验证：验证带有某种时序信息的设计描述或模型是否满足设计的时序要求。

(3) 物理验证：检查版图是否符合设计规则。

集成电路的设计过程就是将设计规范转换为规范实现的过程，一般是按照设计的抽象层次，从抽象到具体、层层细化的过程，而验证则是一个与设计相反的过程，它确认某个实现方案是否满足设计规范。从本质上来看，验证就是保证某种形式的转换符合设计者的期望，即保证设计正确地实现了规范所定义的功能和性能要求。

从规范到版图的实现步骤所采取的验证方法可划分为两种类型。从 RTL 代码到版图实现过程中，验证是证明两个实现的版本功能是否等价，此类验证称为等价性检查；从规范到 RTL 代码实现过程中，由于不同抽象层次的实现版本存在差异，原因在于较低层次的实现方案可能包含较高层次允许但并未指定的细节，因此这一过程只验证实现方案是否满足规范，这种类型的验证称为特性检查(property check)，属于目的性验证。

4. 设计验证的原理

目前，各种广泛采用的验证方法，其基本原理是利用冗余性来找出设计过程中引入的错误。设计错误包括实现过程中引入的实现错误(如设计人员对规范的错误解释)以及设计规范本身的错误(如未能说明的功能描述、互相矛盾的需求等)。

对于实现错误，可使用不同方法两次或多次实现同一个规范并加以比较来查找。例如把设计过程得到的实现方案产生的结果与验证过程所产生的结果进行比较。对于复杂的集成电路设计，为了提高验证的质量和效率，从管理上可以考虑验证和设计分离原则，即验证任务和设计任务由不同人员或团队分别完成，这是保证设计可靠性的一个重要原则。如果由同一个人进行设计和验证，则容易造成设计和验证犯同一个错误而得不到真正的验证。

对于设计规范本身的错误，可通过设计评审并详细检查设计体系、对目标产品应用环境进行考查等方式来发现，这些方式本质上也是基于冗余性来进行的验证。

5. 功能验证采用的技术

功能验证贯穿于从系统设计到物理实现的全过程。对于硬件设计来说，功能验证的对象主要是 RTL 代码，它是设计人员采用硬件描述语言对设计规范的描述。经过完整验证的 RTL 代码可作为较低层次设计实现的"黄金参考"，采用综合工具可保证二者之间的正确转换。验证用的验证向量和验证程序可以在算法级或 RTL 开发中，较低层次的设计可在某种程度上复用高层次模型开发的验证向量和验证程序。

目前，功能验证采用的技术可分为两种类型：基于模拟(simulation)的验证及形式验证(formal verification)。二者之间的主要区别在于是否存在验证向量。依据在验证过程中是否需要验证向量，又可将不同的验证技术或方法归之为动态验证或静态验证。基于模拟的验证需要验证向量，属于动态验证；形式验证不需要验证向量，属于静态验证。

1) 基于模拟的验证

基于模拟的验证包括三种方式：软件模拟、仿真加速及硬件仿真。

软件模拟通过将验证向量施加到待验证设计(Design Under Verification，DUV)的模型上，使其在软件模拟器(simulator，传统上称为软件仿真器)上工作运行，通过检查模型的响应来进行验证。软件模拟器分为以下两种：

(1) 基于事件的模拟器：每次取一个事件在 DUV 中传播，直至电路达到稳定状态。由于信号延时不同和存在反馈，每个时钟有可能模拟若干遍，这种模拟精度高，但对于规模大的电路，模拟速度会相当慢。

(2) 基于时钟周期的模拟器：不考虑时钟周期内的时序，仅一次性计算状态元件和输入输出端口之间的逻辑，模拟速度可以大大提高，但电路类型有一定限制。例如，要考虑时钟周期内时序的电路，就不能用这种模拟器。

基于软件模拟器进行验证，验证向量的运行速度较慢，对于超过百万门级的设计，模拟的验证时间较长。因此，针对大型验证任务，往往采用仿真加速或硬件仿真来加速功能验证周期。

仿真加速(或称硬件加速)将软件模拟程序中的某些代码映射到硬件平台中进行操作。最典型的情况就是验证平台仍然保留在软件中运行，而被验证的设计却是在硬件加速器(基于 FPGA 或基于处理器)中运行。

硬件仿真是指无需软件模拟器而采用专门的软/硬件系统(称为硬件仿真器，典型的是采用现场可编程门阵列)，来全部或部分实现目标设计，在进行验证时，验证向量被施加在已实现了目标设计的硬件仿真器上运行。由于验证向量是在硬件系统上运行，验证任务可以在很高的时钟频率(一般在 MHz 数量级)下执行，因此可以大大提高验证速度，通常可以将验证速度提高两个甚至三个数量级。

2) 形式验证

形式验证利用数学方法对设计结果的功能进行验证。它仅依赖于对设计的数学分析，无需使用验证向量，目前包括如下几种技术：

(1) 模型检查：运用公式化的数学技巧来查验设计的功能特性。模型检查将设计描述及其部分规范的特性作为输入，以证明该设计是否具有某种特性。其过程是搜索一个设计在所有可能条件下的状态空间，寻找不符合某特性的点，如果找到这样的点，则可证明该特性不正确。模型检查不需要建立任何验证平台，被验证的性质是以特殊规范语言描述的查询表形式给出的。当模型检查工具发现错误时，会产生自初始状态到行为或特性出错的地方为止的完全搜索路径。因为包含数据通道的电路系统往往包含很大的状态空间，所示采用模型检查将占据大量的存储空间，验证时间也变得难以承受。

(2) 定理证明：在定理证明的过程中，特性被表述为数学命题，而设计则表述为数学实体，该实体表示为若干公理，证明的过程就是看数学命题是否可从公理中演绎得到。如果得到，则该特性存在；否则，该特性不存在。已经有很多的定理证明系统在大型的设计中得以成功地运用，如在浮点指针单元和复杂流水控制中。定理证明验证的主要缺点就是它不如模型检查那样自动化程度高。因为在通过理论证明的验证中，用户必须使用定理证明的命令进行交互式的证明。同时，另一个缺点就是当对某事件的证明失败时，验证系统无法自动构造搜索指针，用户必须通过人为的分析来寻找错误发生的原因。

(3) 形式等价检查(formal equivalence checking)：形式等价检查的优点是提供完全的等价验证，只需较少执行时间。形式等价检查工具会生成一个数据结构，用来比较在相同的输入模式下得出的输出数值模式，如果这些输出数值模式不相同，那么同一设计的两种描述(如门级和 RTL)就不是等价的。芯片设计过程的各个阶段有不同层次、不同版本的设计，形式等价检查用于验证两种设计在功能上的等价，一般是验证新的设计描述与已经得到验证的设计描述的等价。当一种描述经过了某种类型的变换时，等价性验证也会在两个门级网表或两个 RTL 实现之间进行。常用的是 RTL 与 RTL、RTL 与门级网表、门级网表与门级网表之间的等价检验。形式等价检查所需处理器时间和存储容量较小。目前实际应用的形式等价检查主要针对组合电路，其方法可以有布尔满足(SAT)法、二元决策图(BDD)法、符号模拟法等。

3) 基示模拟验证的流程

基于模拟的验证是功能验证最重要、用得最多的一种技术，主要是在模拟器或仿真器上通过模拟实际电路的工作环境来对设计进行验证。图 3-5 给出了一个典型的基于模拟验证的流程，具体说明如下：

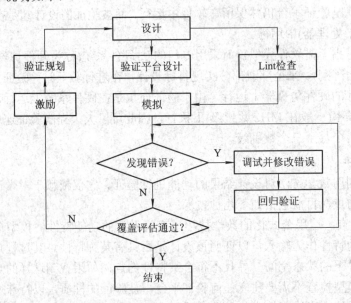

图 3-5 基于模拟验证的流程示意图

(1) 根据目标设计的设计规范，设计验证平台(testbench，又称为测试平台)；制订验证规划，根据验证规划编写验证用例(testcase，又称为测试用例)，以生成验证向量，用作输入激励以及响应检查；设计还需要进行 Lint 检查，Lint 检查能够检查设计的静态错误。

(2) 将验证向量输入到 DUV，在软件模拟器(或仿真器)上进行模拟。

(3) 将输出与参考输出结果进行比较。

(4) 如果观察到与预期结果不符的情况，需要调试，并改正之。

(5) 经过改正的设计需要进行回归验证(regression testing)。这是因为有时设计人员会在不违背现有功能的同时，加入一些新的功能，或者在排除一个设计错误的同时，又引入了新的错误。回归验证是将已有的验证在新版本的 DUV 上重新运行，以证明没有引入错误。在整个验证过程中，应该定期进行回归验证。

(6) 如果经过回归验证证明没有引入新的错误，或已经进行所有验证向量的模拟，则以覆盖评估来考察是否通过验证。覆盖率指标被用来衡量一个设计的模拟验证的质量，由衡量覆盖率的工具给出代码覆盖率(模拟验证运行过的代码的百分比)或功能覆盖率(模拟验证运行过的功能的百分比)的报告。利用覆盖率报告，可发现设计中没有得到验证的部分，从而为其生成验证向量。如果没有达到覆盖评估标准，则需要对 DUV 反复验证；如果达到覆盖评估标准，则结束基于模拟的验证工作。

6. 验证规划

验证规划以系统设计的体系结构规范为起点，找出需要验证的功能并赋予优先级，建立验证构想或者为每个优先级的功能建立验证用例，并跟踪验证过程。这 4 个步骤可视为一种自顶向下的过程，它把高层规范细化为较低层次的规范，并进一步细化到最终生成验证用例的更加具体的要求；验证规划中给出需要详细验证的指定功能，包括属性(feature)、操作 operation)、边角情况(corner cases)以及事务(transaction)等。验证的指定功能可看作对规范的进一步解释，其核心就是对目标设计的特性进行说明和穷举，这些特性可以表示为设计的行为描述、抽象结构描述、时序要求等。因此，对所有指定功能的验证就构成了对设计规范的验证。指定功能的完备与否决定了验证的功能覆盖程度，从而最终决定了 DUV 是否充分满足设计规范的要求。因此，指定功能的提取可以说是基于模拟的验证成败关键所在。

对于 DUV 的所有行为，功能验证的范围基本上可分做如下三类功能的提取：

(1) 目标设计的期望功能集合。对于这一类功能的获取，需要验证人员彻底了解设计的功能规范，并以表格的形式列出所有的期望功能。

(2) 想要寻找到的错误行为。这一类功能的获取，原则上是对功能规范的完整性和正确性的验证。此类验证试图发现，在基于设计规范期望功能验证基础上，设计本身是否存在漏洞和缺陷。这一类验证枚举出特定工作环境和条件下，目标设计可能发生的错误。

(3) 未被覆盖的功能定义。这一类功能指特定条件下，目标设计表现的行为不可能得到验证的那些功能。这类功能为超出设计规范所定义的工作环境要求的考虑，因此此类功能点的获取目的是指明应该将设计置于什么样的使用环境，也就是说，限制设计的应用范围。

在进行设计的功能验证时，从验证规划提取的指定功能出发，就可以有针对性地采用适合的验证方法及 EDA 工具进行验证工作。在基于模拟技术进行验证时，验证规范为指定功能可以指导生成相应的验证用例。一个验证用例是实现一组针对特定功能的验证向量，该向量应实现对目标设计的输入激励和响应检查的描述，通过模拟工具在目标设计上运行，可以得到指定功能的"真"或"假"的确定结论。

在实现验证用例之前，需要在验证规划中列出所有验证用例的功能、优先级、实现方法等。在对 DUV 进行验证之前，完整的验证向量可以在验证规划的基础上生成。首先需要将验证规划中对验证用例的描述编写成模拟器可识别的代码，然后依照验证用例的验证组别以及优先级别排列，这些代码将由验证平台调用。

7．验证平台

验证平台是为模拟验证而编写的代码，其目的是用来对待验证模型产生预先确定的输入序列，然后选择性地检测响应。验证平台基本结构如图 3-6 所示，它由两大组件构成：激励生成模块以及响应检测模块。激励生成模块在 DUV 输入接口产生符合时序要求的信号激励；响应检测模块则按照待验证模型输出接口的时序，接收输出信号并与期望结果进行比较。由于一般设计的验证用例庞大，如果单纯为某一个验证用例编写专门的验证平台，则无法达到面向所有验证用例的通用性，从而增加了编写代码的重复劳动，因此验证平台的激励生成和响应检测模块的设计要考虑复用性。在采用硬件描述语言设计的验证平台中，复用性通过硬件描述语言提供的过程来实现，对于 Verilog HDL 就是任务(task)，而对于 VHDL 则是过程(procedure)。这些可重复调用的过程的主要功能就是把数据写入 DUV——激励生成，或从 DUV 中读取数据——响应检测。

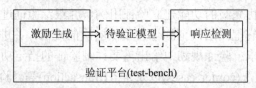

图 3-6　验证平台基本结构示意图

将需要反复使用的复杂行为抽象并提取成若干任务，就构成了一个基本的结构化的验证平台。典型的结构化验证平台应包括激励生成、时序/协议检查、输出接收、预期结果检查等结构组件，如图 3-7 所示。

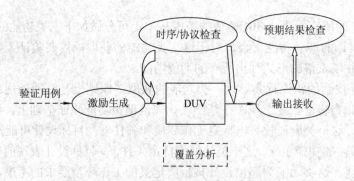

图 3-7　典型的结构化验证平台示意图

激励生成和输出接收组件的主要任务就是将验证用例提供的验证数据，按照待验证模型与周边环境之间的时序和协议，正确地写入 DUV 或从 DUV 读出数据。

时序/协议检查组件用来监视接口上的事务，并检查接口操作的正确性，若有非正确操作，则可给出错误提示。它们既可以嵌入到激励生成和输出接收组件中，在模拟时进行验证，也可以嵌入到待验证模型或参考模型中，这样除了模拟验证外，以后实际的集成电路在正常工作时就能达到自检验的目的。

预期结果检查是指根据事先给定的预期响应文件来检查模拟结果，如果结果不符合，则给出错误提示。在大型设计项目中，预期结果检查往往由参考模型(reference model)代替。参考模型是一种专门面向功能验证而设计的代码，可以在施加于 DUV 的相同激励条件下，产生预期的结果，该结果作为输出检查器的预期响应参与比较。所以，参考模型的主要目的就是生成与目标设计描述进行比较的比对数据。参考模型侧重于设计的行为功能，而不是实现的细节，因此既可以采用 C、C++、e、Vera 语言，也可以采用硬件描述语言 Verilog HDL 或 VHDL 进行编码。一般硬件描述语言的参考模型可以采用抽象层次较高的行为级描述来实现，由于参考模型无需实现设计的硬件结构的细节，因此是一种不可综合的、面向模拟验证的行为模型。总之，参考模型的目标就是以一种容易书写和模拟的方式忠实地表达设计的功能。参考模型可以在算法开发期间进行设计，因此也可用来对算法的可行性和效率进行模拟。

8. 验证覆盖

理论上验证工作只有在验证达到 100% 的功能完整性要求才算结束，但是对于复杂的系统，完整地对规范进行验证是不现实的，因此需要给出验证质量的评估方法。目前尚无精确的评估量化方法来给出完整性指标，只能借助覆盖来近似量化验证过程和达到的验证程度。常见的验证覆盖类型包括代码覆盖、FSM 覆盖及功能覆盖。

1) 代码覆盖

目前，先进的模拟器本身就内嵌了代码覆盖分析工具。把特定的验证向量序列输入到待验证的设计中，在模拟过程中通过代码覆盖率分析工具来评定验证向量序列的覆盖率指标。通过代码覆盖率分析就有可能得出功能覆盖率的某些方面的信息。分析工具可以提供每个被评估属性的百分比的覆盖率值，以及设计中没有执行或者只是部分执行的区域的列表。

代码覆盖分析通常是在设计流程的 RTL 代码上进行的，评估的是以下类型的覆盖：

(1) 语句覆盖：多少语句被执行过，或者每条语句执行的次数。

(2) 翻转覆盖：信号中哪些位已经过 0-1 和 1-0 翻转。

(3) 触发覆盖：每个进程是否被敏感表中每个信号独立地触发。

(4) 分支覆盖：if 或 case 语句中的哪些分支已被执行。

(5) 表达式覆盖：if 语句中条件布尔表达式的覆盖情况。

(6) 路径覆盖：由 if 和 case 语句构成的所有可能的路径是否已被验证。

(7) 变量覆盖：信号或地址的覆盖情况。

2) FSM 覆盖

FSM(有限状态时序机)覆盖包含两种覆盖：状态覆盖，多少 FSM 状态达到过；转换覆盖，多少 FSM 转换发生过。

3) 功能覆盖

功能覆盖是一种由用户定义的、反映在验证过程中，被运行到的功能点的范围的衡量方法。功能点可以是对用户而言可视的体系结构特点，也可以是主要的微结构特征。

功能覆盖率数据一般是一些时序行为(如总线的交易)和一些数据(如交易源、目的和优先级等)的交叉组合。附加覆盖率信息可以从功能覆盖率点的交叉引用中得到。比如，在一个器件的两个引脚之间进行的数据处理的相互关系，或者在一个处理器中指令中断的关系等。

功能覆盖与代码覆盖的不同之处是，功能覆盖的指标需要开发者自行定义。一个好的定义不仅与验证平台紧密相关，而且应覆盖设计中的所有主要特征。因此，功能覆盖率比代码覆盖率的要求更加严格。功能覆盖率分析通常是在 RTL 上进行的。

9. 功能验证的主要工作

功能验证的主要工作是确定 DUV 是否遵守设计规范，通常称之为特性检查，或规范一致性检查(compliance testing)。在规范一致性检查中，激励信号被明确给出，DUV 的响应信号能够预知并被检测到。针对验证规划中的所有功能进行模拟验证后，设计在功能上符合设计规范这一点通常会得到充分检查。

然而，经过规范一致性检查后，一般还是无法肯定待验证模型是否可以在各种可能的情况下正确运行。这主要是由六个原因造成的：人工验证条件下，有些情况无法验证到；在各种功能任意排列组合的情况下，可能出现意想不到的错误；与时序或数据相关的情况；设计的临界状态、临界序列；在规范中阐述不清而容易发生争议的情况；其他可能出错的复杂情况。

这些原因就是所谓的边角情况(corner case)。对于边角情况，无法给出预先确定的验证用例，因此，边角情况需要采用随机模拟的方法。随机模拟的激励是由随机向量发生器随机产生的，依据产生的随机向量是否被限定，随机模拟可分为有向随机模拟和无向随机模拟。

在有向随机模拟时，地址和控制信号被随机加入总线或信号流中，但是这些信号需要总线监测器的监控，目的是确保总线协议不会产生错误操作。之所以称为有向，是因验证是以一种特殊的方式来强调 DUV 的某些特性，同时随机序列要在有限的范围内使用有限的离散数值。例如为了验证总线交易，限定随机向量发生器将各种可能的总线易定量分配，以产生特定的传输交易序列，如规定在随机序列中产生 10%的读交易、50%的写交易和 40%的广播交易等。

无向随机模拟对设计的输入激励直接由随机向量发生器驱动，之后检查其输出以检测任何无效的操作。这种方法最常用于验证数据通道和算术部件，或者用来验证能够接收任何随机序列的小型模块。

目前，功能验证正是采用随机模拟来验证用规范一致性检查很难验证的边角情况，而且随机模拟也可能查到验证人员遗漏掉的验证点。采用随机模拟，多数算法错误都能在设计周期的早期被发现和修改，所以是规范一致性检查极好的补充。由于随机模拟的不确定性，而且验证序列数量庞大，因此往往需要在硬件仿真器上进行以加速模拟。

在完成上述两种模拟验证工作后，DUV 必须用真实的代码在真正的应用环境下运行，即实代码验证，以进一步找出由于设计人员对于规范、设计代码以及验证代码的理解错误而产生的设计错误。在真实环境下的验证是发现这类错误的有效办法。

10．时序验证

在数字集成电路设计中，时序验证的主要任务是验证电路是否符合时序要求(如建立时间、保持时间等)。时序验证主要采用后仿真以及静态时序分析的方法来进行。

后仿真就是引入器件和连线延迟信息后的软件模拟，包括版图前模拟和版图后模拟。后仿真可以同时用来验证电路的功能和性能，即验证在规定速度下设计能否正确实现规定的功能。可是，由于器件和连线模型参数的引入，就使得本来速度相对较慢的模拟速度变得更加慢了，因此对于大型设计来说并不实际。

静态时序分析(Static Timing Analysis，STA)是确定集成电路满足时序约束、进行时序验证的一种方法，这种方法借助静态时序分析工具对设计中的所有时序路径进行穷尽式的分析。由于这种方法无需验证向量进行模拟，因此称为静态分析。静态时序分析的特点在于：时序检查与验证向量无关；分析速度快；覆盖完全，但由于存在伪路径而有可能不精确。

在集成电路后端设计阶段，网表的变换贯穿于综合、扫描电路插入、时钟树生成、平面设计、模块布局、完整芯片布线等过程，因此每一步都要进行静态时序分析，以确保各级网表均满足时序要求。

静态时序分析技术业已广泛应用于集成电路的时序验证中，其步骤如下：

(1) 建立电路的时序路径集。

(2) 路径延时计算。元件延时：物理设计前，根据目标工艺库，按输入边沿及输出电容负载查表得到元件延时和输出边沿；物理设计后，根据提取得到的连线寄生参数进行计算，采用标准延时格式(SDF)估计。连线延时：物理设计前，根据目标厂商或自行建立的线负载模型估计连线寄生参数，即按线扇出数查表得到连线的寄生电阻和负载电容，并估算连线延时；物理设计后，提取连线寄生参数，采用 SDF 估计。

(3) 检查路径延时是否满足时序约束。

11．设计综合定义

在集成电路设计中，设计综合(synthesis)是指两种不同设计描述之间的转换。通常，设计综合可分为以下三个层次：

(1) 行为综合：又称为高层次综合或结构综合，从行为域的算法级描述转换到 RTL 结构描述。

(2) 逻辑综合：从行为域的 RTL 描述转换到结构域的基本门级元件组成的结构描述(称为门级网表)。

(3) 版图综合：也称物理综合，将结构域的门级网表转换成物理域的物理版图。

12．行为综合

行为综合的任务就是：对于一个给定执行目标的行为描述以及一组性能、面积和功耗的约束条件，产生一个总体结构设计的结构图。一般来说，该结构是由数据通路(datapath)和控制器(controller)组成的，其中数据通路是由寄存器、功能单元、多路选择器和总线等模块构成的互联网络，以实现数据的传输通道；控制器用于控制数据通路中数的传输。

在给定行为描述和约束之后，行为综合工具需要确定采用什么样的结构资源执行给定的目标，然后把行为操作与选定的硬件资源相联系，并确定在所产生的结构上执行操作的顺序。通常，实现给定行为功能的硬件结构有许多种，行为综合的一个重要任务就是找出一个满足约束条件和目标集合的、花费最少的硬件结构。在综合过程中，这些工作细化为调度、硬件分配、FSM 生成、算法转换、循环流水化等操作。经过行为综合，目标为描述被转化为 RTL 的结构描述，那么这种描述可以作为逻辑综合的输入进一步优化。

行为综合的输入是算法级(或行为级)的描述，该描述不含结构信息。行为综合通常通过如下步骤来进行：

(1) 编译：将行为特性描述编译到一种有利于行为综合的中间表示格式。编译是从行为特性描述到中间表示格式一对一的翻译，中间表示格式通常是包含数据流和控制流的语法分析图或分析树。

(2) 转换：对设计的行为描述进行优化。

(3) 调度(scheduling)：将操作赋给执行过程中的某一时间段 d，在同步系统中，执行时间是用控制步(control step)来表示的。一个控制步是一个基本时序单位，对应一个(或多个)时钟周期。

(4) 分配(allocation)：又称为数据通路分配(datapath allocation)，它的任务是将操作和变量(或值)赋给相应的硬件进行运算和存放，将数据传输通道赋给相应的硬件传输，从而建立一个功能块组成的数据通路，使所占用的硬件资源花费最少。

(5) 控制器综合：数据通路建立后，需要综合一个按调度要求驱动数据通路的控制器。控制器可以用多种方法来实现，实际运用的方法主要有两种：硬连逻辑和固件实现。

(6) 结果生成与反编译：结果生成和反编译的目的在于产生低层次设计工具可接受的格式(如作为逻辑综合输入的硬件描述语言描述)。

从行为到结构转换的核心部分是调度和分配，它们是紧密相关的两步，并决定了数字系统的性价比。行为综合已在某些特殊应用领域(包括无线通信、存储、图像和消费类电子领域等)被成功应用，例如采用 Simulink 环境就可以快速综合出无线通信中的高级基带处理器。但是，行为综合在集成电路设计领域并没有得到普遍应用。

13. 逻辑综合

逻辑综合的典型输入是硬件描述语言描述的 RTL 代码。逻辑综合就是在一个包含众多结构、功能、性能已知的逻辑元件的逻辑单元库的支持下，根据一个系统逻辑功能与性能的要求，寻找出一个逻辑网络结构的最佳(至少是较佳的)实现方案，最终把硬件描述语言所描述的电路转化为由逻辑单元库中的逻辑元件组成的逻辑网络结构——门级网表。由逻辑综合产生的网表可以作为版图综合的输入。

逻辑电路分为组合逻辑电路和时序逻辑电路。逻辑综合的重要工作就是对组合逻辑电路和时序逻辑电路进行逻辑优化，以满足设计者的约束。下面从时序优化的角度分别介绍这两种电路的综合基本原理。

1) 组合逻辑电路

组合逻辑电路综合的基本原理：组合逻辑电路常用真值表或布尔函数来描述功能，对组合逻辑电路进行优化的基本方法就是逻辑化简。常见的逻辑化简方法包括卡诺图法、布尔代数化简法及真值表化简法等。然而当目标设计的输入变量足够多的时候，手工进行逻辑综合将非常费力。对于这类复杂逻辑，一般采用代数拓扑方法，即以多维体表示逻辑函数，并使用一组运算符对其进行代数拓扑运算完成逻辑函数的综合，这就是目前逻辑综合工具中使用最广的自动综合方法。

组合逻辑电路综合的主要目标通常是使面积最小，同时满足时序要求，寻找一个与化简的覆盖表对应的组合逻辑电路。覆盖的优劣通常用它的成本进行量化，成本越低越好。影响成本的因素相当复杂，同采用的逻辑结构形式、追求目标、使用算法等多方面因素有关。若采用二级"与或"逻辑结构，则影响成本的主要因素如下：

(1) "与"门的个数；

(2) 连线的数目，也即"与"门和"或"门的输入端口数；

(3) 单个"与"门的输入端口数；

(4) 单个"或"门的输入端口数；

(5) 单个"与"门的扇出数。

如何合理考虑以上因素，制定一个覆盖总成本的计算方法是比较困难的，但可以分出以上诸因素的轻重关系。如把减少"与"门个数放在第一位，其次降低连线总数。(3)～(5)三项为争取目标。这样不妨把"与"门个数作为第一成本，即

$$CS_1 = \text{"与"门个数}$$

把连线总数作为第二成本，即

$$CS_2 = \text{"与"门输入端总数} + \text{"或"门输入端总数}$$
$$= \text{"与"门输入端总数} + \text{"与"门扇出总数}$$

将每个"与"门对第二成本的贡献，作为单个门的成本，即

$$CS_0 = \text{输入端数} + \text{扇出数}$$

2) 时序逻辑电路

时序逻辑电路综合的基本原理：时序逻辑电路的输出信号不仅依赖于输入信号的当前值，还依赖于输入信号的历史值。输入序列和输出序列的关系用时序函数来描述，这个函数称为时序机。若时序逻辑电路中的存储部件在统一时钟激励下发生状态转换，则称为同步时序逻辑电路。逻辑设计最关心的是状态个数有限的时序机，称为有限状态机(FSM)。时序逻辑电路综合就是将状态个数有限的时序机的状态数化为最小。

时序机综合的步骤如下：

(1) 建立原始状态图(或状态表)，指定时序机的输出和状态转移的情况。

(2) 状态化简：删除冗余状态，合并状态，寻找一个功能等价、状态数目最小或接近最小的时序机。

(3) 状态分配：将简化的状态表中每一个状态分配一个状态变量的编码，目标是造价最低。

(4) 用组合逻辑电路综合的方法，实现次态函数和输出函数。

得到时序机最小化状态表后，需要给每个状态分配一个存储部件的编码来保存该状态。通常用寄存器来保存状态。如果要达到造价最低，可以理解为成本最低，即存储部件的成本和组合逻辑部分的总体成本最低。

图3-8给出了从设计的RTL描述到门级网表的逻辑综合的基本过程。

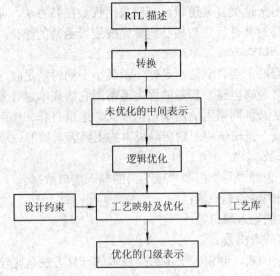

图 3-8 逻辑综合的基本过程示意图

逻辑综合的基本过程包括如下主要步骤:

(1) 转换:将输入的 RTL 描述转换为未优化的中间表示。它采用的技术就是将设计描述一对一地转换到通用逻辑表示的基本门结构,此过程不考虑面积、功耗及时序方面的设计约束。

(2) 逻辑优化:运用布尔或代数变换技术对上一步骤产生的中间表示进行逻辑优化。这一阶段主要是进行逻辑化简与优化,尽可能地用较少的元件和连线形成一个逻辑网络结构(逻辑图),以满足系统逻辑功能的要求。

(3) 工艺映射及优化:考虑所实现的目标结构特点及性质,把前面产生的与工艺无关的结构描述,映射到目标工艺库,从而转换成一个门级网表或 PLA 描述。在此阶段利用给定的逻辑单元库,对已生成的逻辑网络进行元件配置,进而估算性能与成本。性能主要指芯片的速度,成本主要指芯片的面积与功耗。这一步允许使用者对速度与面积,或速度与功耗这种互相矛盾的指标进行性能与成本的折中,以确定合适的元件配置,完成最终的、符合要求的逻辑网络结构。

逻辑综合的结果和设计约束有很大的关系,设计者通过设计约束(design constraint)设置目标,综合工具对设计进行优化来满足设计目标。设计者提供约束(即时序和面积等信息)指导综合工具,综合工具使用这些信息尝试产生满足时序要求的最小面积设计。若不提供约束,则综合工具会产生非优化的网表,而该网表可能不能满足设计者的要求。

14. 版图综合

版图综合的主要目的就是将前端设计产生的经过逻辑优化的网表转化成目标工艺的版图。

版图综合主要包括三个步骤:布局(floorplanning);插入时钟树(clock tree);布线(routing)。图 3-9 给出了一个基于 synopsys 版图综合工具的传统综合流程,下面对其各主要步骤进行的工作及简单原理逐一介绍。

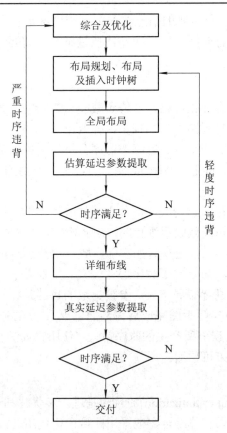

图 3-9　版图综合的基本过程示意图

1) 布局

在整个版图设计过程中，布局是最为关键的一步。其目的是达到尽可能小的面积，同时又保证设计的时序要求。布局的主要工作是将元件以及宏模块(如 RAM、ROM 或子模块)摆放在合适的位置上，目的是既要节省面积，又要保证尽量减少连线的拥塞(congestion)。确定元件和宏模块的正确位置比较费时，因为每一条时序路径均需要完全的时序分析和验证。如果布局过程出现时序失效，就需要重新布局。为了缩短布局时间，普遍采用时序驱动的布局方法(timing driven placement)，又称 TDL(Timing Driven Layout)。TDL 方法将网表中的时序信息正标(forward annotating)到设计中，版图综合工具在布局过程中以满足时序作为优先考虑，尽量做到不违反路径约束。

2) 插入时钟树

时钟歪斜和延迟过大会引起竞争冒险，因此对于数字电路来说控制时钟歪斜和延迟异常重要。插入时钟树是由版图工具中时钟树综合(Clock Tree Synthesis，CTS)工具来进行的。其约束条件包括时钟树的层数和每一层时钟树所选用的缓冲器类型。

3) 布线

版图综合的最后一步就是布线，它分为以下两个阶段：

(1) 全局布线：为每条连线指定大体的路径。整个版图被划分成若干区域，穿越每个区域的最短路径被工具所确定。

(2) 详细布线：利用全局布线的信息在各个区域内部进行布线。若全局布线后版图的运行时间大于布局后的运行时间，则说明布线质量不高，需要返回到布局阶段重新布局，重点在减少拥塞。

4) 版图参数提取

到布线结束为止，综合优化还是基于线负载模型进行的。为了真实反映布线后实际版图的连线物理信息，需要将版图中的物理参数提取出来，一方面提供给逻辑综合工具进一步优化，另一方面提供给版图工具进行静态时序分析。需提取的参数可能是：详细寄生参数(detailed parasitics)；精简寄生参数(reduced parasitics)；连线和元件延迟参数；连线延迟+集总寄生电容。

在布线的不同阶段进行参数提取，可分为预估寄生参数提取和实际寄生参数提取。预估寄生参数提取是在全局布线完成后进行的，实际寄生参数提取是在详细布线之后进行的。预估寄生参数提取的结果相当接近最终的实际参数，而好处是在此阶段如果发现时序问题，重新进行布局布线时相对容易。如果时序违背较大，则需要返回前端的逻辑综合；如果时序违背不大，则只需重新进行布局布线。参数提取的目的是在设计流程早期就提供芯片的物理效应，减少实际延迟(实际版图完成后得到的延迟)与预估延迟(逻辑综合时用线负载模型计算得到的延迟)之间的误差所产生的时序错误。使用物理综合，可以使设计能更快地满足时序收敛，并使设计结果可预测。

5) 后版图优化

后版图优化(post-layout optimization)的目的是进一步优化和精细化设计。后版图优化依据时序违背的程度，可采取整体综合，或采用区域内优化(In Place Optimization，IPO)技术进行小的调整。

(1) IPO 技术。IPO 技术保持设计整体结构不变，而仅仅针对设计中有时序问题的组件进行修改，因此对版图影响很小。IPO 通常采用添加或互换特定位置的门的方法来修正建立时间/保持时间错误。

(2) 基于位置的优化(Location Based Optimization，LBO)。LBO 是 IPO 的组件，在进行 IPO 的同时自动参与优化。它在添加缓冲器时，采用先进算法决定其精确位置，以避免产生附带错误。此外 LBO 还能对连线簇(cluster net)更好地建模，也能够生成对添加或删减的缓冲器的连线。

3.2　电子设计自动化(EDA)

随着集成电路工艺的发展，电路的集成度越来越高，规模越来越大，设计的复杂程度相应地也越来越高。为了提高设计效率，需要不断改进设计工具，提高设计的自动化程度，以适应设计的要求。

电子设计自动化(Electronic Design Automation，EDA)技术就是以计算机为工具，设计者在 EDA 软件平台上完成设计文件，然后由计算机自动完成逻辑编译、化简、分割、综合、优化、布局、布线和仿真，直至对于特定目标芯片的适配编译、逻辑映射和编程下载等工作。EDA 技术的出现，极大地提高了电路设计的效率和可操作性，减轻了设计者的劳动强度。

集成电路的计算机辅助设计(Computer Aided Design，CAD)工具最初出现于 20 世纪 60 年代末、70 年代初，称为第一代 CAD 工具，它可以用于芯片的版图设计和版图设计规则检查，但不能进行电气规则检查。20 世纪 80 年代，由于工作站的出现，推出了第二代 CAD 系统。第二代 CAD 系统不仅具有图形处理能力，还具有原理图输入和模拟仿真能力。现在业界采用的 CAD 工具是第三代产品，称为 EDA 系统，其功能覆盖 IC 设计的全程，包括系统描述输入、综合、模拟、布图、验证、测试等。EDA 系统具有开放的环境和标准化接口，允许用户将多个不同 CAD 公司的工具集成在一个 EDA 平台中，设计能力达到几十万到上百万门。

3.2.1 集成电路设计工具介绍

集成电路(IC)设计工具很多，其中按市场所占份额排行为 Cadence、Mentor Graphics 和 Synopsys。这三家都是 ASIC 设计领域相当有名的软件供应商。其他公司的软件相对来说使用者较少。中国华大公司也提供 ASIC 设计软件(熊猫 2000)；另外近来出名的 Avanti 公司，是原来在 Cadence 的几个华人工程师创立的，他们的设计工具可以全面和 Cadence 公司的工具相抗衡，非常适用于深亚微米的 IC 设计。

1. 设计输入工具

设计输入工具是任何一种 EDA 软件必须具备的基本功能。像 Cadence 的 composer，Viewlogic 的 viewdraw，其主要设计语言是硬件描述语言 VHDL、Verilog HDL，许多设计输入工具都支持 HDL(比如说 multiSIM 等)。另外像 Active-HDL 和其他的设计输入方法，包括原理和状态机输入方法，设计 FPGA/CPLD 的工具大都可作为 IC 设计的输入手段，如 Xilinx、Altera 等公司提供的开发工具 Modelsim FPGA 等。

2. 设计仿真工作

使用 EDA 工具的一个最大好处是可以验证设计是否正确，几乎每个公司的 EDA 产品都有仿真工具。其中，Verilog-XL、NC-verilog 用于 Verilog 仿真，Leapfrog 用于 VHDL 仿真，Analog Artist 用于模拟电路仿真。Viewlogic 的仿真器有：viewsim 门级电路仿真器，speedwaveVHDL 仿真器，VCS-verilog 仿真器。Mentor Graphics 有其子公司 Model Tech 出品的 VHDL 和 Verilog 双仿真器：Model Sim。Cadence、Synopsys 用的是 VSS(VHDL 仿真器)。现在的趋势是各大 EDA 公司都逐渐用 HDL 仿真器作为电路验证的工具。

3. 综合工具

综合工具可以把 HDL 变成门级网表。这方面 Synopsys 公司的工具占有较大的优势，它的 Design Compile 可以作为一个综合的工业标准，它还有另外一个产品叫 Behavior Compiler，可以提供更高级的综合。

另外，美国又出了一款 Ambit 软件，据说比 Synopsys 的软件更有效，可以综合 50 万门的电路，速度更快。现在 Ambit 被 Cadence 公司收购，为此 Cadence 放弃了它原来的综合软件 Synergy。随着 FPGA 设计的规模越来越大，各 EDA 公司又开发了用于 FPGA 设计的综合软件，比较有名的有：Synopsys 的 FPGA Express，Cadence 的 Synplity，Mentor Graphics 的 Leonardo，这三家的 FPGA 综合软件占了绝大部分的市场。

4. 布局和布线

在 IC 设计的布局布线工具中，Cadence 软件是比较强的，它有很多产品，在用于标准单元、门阵列时已可实现交互布线。最有名的是 Cadence spectra，它原来是用于 PCB 布线的，后来 Cadence 把它用来作 IC 的布线。其主要工具有：Cell3，Silicon Ensemble(标准单元布线器)；Gate Ensemble(门阵列布线器)；Design Planner(布局工具)。其他各 EDA 软件开发公司也提供各自的布局布线工具。

5. 物理验证工具

物理验证工具包括版图设计工具、版图验证工具、版图提取工具等。这方面 Cadence 也是很强的，其 Dracula、Virtuso、Vampire 等物理工具有很多的使用者。

6. 模拟电路仿真器

前面讲的仿真器主要是针对数字电路的，对于模拟电路的仿真工具，普遍使用 SPICE，这是唯一的选择。只不过是选择不同公司的 SPICE，像 MiceoSim 的 PSPICE、Meta Soft 的 HSPICE 等。HSPICE 现在被 Avanti 公司收购了。在众多的 SPICE 中，HSPICE 作为 IC 设计，其模型多，仿真的精度也高。

3.2.2　硬件描述语言

EDA 系统设计采用硬件描述语言。硬件描述语言是为了描述硬件电路而专门设计的一种语言，它是硬件 HDL 设计者与 EDA 工具之间的界面。硬件描述语言不但可以描述电路本身的硬件行为，还可以描述电路的工作环境，因此，硬件描述语言可以用于电路的设计实现和验证。从电路实现的角度看，可以说硬件描述语言代码是电子设计自动化设计流程的起点。目前，VHDL 和 Verilog HDL 是业界普遍采用的两种硬件描述语言。

VHDL 全名 Very-High-Speed Integrated Circuit Hardware Description Language(超高速集成电路硬件描述语言)，诞生于 1982 年，最初是由美国国防部开发出来供美军用来提高设计的可靠性和缩减开发周期的一种使用范围较小的设计语言。1987 年底，VHDL 被 IEEE 和美国国防部确认为标准硬件描述语言。自 IEEE-1076(简称 87 版)之后，各 EDA 公司相继推出自己的 VHDL 设计环境，或宣布自己的设计工具可以和 VHDL 接口。1993 年，IEEE 对 VHDL 进行了修订，从更高的抽象层次和系统描述能力上扩展 VHDL 的内容，公布了新版本的 VHDL，即 IEEE 标准的 1076-1993 版本，简称 93 版。

Verilog HDL 由 Gateway Design Automation 公司于 1983 年首创，于 1995 年成为 IEEE 标准，即 IEEE Standard 1364。

VHDL 和 Verilog HDL 作为 IEEE 的工业标准硬件描述语言，得到众多 EDA 公司支持，在电子工程领域，已成为事实上的通用硬件描述语言。

作为工业标准硬件描述语言，VHDL 和 Verilog HDL 有共同的特点：能形式化地抽象表示电路的行为和结构；支持逻辑设计中层次与范围地描述；可借用高级语言地精巧结构来简化电路行为和结构；具有电路仿真与验证机制以保证设计的正确性；支持电路描述由高层到低层的综合转换；硬件描述和实现工艺无关；便于文档管理；易于理解和设计重用，等等。

同时，VHDL 和 Verilog HDL 也各有特点。Verilog HDL 拥有广泛的设计群体，成熟的资源也比 VHDL 丰富。Verilog HDL 的一个优势是：Verilog HDL 是在 C 语言的基础上发展起来的，保留了 C 语言所独有的结构特点。与 C 语言相比，Verilog HDL 主要特点在于整个设计是由模块组成的，每个模块可看作具备特定功能的硬件实体，这类似于 C 语言的函数，通过模块调用的方法实现相关模块端口之间的连接，从而反映了硬件之间实际的物理连接。它非常容易掌握，只要有 C 语言的编程基础，通过比较短的时间，经过一些实际的操作，可以在 2~3 个月内掌握这种设计技术。VHDL 设计相对要难一点，这是因为 VHDL 不是很直观，需要有 Ada 编程基础，一般认为至少要半年以上的专业培训才能掌握。

目前版本的 Verilog HDL 和 VHDL 在行为级抽象建模的覆盖面范围方面有所不同。一般认为 Verilog HDL 在系统级抽象方面要比 VHDL 略差一些，而在门级开关电路描述方面要强得多。目前在美国，高层次数字系统设计领域中，应用 Verilog HDL 和 VHDL 的比率是 80% 和 20%；日本、中国台湾和美国差不多，而在欧洲 VHDL 发展的比较好。我国很多集成电路设计公司一般采用 Verilog HDL。

在进行复杂系统硬件电路设计时，设计人员将系统层层划分，并采用硬件描述语言实现对各级模块的描述。随后，将这些模块互相连接就形成系统中各独立功能模块的设计，再把这些功能模块连接起来，最后构成整个的目标设计，这就是 Verilog HDL 层次式建模。

一个完整电路系统就是由模块所组成的，一个模块由模块名及其相应的端口特征唯一确定。模块内部具体行为的描述或实现方式的改变，并不会影响该模块与外部之间的连接关系。与 C 语言中一个函数可以被多个其他函数调用相类似，一个 Verilog HDL 模块可被任意多个其他模块调用，但两者在本质上有很大的差别。由于 Verilog HDL 所描述的是具体的硬件电路，一个模块代表具有特定功能的一个电路块，若它被某个其他块调用一次，则在该模块内部，被调用的电路块将被原原本本地复制一次。

模块调用是层次式建模的基本构成方式。一个模块可以由其他模块构建而成，该模块可看作高一层次的模块，而所有参与构建的模块都属于低一层次的模块。

在构建的过程中，采用模块调用的方式来设计，最基本的格式为

模块名　调用名(端口名表);

其中，端口名表列出被调用模块例化后形成的元件输入/输出端口与其他信号的连接关系。可以采用如下两种方式进行连接：

(1) 位置对应：按照定义时确定的端口顺序，用需要与之连接的信号名替换。

(2) 端口名对应：把端口名和调用时的实际连接信号名用定义格式显式表示出来。其格式为

. 端口名(调用时与之相连的信号名)

组成电路的每个元件为独立实体，因此具有唯一的元件名，内部连线也一样，需给予唯一的变量名，最终电路依据逻辑图给出的连接关系，确定各单元输入/输出端口间的信号连接(相同的连线变量名代表连接)。在 Verilog HDL 中，这种描述与逻辑图存在着对应关系，是语言映射逻辑连接的结果，一般称这种在结构领域的描述为结构描述，而把行为领域的描述简称为行为描述。将上述方法推而广之，那么复杂系统的设计可以看作是从顶层到底层的逐级展开，这就是基于 Verilog HDL 的层次式设计。

本节以一个上升沿 D 触发器的描述为例说明模块的结构。

例 3-1　采用 Verilog HDL 描述一个 D 触发器，其中 clk 为触发器的时钟，data、q 分

别为触发器的输入、输出。

解：

```
        module dff_pos (data,clk,q);      //模块定义
        input data,clk;                   //端口声明
        output q;                         //端口声明
        reg q;                            //数据类型声明
            always @(posedge clk)         //描述体
            q=data;
        endmodule                         //模块结束
```

从例 3-1 可以看到，模块的结构从关键词 module 开始，到关键词 endmodule 结束。一个完整的模块由以下 5 部分组成：

1) 模块定义

模块定义行以关键字 module 开头，接着给出模块的名字，之后的括号内给出的是端口名列表，最后以分号结束。当无端口名列表时，括号可省去。从例 3-1 中可知，模块的名字为 dff_pos，模块的端口分别为 data、clk、q。这些端口等价于硬件中的外接引脚，模块通过这些端口与外界进行数据交换。

2) 端口声明

在模块定义行下面，需要对端口类型进行声明。凡是出现在端口名列表中的端口，都必须显式说明其端口类型以及其位宽。例 3-1 中第二行至第三行即是对各端口输入/输出类型的说明。

3) 数据类型声明

Verilog HDL 支持的数据类型有连线类和寄存器类，每类又细分为多种具体的数据类型。对于 module 内部除了一位宽的 wire 类变量声明可省略外，其他凡将在后面的描述中出现的变量都应给出相应的数据类型说明。

例 3-1 中的第四行说明 q 是寄存器类型，而对 data 和 clk 没有给出相应的数据类型说明，因而它们都默认为一位宽的 wire 类。寄存器类型变量可以在过程语句中被赋值，如例 3-1 中第六行的过程赋值语句。

4) 描述体

描述体是对模块功能的详细描述。例 3-1 中第五行至第六行是该模块的行为描述，其含义为：每当出现一个时钟信号 clk 的上升沿时，输入信号 data 就被传送到 q 输出端，由于前面已说明 q 具有寄存器类型，因而当没有边沿触发时，它将保持原值不变。always 是一个过程语句，后面的@(posedge clk)是过程的触发(或称激活)条件，当触发条件满足时，将执行后面块语句中所包含的各条语句。块语句通常由 begin-end(或 folk-join)所界定，例 3-1 中由于只有一条语句(过程赋值语句 q=data)，begin-end 可省略。always 过程语句在本质上是一个循环语句，每当触发条件被满足时，过程就重新被执行一次，如果没有给出触发条件，则相当于触发条件一直满足，循环就将无休止地执行下去。

5) 结束行

结束行用关键词 endmodule 标志模块定义结束。

采用硬件描述语言结合 EDA 工具进行数字集成电路设计与实现，有如下优点：

(1) 设计效率高。传统的全定制设计或计算机辅助设计，要么需要设计者精心设计版图，要么需要进行逻辑图输入。这两种设计方法均需要较长的设计周期，无法保证产品上市时间。采用硬件描述语言设计，可在较短时间产生设计输入，转入 EDA 流程，提高了设计效率。

(2) 复用性强。Verilog HDL 和 VHDL 已经成为 IEEE 标准，也成为业界通用的设计语言。采用硬件描述语言进行设计，无需考虑具体工艺细节，可以用不同的 EDA 工具进行综合和验证。由于电路实现并不限于特定工艺，因此可重复使用。

(3) 验证方便。在设计的不同阶段，从 RTL 级一直到最后版图实现，都可以用同一种硬件描述语言进行验证。由于验证和电路的设计采用的是同一种语言，验证时不容易出错。

3.3 专用集成电路(ASIC)设计方法

按照生产目的的分类，集成电路可以分为通用集成电路和专用集成电路两类。

通用集成电路包括与门、或门、非门等标准逻辑门和锁存器、译码器、通用微处理器、存储器等固定功能集成电路。

专用集成电路(Application Specific Integrated Circuit，ASIC)的定义为：面向特定用户或特定用途而专门设计的集成电路。ASIC 是针对某一应用或某一客户的特殊要求而设计的集成电路，例如玩具用芯片、语音芯片、通信专用芯片等。

通用集成电路一般采用全定制设计方法，而 ASIC 的设计方法则有全定制设计方法、半定制设计方法和 FPGA 设计方法几大类。

ASIC 系统设计，简单来说就是根据设计需求完成具有独立电路功能、电路特性和相应技术指标的电路。设计过程通常可分为逻辑设计、电路设计和物理设计这三个步骤。工程师首先通过逻辑设计用某种硬件描述方法描述所设计的电路，然后在电路设计中将逻辑设计的结果转成门级网表，最后在物理设计过程中，再将门级网表转换成物理可制造的版图。

集成电路发展早期，工程师在逻辑设计中首先根据电路功能求出电路的逻辑表达式或者特征方程，然后在电路设计中手工将其转换成门级网表，最后在物理设计中手工转换成版图。但由于手工方式转换效率低，优化难度高，随着数字集成电路设计规模的扩大，这种依赖于工程师手工设计的方法越来越难以适应数字集成电路设计的发展。

为提高电路设计效率，工程师在设计过程中广泛采用 EDA 工具以辅助设计。对于大规模数字集成电路，工程师在逻辑设计中，利用硬件描述语言(例如 VHDL 或者 Verilog HDL)编写代码描述电路。然后，在电路设计中，工程师利用逻辑综合工具将代码直接综合为门级网表。最后，在物理设计中，工程师利用自动布局布线工具和代工厂提供的单元库实现版图。

3.3.1 全定制设计方法

全定制集成电路(Full-Custom Design Approach)是指按照用户要求，从晶体管级开始设计，力求芯片面积小、功耗低、速度快、性价比高。目前产量极大的 CPU、存储器、通信专用芯片等产品，从成本和性能方面考虑，均采用全定制设计，以低价位优势占领市场。全定制设计的缺点是周期长、设计成本高，但由于产量巨大，价格低成为了优势。

　　全定制设计方法是在结构、逻辑、电路等各个层次进行精心设计，特别是在影响性能的关键路径上进行深入的分析，并且针对每个晶体管，以及它们之间的互连进行电路参数和版图优化。全定制设计方法可以实现最小芯片面积、最佳布线布局、最优功耗速度积，得到最好的电特性。

　　全定制设计方法中有一种基本的符号版图法设计方法，借助于符号布图的 CAD 工具，将集成电路中各种元器件、接触孔、交叉线和互连线用各种符号表示。设计者只要简单地确定好扩散区、金属连接、接触孔、晶体管以及交叉的位置，符号版图程序就会自动地按照版图规则，并且尽可能紧密地组合各个器件将版图制出。图 3-10 为 AMI(American Microsystems Inc)的集成电路符号版图。图 3-10(a)是一个 MOS 电路网络，设计者可以在图 3-10(b)中画出电路的符号版图，图中的叉表示一个 MOS 场效应管，丨、○、— 分别表示金属层、接触孔和扩散区，而 + 表示交叉点。通过符号版图程序将其转换为电路的版图，如图 3-10(c)所示。

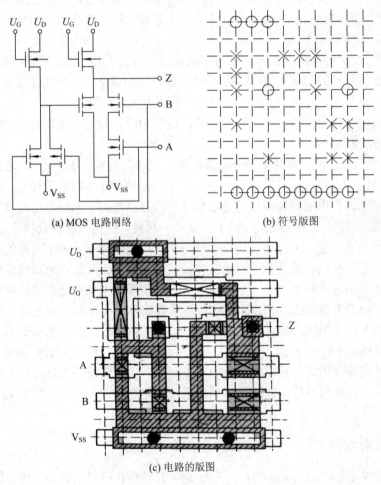

(a) MOS 电路网络　　　　　　　　(b) 符号版图

(c) 电路的版图

图 3-10　集成电路符号版图

符号版图设计的时间比完全手工设计节省 1/2～2/3，如果考虑到反复校正，则版图设计时间可减少到 1/10 左右。用符号版图设计的芯片尺寸，往往会比手工画出的大 15%～30%，甚至大 50%～100%。从这个意义上讲，基本的符号版图法设计虽然称它为全定制设计，但实际是伪全定制设计。

综上所述，全定制设计方法是一种以人工设计为主的设计方法，其灵活性好，面积利用率高，但需要设计者完成所有电路的设计，需要大量的人力、物力，容易出错，要有完善的 EDA 工具进行设计检查和验证。

全定制设计方法开发效率太低，且费用高，目前已逐渐被日渐成熟的半定制设计方法取代。但是在一些高性能电路中需要对很关键的数据通路单独优化，或者在一些对速度、功耗、管芯面积等有着特殊要求的模拟和数模混合信号集成电路设计中，还是会用到全定制设计方法。比如模拟集成电路基本上都采用全定制设计方法。

3.3.2 半定制设计方法

半定制集成电路(Semi-Custom Design Approach)是指在集成电路设计时，有某些部分已形成了半成品(如门阵列、标准单元库以及母片)。半定制集成电路设计者根据电路要求在这些"半成品"上完成设计任务，这样可以大大加快设计周期。用户在厂家提供的半成品基础上完成最终设计，一般是追加某些互连线或某些专用电路的互连线掩膜，故设计周期短。因为电路规模较小，又采用大规模母片，所以芯片的利用率较低，芯片面积和电路性能较全定制电路差一些，但这种方法对小批量的芯片设计是十分合适的。

半定制设计方法是在厂家提供的半成品基础上继续完成最终的设计，一般是在成熟的通用母片基础上按照电路拓扑结构要求，进行互连设计并制备互连掩膜，或者是使用厂家设计好的单元来进行功能模块设计，从而缩短设计周期。同全定制设计方法相比，半定制设计方法的开发成本大大降低，使用了设计自动化，设计周期也大大缩短。半定制设计方法主要包括门阵列法、门海法、标准单元法和积木块式版图设计法。

1. 门阵列法

门阵列法(gate array design approach)用晶体管作为最小单元重复排列而成，使用半导体门阵列母片，根据电路功能和要求用掩膜版将所需的晶体管连接成逻辑门，进而构成所需要的电路。

门阵列法是采用母片的半用户定制电路的设计方法之一。母片是指由集成电路厂在用户"定货"之前已经设计和制造的一种半成品芯片。在这种芯片上已经制造了一定数量的基本单元电路，如晶体管。它们的尺寸大小相同，位置排列十分规则，像一个阵列(由若干行和若干列组成)。

两种典型的有通道门阵母片结构如图 3-11(a)、(b)所示。其中心部分是由若干方块组成的规则阵列，每一方块表示一个单元电路，行和列之间的间隔用作布线通道。门阵列的母片四周，布有固定数目的输入/输出单元和压焊点。门阵列通道区的连线有两种形式。如果门阵列允许双层金属连线，则在水平和垂直方向上都可以进行金属布线互连，而且两层金属间需要通过通孔相连；如果只允许单层金属连线，则只能在一个方向上进行金属布线，若金属布线方向为垂直方向，则水平方向上必须采用多晶硅。每一个门阵列的内部阵列结构都对应着一个栅格结构图。有了栅格结构，就能很容易地设计出需要的各种功能块。

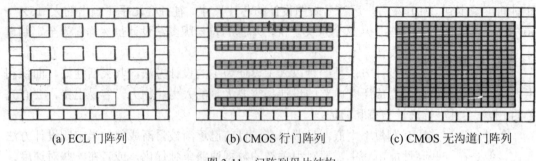

(a) ECL 门阵列　　　　　　(b) CMOS 行门阵列　　　　　　(c) CMOS 无沟道门阵列

图 3-11　门阵列母片结构

在阵列周围布置了若干输入/输出(I/O)单元和压焊点，它不同于电路成品之处是各基本单元之间未用金属线相连，即未构成具有一定功能的电路。母片又因工艺不同和芯片上所含的晶体管数或门数不同而异。由于采用门阵列进行电路设计时，母片上的门电路不可能百分之百被利用，因此必须留出足够的门。

利用门阵列的 CAD 工具，在保证 100%连线布通和足够的 I/O 压焊点下，确定使用门阵列的门数(目前，可提供的门阵列从几百门到几万门以上)。当布局或布线完成时，说明使用这一母片构成了一个用户所需要的电路。将设计好的电路送到集成电路生产厂做最后一次金属化布线，便形成了用户最终需要的电路。

几种不同工艺的门阵列的芯片结构如图 3-11 所示。图中给出了三种母片的结构形式。母片中各个基本单元电路的布局和外围输入、输出电路的布局都是固定的，单元电路的数目和排列以及外电路的数目和排列均不同。

图 3-11(b)所示门阵列结构两行之间的间隔用作布线通道，一般采用两层金属布线分别用作单元电路内部连线和单元电路间的连线。目前在一个芯片上可实现如十万个 CMOS 等效门以上的电路。由门阵列实现一个电路是非常容易的，例如采用六管单元的 CMOS 母片来实现一逻辑电路中具有两个输入端与非门时，只要把相关位置处的引线孔与铝引线相连即可，此时铝连线的设计如图 3-12(a)所示，图 3-12(b)、(c)为该设计的电路图和逻辑图。这样，一个较复杂的逻辑电路便可由一些门电路来实现。值得一提的是图 3-11(a)和(b)结构的门阵列是早期的产品结构。

单元上部和单元之间的宽多晶硅条作为通道，图 3-12(a)中的线条表示允许布线的布线通道，方块表示接触孔。在布线时，电路连接线需要与方块相连，而其他不能连接的线必须绕过方块，防止发生不必要的电连接。有了栅格结构，就能够实现宏单元了。宏单元可以小到一个逻辑门，也可复杂到整个芯片。在完成了需要的宏单元后，此时要把宏单元的输入/输出端通过输入/输出单元与位于母片四周的 I/O 及压焊点相连，输入/输出单元一般为输入/输出缓冲器及一些必要的保护电路。

门阵列法的缺点是：单元内的晶体管可能无用，造成面积的浪费；当母片上所提供的连线空间全部用完，或 I/O 单元及压焊点全部用完时，即使有多余的门阵列也无法利用，使母片上的晶体管利用率不能达到百分之百；布局和布线困难，利用 CAD 工具有时很难保证 100%的布通率，还需要人为干预，花费的时间较多。

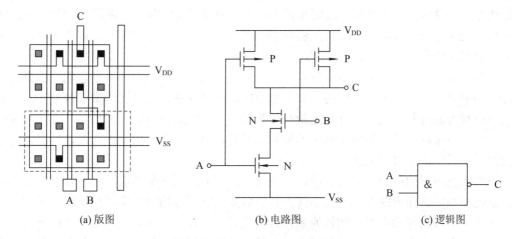

(a) 版图　　　　　　　　(b) 电路图　　　　　　　　(c) 逻辑图

图 3-12　门阵列实现逻辑电路

2. 门海法

有通道门阵列的每一布线通道容量是一定的，如果连线太多，则可能造成其余的门布线布不通，使得门利用率比较低。为了克服这一缺点，1982 年提出了门海概念。

门海也是母片结构形式，但母片上没有布线通道，全部由基本单元组成。基本单元之间没有氧化隔离区，宏单元之间采用栅隔离技术。门海的宏单元之间的连线在无用的器件区进行，是一个栅隔离的门海基本单元。一个基本单元由一对不共栅的 PMOS 管和 NMOS 管构成，各晶体管对相互紧挨而形成 PMOS 管链和 NMOS 管链。栅和源/漏区留有接触孔或通孔的位置，是否开孔视具体电路要求而定，因此连线是"可编程"的。宏单元之间起隔离作用的晶体管的栅分别连接到 V_{DD}(PMOS 管)和 GND(NMOS 管)，这样隔离管就处于截止状态，使相邻的宏单元之间在电学上相互隔离。这种隔离只在需要时用，因此，门海没有无用的基本单元，对于越复杂的功能元件，就越能节约更多的晶体管。如果两个宏单元共有同一个源/漏区，且分别接 V_{DD} 和 GND，则甚至不需要用栅隔离。

与氧化隔离的门阵列结构相比，栅隔离的门海在面积上一般可节约 50%左右。门海不仅连线孔是"可编程"的，走线区域也是"可编程"的，这是门海技术的一大特点。对门海母片，由于没有事先确定的布线通道区域，根据电路布局布线需要，可以把一行(或一行中一部分)或几行(几行中一部分)基本单元链改为无用的器件区，在工艺上的实现方法是保留质层，无用器件区内不放置接触孔及通孔，并在顶部进行走线。门阵列需要单独的布线通道，门海的"可编程"走线区域提高了硅面积的利用率，也能保证 100%的布通率。

3. 标准单元法

标准单元法是利用已设计好的电路单元库进行电路设计，生成电路制造所需的版图，进行工艺投片而得到用户需要的电路产品。标准单元法首先要由优秀的设计人员精心设计出单元库中的各种类型的库单元，并将这些库单元电路的版图及有关电气参数全部送到计算机中存储起来，然后电路设计者根据要设计的系统调用单元库中的相关单元，组成整个系统，并调用标准单元设计软件，最后连接成一个完整的版图。为布线灵活、方便，要求单元库中所有单元电路版图的高度相同，但宽度则可根据功能的复杂程度有所不同。

所谓库单元，是指储存在计算机单元库中的若干单元电路。库单元包括：库单元名称、逻辑功能以及逻辑图、电路图、版图和延迟性等。如果单元种类多、规模大、功能强，则用标准单元法完全可以实现 VLSI/ULSI 的管芯设计。标准单元法主要不同点在于用户必须等全部版图设计完成后，才能交由制造厂完成全部芯片工艺，而不存在预先的"母片"。

标准单元法在选定了单元电路形式后，版图设计工作的第一步就是把它们连接成大体上等长的单元行。这些单元之间的区域是通道区，也是布线区。现在用做标准单元法的软件包在布局方面有些不同。一种是先做初始布局，然后做迭代改善，最后参考布线情况确定一种最优的布局；另一种做法是先不做初始布局，而是任意选定一种布局，再直接做迭代改善，最后选定布局和布线。

一个完整布图的标准单元管芯中，各单元行之间的通道区的高度是不相等的，它的数值大小由布线后该通道区中的横向布线条数目确定，它可以增加，也可以压缩。因此在标准单元法中，通道区的布图布线接通率是百分之百，而在门阵列中由于通道区的宽度是固定的，很难做到百分之百的布线接通率，而且有些通道区很难得到充分的利用。从这一点上看，标准单元法要优于门阵列法。当然，单元库的准备和建立需要花费一定的时间和财力，但芯片的版图设计时间则可以大大减少，这是标准单元法的主要优点。芯片面积同门阵列法相比也明显减小，但同全定制设计相比，还是要大一些，主要原因是所有库单元的版图都规定为等高不等宽。由于几何形状的限制，对于某些种类单元电路版图很难做到布置的完全合理，因此还是会造成芯片面积的浪费。另外单元间的连线也占去芯片面积相当大的部分。

单元库中的标准单元可以是非门、与门、与非门、或非门，也可以是触发器、寄存器等。随着 VLSI 技术的发展，标准单元法所建的单元库也越来越丰富，而某些单元的电路也越来越复杂。

由于标准单元库中的单元都是经过验证的，由 EDA 工具可以保证互连的正确性，因此与全定制设计方法比较，标准单元法可以大大提高设计效率。但这种技术需要全套制版，研制费用较高，而且这种方法依赖标准单元库的发展，而建立一套标准单元库需要较高的成本和较长的周期，且当工艺更新时，需要花费较大的代价进行单元修改和更新。此外，芯片的面积利用率不太高。故标准单元法一般适用于中等批量或者小批量但对性能要求较高的芯片设计过程中。

4．积木块式版图设计法

人们已经发现，用限定高度而不限宽度的几何形状设计复杂的电路并非合理，有时要浪费管芯面积。于是，又有人提出了具有宏单元电路的标准单元法，这种设计模式与积木块式版图设计方法有很多相似之处。

积木块式版图设计法(Building Block Layout，BBL)又称为宏单元设计方法。宏单元一般比标准单元大，一般是规模较大的功能块(或子系统)，如 RAM、ROM、ALU 等。宏单元本身可以用全定制方法或标准单元方法来实现。

BBL 的特点是在布图平面上放置了一系列具有不同尺寸的矩形(或具有直角边的多边形)，这些矩形的尺寸大小均无限制，每一块矩形可以是一个电路相当复杂的子块，或称为功能块，各种块的形状尺寸不同，各子块之间是布线通道区。

一个芯片由几个功能块组成，也可以根据电路的特点，将标准单元和积木块单元组合起来，对电路的不同部分采用不同的方法进行设计，再相互连接。比如小单元用标准单元方法设计后排列成行，用布线通道分开，大的积木块单元安置在易于和周围单元连接的地方。这种设计方法设计自由度较大，可以在版图和性能上获得最佳优化，但由于单元位置不规则、通道不规则、布线通道区的形状各异，布图算法相对比较复杂。

BBL 各个子块和子系统的数量和面积不受限制，所以可采用这种布图方式的电路规模超过目前已有的各种布图模式。随着 VLSI/ULSI 的发展，可以预见，这种布图模式会越来越得到广泛的采用。

3.3.3　可编程逻辑设计方法

可编程逻辑电路设计方法是指用户通过生产商提供的通用器件自行进行现场编程和制造，对通用器件进行再构，得到所需的专用集成电路。现场编程是指设计人员采用熔断丝、电写入等方法对已制备好的通用器件实现编程，得到所需的逻辑功能。这种方式不需要制作掩膜板和进行微电子工艺流片，只需要采用相应的开发工具就可完成设计，有些器件还可以多次擦除，大大方便了系统和电路设计。因此，与标准单元设计方法、积木块式版图设计方法、门阵列设计方法相比，可编程逻辑电路方法的设计周期最短，设计开发费用最低。

可编程逻辑器件(Programmable Logic Device，PLD)是可以由用户通过编制程序来储存、控制或改变其逻辑特性的器件，传统上归类于 ASIC 中的半定制电路。它是一种可以直接从市场上购买到的已完成全部工艺制造的产品，刚买来时没有任何功能，用户可根据需要对其编程，不需要再进行工艺加工。也就是说，PLD 器件是已经封装好的集成电路，用户只需在编程器中送入要求的逻辑关系，就可将 PLD 中相应部分按照需要熔断金属线，形成用户要求的专用集成电路。

可编程逻辑器件以可编程只读存储器 PROM(Programmable ROM)为基础，包括 EPROM(Erasable PROM)、E^2PROM(Electro-Erasable PROM)、可编程逻辑阵列 PLA(Programmable Logic Array)、可编程阵列逻辑 PAL(Programmable Array Logic)、通用阵列逻辑 GAL (General Array Logic)等可编程器件。

PLD 通过改变内部的连接关系来改变电路的功能。PLD 的基本结构如图 3-13 所示，由输入电路、与阵列、或阵列、输出电路和反馈通道组成。其中与阵列实现组合逻辑中乘积项的运算，或阵列实现组合逻辑中或项的运算，反馈通道实现时序逻辑。

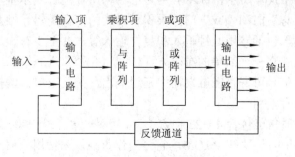

图 3-13　PLD 的基本结构

可编程逻辑器件在 20 世纪 70 年代由 SIGNETICS 公司和单片存储器公司(MMI，后被

AMD 公司并购)率先推出后，这种技术迅速得到发展，成为半定制 ASIC 中的一个重要的产品系列。PLD 的产品种类繁多，有多种体系结构，但是都建立在同一种基本概念上，即它们都包含可配置的逻辑、存储器单元和触发器以及连接这些逻辑和触发器的互连线资源，同时通过编程来实现产品所需的功能。

　　按集成度、逻辑复杂度和逻辑架构的差异，可以将 PLD 分为简单可编程逻辑器件(SPLD)、复杂可编程逻辑器件(CPLD)和现场可编程门阵列(FPGA)三大类。

　　PLD 的编程俗称"烧写"或"烧录"，可大致分为如下三种方法：

　　(1) 逻辑门之间的联系通过物理方式熔断规定的连线(即熔丝技术)来实现。

　　(2) 和上一种相反，通过熔接规定的连线(即反熔丝技术)来实现逻辑门之间的连接。

　　(3) 利用可编程器件内部的软件控制的开关来连接逻辑门。

　　熔丝型和反熔丝型器件只能一次性可编程电路，称为 OTP 电路。第三种方法必须依靠器件内部或外部的存储器来保存设计的配置即设计的结果数据(又称位流)，采用此种编程方法的 PLD 可反复擦写，擦写次数可高达上万次。通过改写存储器中的配置程序，就可以改变器件中的逻辑组态，从而达到改变或修改设计的目的。

　　与全定制、标准单元等其他设计方法相比，利用 PLD 设计开发小批量 ASIC 的成本比较低，开发时间短，修改设计容易。此外，这类器件特别适用于全定制或标准单元 ASIC 设计的原型验证。但是对于有大批量需求的 ASIC 而言，PLD 就不能算是最好的解决方案，在采用相同制造工艺的情况下，无论从产品成本还是从产品性能的角度考虑，PLD 都远不如全定制设计的 ASIC。

　　PLD 的应用遍及国民经济和国防的各个领域。国外生产 PLD 的厂商多为美国公司，各个厂商几乎都提供军用器件。各个供应商的开发系统在使用上大同小异。出于知识产权问题的考虑，各个公司的同类产品在逻辑组织架构上都存在差异、避免雷同，拥有自己独特的创新及专利技术，并在某些应用领域独树一帜。

1. 简单可编程逻辑器件(SPLD)

　　简单可编程逻辑器件(SPLD)是指最早出现、最简单、最小、最廉价的可编程电路。SPLD 的基本工作原理是以可编程的"与"门阵列对给定的输入组合进行译码，以可编程的"或"门阵列对每个逻辑单元规定输出项，以一个开关矩阵来选择哪些输入连接到"与"门的输入，然后再送到"或"门阵列，信号路径根据逻辑方程式来改变。

　　SPLD 的架构如图 3-14 所示，标示 L 字母的小格所在的行表示基本逻辑单元，即宏单元。宏单元一般由"与"门和"或"门按乘积和形式的组合逻辑、触发器和一个可多路选择反馈回路组成，输入包括专用时钟输入和复位输入等，并至少有一个输出端。这意味着在每个宏单元中可以建立一个简单的布尔方程，即将几个二进制输入的状态合并成一个二进制输出，而且输出信号可寄存在触发器中延迟输出。关于宏单元的构成情况，不同制造商及具体产品之间都有差别。

　　一个 SPLD 器件通常可包含 4～22 个宏单元，可替代若干个 7400 系列之类的标准集成电路使用。SPLD 最早的品种是 PROM，它可当作查找表来使用。后来陆续出现的有可编程逻辑阵列(Programmable Logic Array，PLA 亦称现场可编程逻辑阵列 FPLA)、可编程阵列逻辑(Programmable Array Logic，PAL)和通用阵列逻辑(Generic Array Logic，GAL)等。

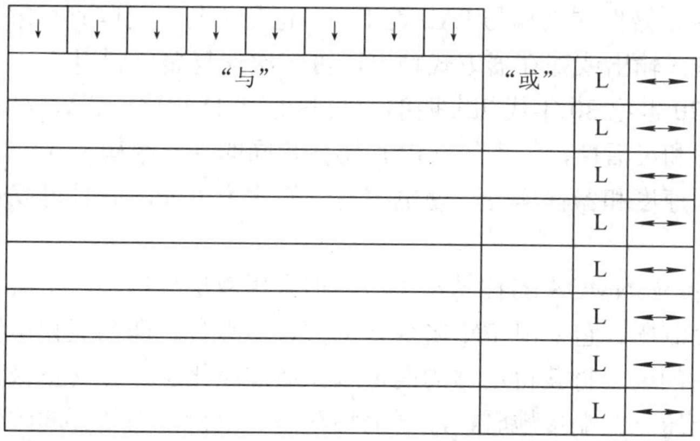

↓	↓	↓	↓	↓	↓	↓	↓			
			"与"					"或"	L	←→
									L	←→
									L	←→
									L	←→
									L	←→
									L	←→
									L	←→
									L	←→

图 3-14　SPLD 的架构示意图

1) PLA

PLA 是 1975 年 SIGNETICS 公司最早提出的 PLD 结构，其基本结构是一个可编程的"与"门阵列、一个可编程的"或"门阵列以及输出单元电路。

与门阵列方法和标准单元方法相同，可编程逻辑阵列也主要用于实现数字逻辑功能。可编程逻辑阵列的基本结构是基于组合逻辑可以转换成与-或逻辑的思想，由输入变量组成"与"矩阵，并将其输出馈入到"或"矩阵，设计人员通过对与-或矩阵进行编程处理，得到所需要的逻辑功能。

利用 PLA 器件可以实现组合逻辑和时序逻辑。时序逻辑电路的状态不仅取决于当前输入，也与以前的输入和输出状态有关。将"或"矩阵的某些输出量连入某一寄存器，该寄存器的某些输出量通过另一寄存器反馈到"与"矩阵的输入端，可以实现特定的时序逻辑。虽然以这种结构实现的器件用于设计的灵活性较大，但是限于当时的工艺水平，其信号传输延迟太大，工作速度慢，实用性差。

PLA 器件对于逻辑功能的处理比较灵活，但在实现逻辑功能较简单的电路时比较浪费，相应的编程工具花费也较大。因此在 PLA 器件的基础上，继续发展了 PAL 器件和 GAL 器件等 PLD。

2) PAL

PAL 是 1978 年由美国单片存储器公司(MMI)最先开发出来的第一种真正意义上的 PLD，现在是 AMD 公司采用熔丝技术的产品注册商标，其基本结构是一个可编程的"与"门阵列和一个固定的"或"门阵列。当时的 PAL 采用 10 μmTTL 工艺，与 PLA 相比，传输延迟小，速度快，可编程的熔丝数量少，编程灵活性略差一些。

PAL 器件基于 8 个"或"矩阵输入端，即乘积项输入，采用可编程"与"矩阵与固定"或"矩阵的形式。与 PLA 器件相比，"与"阵列的可编程使输入项数增多，"或"阵列的固定使器件结构简化、体积减小、速度变快，而且 PAL 器件的工艺简单，易于编程和加密。PAL 器件采用的仍是熔丝，一旦编程，无法改写，而且对于不同的输出结构要求选用不同型号的 PAL 器件。

3) GAL

GAL 是 1985 年莱迪思(Lattice)公司推出的注册商标产品，是基于 E^2PROM 技术的低功耗可编程电路。GAL 器件的结构与 PAL 差不多，也是"与"门阵列可编程、"或"门阵列固定，可按组合方式输出或寄存器方式输出，可多次反复编程利用。

GAL 器件是 20 世纪 80 年代初发明的，与其他 PLD 相比，GAL 在功能和输出结构上具有更高的通用性和灵活性，它具有与 PAL 器件相同的基本结构形式，但采用 CMOS 浮栅工艺，提高了编程速度和器件速度，使电擦写编程成为可能，而且可以重复编程，不需要窗口式的封装。

GAL 器件与传统 NMOS 器件结构类似，但采用双层栅结构，下层为浮栅，被二氧化硅包围，上层为控制栅。它采用 FN 隧穿效应实现电编程，即当氧化层很薄时，在高电场作用下，一定数量的电子将获得足够的能量隧穿通过氧化层，并向正极移动。当在控制栅上施加足够高的电压且漏端接地时，浮栅上将存储负电荷，晶体管的阈值电压增大，正常读取时晶体管无法导通；当控制栅接地而漏端加适当的正电压时，浮栅将放电，晶体管的阈值电压降低，正常读取时晶体管导通，从而实现电编程与擦除。

GAL 器件具有可编程可重新配置(reconfigurable)的输出逻辑宏单元(Output Logic Macro Cell, OLMC)，使得 GAL 器件对复杂逻辑设计具有极大的灵活性。GAL 器件的输出可设置成组合逻辑输出或寄存器输出，而且除了具有输出允许控制外，输出端是双向的，当输出禁止时，原来的输出端可以作为输入。此外，GAL 器件还具有加密功能以及锁定保护、缓冲、输出寄存器预置和上电复位等特性，其中输出寄存器预置和上电复位功能保证了 GAL 具有 100%的功能可测试性。

由于编程电压较高，PAL 和 GAL 器件的编程一般需要在特定的编程器上进行，不能在系统的电路板上进行。针对这一问题，LATTICE 公司开发了一种新型可编程逻辑器件，即系统内可编程逻辑器件 IS-PLD(In System PLD)，将编程器的擦除/写入等控制电路和产生高压编程脉冲的电路集成到 PLD 中，从而这种器件的编程、配置可直接在系统内或 PCB 上进行，实现在线编程，使一块电路板可以有不同功能，实现了硬件软件化，而且使电路板级的测试易于实现。

PLD 中的缓冲器和与门表示时的方法如图 3-15 所示。

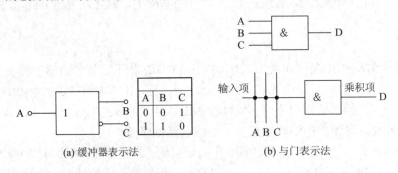

(a) 缓冲器表示法　　　　　　　　　　(b) 与门表示法

图 3-15　PLD 的表示方法

PAL 和 PLA 都是采用与门阵列和或门阵列组合完成不同的逻辑功能的。二者不同的是：PLA 是在母片上进行最后的金属化和布线；而 PAL 则是采用熔丝实现连线的通断。PAL 基本的三种状态连接如图 3-16 所示，硬线连接状态是未编程前的状态，另外两种状态是经过编程以后的导通和断开状态。接通对应于熔丝未烧断，断开对应于熔丝被烧断。例如：

$$D = A \cdot \overline{A} \cdot B \cdot \overline{B}$$

于是，可以采用 PAL 程序进行逻辑综合与设计，然后在设定的编程器上自动完成熔丝的通断，实现用户所需的逻辑功能，如图 3-17 所示。对于一般的 PAL，与门阵列是可编程的，或门阵列是硬连接(即不可编程的)的。

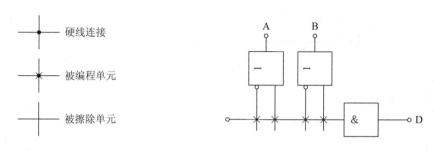

图 3-16　PAL 连线表示法　　　　　　图 3-17　PAL 连线实例

GAL 是第二代 PAL。PAL 的灵活性受到了一定的限制，一旦编程后不能再改写，使用户感到不方便，且 PAL 的输出结构较固定，对于不同输出结构要选择不同的 PAL 器件，而 GAL 器件采用了更为灵活的可编程 I/O 结构，并采用了先进的电可擦除 CMOS 浮栅工艺结构(E^2CMOS)，数秒钟即可完成芯片的擦除和编程工作，并可反复改写。

一般情况下，SPLD 是指 PAL 和 GAL，它们的特点是由半导体制造厂生产并出售这种器件，用户可用特定的程序编程，并用该器件实现其逻辑电路功能。大多数 SPLD 产品通过熔丝编程或非易失性存储器如 EPROM、E^2PROM 或 flash 编程的方法来定义其功能。

SPLD 的典型产品如 PAL 系列的 16R8、22V10，GAL 系列的 GAL16V8、GAL26V12 等，每个器件含 8～12 个宏单元和同样数量的 D 触发器(寄存器)，传输延迟 3.5～25 ns，速度可达 250 MHz，封装引脚数量最多为 28 条。

SPLD 的主要优点是延迟小、速度快、时序可预测并易于进行应用设计开发。SPLD 的应用设计通常采用 ABEL 或 PALASM 等硬件汇编语言，或者采用原理图输入工具。这类器件由于可利用的逻辑资源较少，只适合规模小、速度要求高的应用场合，如地址译码之类。

2. 复杂可编程逻辑器件(CPLD/EPLD)

复杂可编程逻辑器件 CPLD/EPLD 可以看成是将多个 SPLD 集成在单个芯片上的 PLD。EPLD 采用 CMOS 和 UVEPROM(紫外线可擦除 PROM)工艺制造，以叠栅注入 MOS 作编程单元，具有功耗低、噪声容限大、能够改写、可靠性高、集成度高、造价低等特点。CPLD(Complex Programmable Logic Device，复杂可编程逻辑器件)是从 EPLD 演变而来的。

EPLD 集成度比 PAL 和 GAL 器件高得多，大部分产品属于高密度 PLD。典型的 EPLD 有 ATMEL 公司生产的 AT22V10。

为了提高集成度，同时又具有 EPLD 传输时间可预测的优点，把若干类似 PAL 的功能块和实现互连的开关电阵集成在同一块芯片上，就形成了 CPLD。 CPLD 多采用 E^2CMOS 工艺制作。一个 CPLD 可包含十个至上千个宏单元，宏单元按逻辑块的形式组织起来，通常每个逻辑块可包含 4～16 个宏单元，近似于一个 SPLD。逻辑块之间通过可编程互联网线实现互连。图 3-18 为 CPLD 的简化架构，它相当于 4 个如图 3-14 所示的器件连接在一起，每边等于一个逻辑块，中间的共用布线资源即可编程开关矩阵，标示 L 的小块相当于 SPLD 中的宏单元。CPLD/EPLD 的宏单元基本上仍然以乘积和形式的逻辑函数结构为基础，但是比 SPLD 的宏单元所含逻辑资源更多、更复杂一些,能够实现更复杂的布尔方程。CPLD 的单个逻辑块可实现用户规定的功能,所以有时也称为功能块。厂商们对各自产品中的逻辑块等基本部件的命名各不相同。

图 3-18　CPLD 的简化架构示意图

　　CPLD 主要是指电可擦除的 PLD(EPLD),即采用 E^2PROM 或 flash 编程技术的器件,断电时编程信息不丢失。CPLD/EPLD 还包括采用紫外线擦除的 EPROM 技术的器件,这种器件的外封装表面有一个石英玻璃窗口。CPLD 的同义词包括 E^2PLD、ISPEPLD、XPLD 等。总之,它们通常是配置程序输入后即保持不变的非易失性器件。

　　最早的 CPLD 是 Altera 公司于 1984 年首先推出的 EPLD,它是继 SPLD 之后出现的新一代高密度可编程逻辑器件,增加了输入/输出单元和逻辑宏单元,提供了更大的与门阵列。经过改进的 EPLD 进一步增加了逻辑资源,增强了内部互连能力。

　　CPLD/EPLD 的典型产品如高速、低成本 XC9500 系列和低功耗 CoolRunner 系列、ispMACH4000 系列、ispXPLD 系列和 MAX 系列。其中 XC9500 系列产品包含 36～288 个宏单元和同样数量的寄存器、800～6400 个可用门,信号传输延迟 5～15 ns,速度最高达 222 MHz。ispXPLD 系列芯片上除了 E^2PROM 之外,还集成了 SRAM,包含多达 1024 个宏单元和 512 kb SRAM。MAXⅡ虽称为 CPLD 产品,却具有 FPGA 的基本逻辑单元结构,即包含具有多种互连可能性的四输入查找表,采用 0.18 μm 6 层金属 flash 工艺制造。

　　开发 CPLD/EPLD 应用的集成环境软件包(例如 MAX+PLUSⅡ)不要求用户精通可编程逻辑器件内部的复杂结构,可从软件包的元件库中调入电路原理图或者用高级语言以逻辑方程式、组合逻辑、时序逻辑或综合逻辑式描述来实现复杂的设计,支持真值表和状态图之类功能描述输入方法,亦可用波形图输入。

　　CPLD/EPLD 的速度比较快,相同工艺情况下信号传输延迟劣于 SPLD 而优于 FPGA,时序可预测性强;易于设计,开发周期短、成本较低、技术保密性好;片上资源利用率较高,通常最适于面向控制、性能要求高的应用,适合完成各种算法和组合逻辑。简单的应用如组合逻辑,复杂的应用如 PCI 总线、图形控制器等。

3. 现场可编程门阵列(FPGA)

现场可编程门阵列(Field Programmable Gate Array，FPGA)是具有"门海"结构形式的可编程逻辑器件。它将门阵列的高密度、低成本优势和类 PAL 结构的 PLD 的用户控制、容易设计的优点结合起来，形成最受设计者欢迎、广泛应用的第三类 PLD。也有人将先进的 FPGA 称为可重构处理器(RPU)。这些可编程逻辑器件最大的特点是适用于整机和不太了解集成电路工艺及版图设计的用户，他们可以根据自己的需要用 PLD 和 LCA 实现不同的电路功能要求。这样可以节省设计时间，加快整机研制的周期。当然，这种设计方法的不足是电路性能较差，同时电路的成本也较高，只适用于小批量的研制阶段。FPGA 也特别适用于芯片设计后期的硬件验证平台中，以降低流片风险。目前 FPGA 正向着高密度、高速度、低功耗以及结构体系更灵活、适用范围更宽广的方向发展。

图 3-19 为一般 FPGA 的架构，图中标示 L 的小块代表 FPGA 的基本逻辑块，外围一圈标示双向箭头的小块则代表可编程输入/输出块。图中未画出环绕各个基本逻辑块周围的可编程布线资源。与 CPLD 相比，FPGA 的基本逻辑块的结构比较小，数量则多得多，且有细粒和粗粒之分。细粒结构可像 SPLD 的宏单元一样小而简单，粗粒结构可比宏单元更大、更复杂。

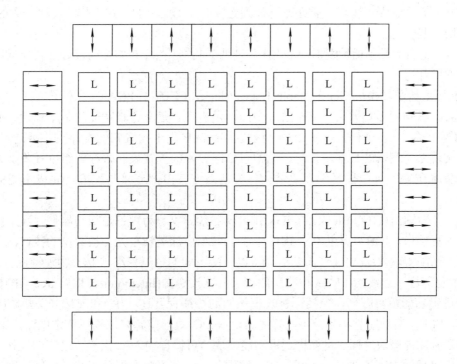

图 3-19 一般 FPGA 架构示意图

FPGA 是赛灵思(Xilinx)公司于 1985 年发明的，其电路架构称为逻辑单元阵列(Logic Cell Array，LCA)，它实际上并不是一种门阵列而只是在形式上十分类似于门阵列。除了可编程实现 PLD 的功能外，还可以通过"重新编程"实现电路的重构，即一块 LCA 可反复使用。

FPGA 按照编程方式可分为熔丝编程型、浮栅器件编程型和 SRAM 编程型。熔丝编程型是通过将连接元件——熔丝进行选择性熔断从而实现编程配置，连接成特定功能电路，其缺点是只能编程一次，改变设计时必须更换新的器件。浮栅器件编程型是将编程配置存储在 E^2PROM 或闪存中，可以多次编程，改变设计时不需要更换新的器件，但是产品加工时需要特殊制造工艺，而且编程时(即写入或擦除)片内所需高压的产生及其在整个逻辑阵列中的分布，使设计复杂性大幅度增加。SRAM 编程型编程时是将编程配置存储在 SRAM 中，其缺点是掉电后编程信息丢失，每次上电时都要从外部永久存储器重新装载编程信息。SRAM 编程型 FPGA 由于可以采用一般 CMOS 工艺加工，成本低，且可重复编程，是目前应用最为广泛的 FPGA。

FPGA 内部是由不同的功能块形成的阵列(注意并非单纯的与门和或门阵列)，每个功能块通过逻辑开关连接，并实现用户要求的逻辑功能。因此，在用 FPGA 进行编程实现不同逻辑功能器件之前，必须对其结构和"库"有充分的了解。它比一般的 PAL 和 GAL 逻辑门利用率高且编程能力强，逻辑综合能力更强。同时，它仍然可以通过编程实现重构，一块 FPGA 同样可以反复使用。另外 FPGA 器件内部有丰富的触发器和 I/O 引脚，弥补了 PLD 规模小、I/O 少等不足。由于单元以功能块形式出现，单元内部充分注意到了门的驱动能力，使每个功能块内部工作速度得以提高。以上特点使 FPGA 得到了广泛的应用。但是，由于 FPGA 中内部功能块之间都是通过逻辑开关连接的，因此总的电路工作速度比一般的 PLD 器件要低一些。

FPGA 结构单元包括触发器、计数器和其他的功能模块。FPGA 的核心主要包括以下三类可编程部件：

(1) 可重构逻辑模块(Configurable Logic Block，CLB)：FPGA 的基本逻辑块，LCA 结构的核心，以阵列形式散布于整个芯片中间，是实现自定义逻辑功能的基本单元。通常一个 CLB 可包含 2~4 个查找表和 2~4 个触发器。CLB 用于构造 FPGA 中的主要逻辑功能，是用户实现系统逻辑的最基本模块，通常包括四输入的查找表和寄存器组以及附加逻辑和专用的算术逻辑。可以根据设计通过软件灵活改变其内部连接与配置，完成不同的逻辑功能。

(2) 输入/输出块(I/O Block，IOB)：排列于芯片四周，为内部逻辑与器件封装引脚之间提供可编程接口。IOB 用于提供外部信号和 FPGA 内部逻辑单元交换数据的接口，通过软件可以灵活配置输入/输出或双向端口，可以匹配不同的电气标准与 I/O 物理特性。

(3) 可编程互连线网(PIA)：由丰富的可编程互连资源(Interconnect Resource，IR)构成的可编程逻辑功能模块阵列，包括三种长度不同的可编程互连线(PI)和连接开关矩阵(Switch MatriX，SM)，其功能是将各个可配置逻辑块或 I/O 块连接起来以构成特定电路。IR 用于可编程逻辑功能模块之间、可编程逻辑功能模块与可编程输入/输出模块之间的连接，主要提供高速可靠的内部连线及一些相应的可编程开关。互连资源根据工艺、长度、宽度和所处的位置等条件可以划分成不同的等级，以保证芯片内部信号的有效传输。

此外，芯片上还有一些其他的逻辑资源，如振荡器、三态缓冲器、启动逻辑和边界扫描控制器等。有些 FPGA 产品内部还集成了 RAM、FIFO、PLL 或 DLL 等，甚至有些还将 CPU、DSP、存储器、总线接口等功能子系统嵌入芯片生成一个片上系统的 FPGA 产品，以满足不同的场合应用。

各厂商对 FPGA 器件架构及逻辑块等基本部件的命名各不相同，但逻辑块的结构基本上都按照查找表形式而非乘积和形式进行设计。查找表又称函数发生器，实际上就是一个真值表，通常有 2～6 个输入和 1 个输出。最常用的为四输入查找表，它也可以用作 16 位移位寄存器。

典型的 FPGA 是基于 SRAM 编程的器件。其工作状态的设置，是通过片上的分布式 SRAM 去控制逻辑块、输入/输出块和互连资源的组态来实现的。加电时，FPGA 芯片将外部只读存储器中的配置数据读入片内编程 SRAM 中，即进入工作状态。掉电后，编程信息丢失，内部逻辑关系消失。每次上电时，需从器件外部将数据重新写入 SRAM 中。因此，它能够无限次编程、反复使用，可在工作中快速编程，从而实现板级和系统级的动态配置。需要修改或改变电路的功能时，只需换一片外部只读存储器即可，使用非常灵活。这是发展最快的一类 PLD。采用 E^2PROM 或 flash 编程技术的 FPGA 产品比较少。采用反熔丝技术的 OTP 型 FPGA 产品多一些。

典型的 FPGA 设计流程如图 3-20 所示，它需要通过运行微机环境下的软件开发系统来完成。以图形方式的逻辑图或由 HDL 语言写成的源代码输入，将设计对象送入开发系统得到内部网表，软件开发系统产生可重构逻辑块(Configurable Logic Block，CLB)和输入/输出块(I/O Block，IOB)的连线网表和用于模拟的网表文件，网表文件经仿真验证后，将会送去自动布局布线，得到布局布线后的时序关系以备进一步检查，最后编译成一种用于内部构造的配置数据(配置程序)，该配置数据可直接下载到 FPGA 中，也可转换成可驻留的 PROM、EPROM 等存储元件的配置数据图形，在需要时下载到 FPGA 中。

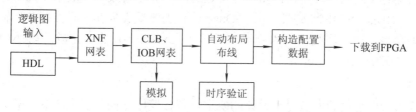

图 3-20　典型的 FPGA 设计流程图

FPGA 的主要优点是含有比 CPLD 更丰富的触发器和输入/输出逻辑，片上 SRAM 可配置成 FIFO 或双端口 RAM，可桥接不同的接口标准，应用的灵活性更大；其主流产品采用高速 HCMOS 工艺，功耗低，可与 CMOS、TTL 电平兼容；FPGA 是 ASIC 电路中设计周期最短、开发费用最低、风险最小的器件之一。此外，FPGA 通常比 CPLD 密度更大、成本更低，所以较大的逻辑电路设计实际上都选择 FPGA。其缺点是延迟的可预测性较差，速度性能常常不如 CPLD 好；资源利用率差。FPGA 器件通常对于面向数据通路的设计适应性较好，适合于触发器多的应用和流水线结构的应用。

FPGA 的典型产品系列，如 XC5200、XC6200、Spartan 和 Virtex 等。又如 FLEX、APEX、Cyclone 和高性能 Stratix 等。其中 Spartan -3 器件具备 5 万～500 万系统逻辑门；Cyclone Ⅱ 器件的封装管脚数量从 144～896 条不等。

新的 FPGA 产品中，例如 SRAM 工艺的 ispXPGA 系列，芯片上增加了保存配置的 E^2PROM；基于 flash 的 ProASIC Plus 系列，集成度从 3 万～3 百万门；Excalibur 系列包含 ARM9 微处理器和一个 Apex 20KE 型 FPGA；Virtex-Ⅱ Pro 系列包含一个或两个 PowerPC 和一个 Virtex-Ⅱ型 FPGA；QuickMIPS 系列则集成了 MIPS 处理器、许多标准外设和

30 万～53 万门的反熔丝型 FPGA。高端 FPGA 产品采用 300 mm 硅圆片技术生产，集成度超过 1000 万门(如 Virtex - Ⅱ)，时钟频率高达 500 MHz。

应用 FPGA 器件设计专用电路的基本步骤与采用全定制或标准单元方式的设计流程相似，主要差别在于网表以后的处理不同。FPGA/CPLD 的编程下载通常可使用 JTAG 编程器、PROM 文件格式器和硬件调试器三种方式，其中 JTAG 是工业标准 IEEE 1149.1 边界扫描测试的访问接口，应用比较广泛。

FPGA 被广泛用于各种军民应用领域，在一些特定的领域，FPGA 芯片正在将传统的微处理器或微控制器挤出市场。例如通信基站设备、存储设备、路由器等产品目前都已经采用了 FPGA 芯片；手机和数码相机等产品也应用了 FPGA 芯片。军用方面，有报道称 FPGA 器件可适用于陆基、海基和空基军用系统，已经应用于电子战装备、火炮控制、导弹制导、雷达、声呐通信、信号处理、航空电子和卫星等许多方面。

集成电路设计过程中，常常需要通过硬件验证及早发现设计中的问题。通常采用的硬件验证工具就是 PLD，特别是 FPGA。下面以 Altera 公司设计工具 Quartus II 为例，扼要介绍数字系统的 FPGA 验证流程，包括设计输入、约束输入、逻辑综合和器件实现、仿真验证、应用系统验证等几部分。

1) 设计输入

Quartus II 支持的设计输入方式有电路图输入、状态图输入、波形图输入和文本输入。对于数字系统的验证来说，其设计输入应该是通用的数据格式，一般采用文本输入方式，如 Verilog、VHDL、EDIF 等格式。由于 Quartus II 的测试文件输入只支持波形输入，生成复杂矢量不是很方便，系统的行为级设计通常在 Quartus II 外部完成，如 NC-Verilog、VCS/VSS、ModelSim、Active-HDL 等。

2) 约束输入

约束输入给出了设计人员对于设计的要求，包括速度、面积、引脚等的约束。许多逻辑综合软件以选项的形式提供给设计人员设置约束，也可以采用全文本的方式设定约束。由菜单 Assignment→Setting 可进入约束设置界面。

3) 逻辑综合和器件实现

逻辑综合是指将设计输入进行源代码分析、优化和映射到门级电路，并且将通用门级电路转换到特定的 FPGA 结构上。可以直接使用 Quartus II 内置的逻辑综合器，也可以采用第三方的逻辑综合工具，如 Synopsys FPGA-Compiler、Synplicity Synplify 等，它们一般由专业的逻辑综合 EDA 厂商提供。

器件实现是将逻辑综合好的门级网表，按照 FPGA 器件的基本逻辑单元、输入/输出单元和连线资源进行转换和映射，确定器件的配置文件。在 Altera 器件实现过程中，主要有四个步骤：划分、映射、时序 SNF 提取和配置。这些步骤可以由 Quartus II 自动完成，也可以按设计者的思路进行手工调整。在 Quartus II 中使用编译命令，完成设计的逻辑综合和器件实现。

4) 仿真验证

仿真验证包括对现实的器件进行功能与时序验证，是在 FPGA 器件实现之后，提取出门级网表和延时信息进行验证，其验证的结果更接近于真实硬件的结果。

5) 应用系统验证

若功能与时序仿真通过，则可将设计下载到目标 FPGA 器件，并将目标 FPGA 器件安装到应用系统中进行实时验证，以确定设计能满足实际要求。若验证不能通过，则要找到问题所在，修改相应设计或约束以解决问题。

CPLD 和 FPGA 是 80 年代中后期出现的，用户可以利用其可编程的特点，设计出专用集成电路，大大缩短产品开发和上市的时间，降低开发成本。同时，CPLD 和 FPGA 还具有静态可重复编程或在线动态重构的特性，使硬件的功能像软件一样通过编程来修改，不仅使设计修改和产品升级变得十分方便，而且极大地提高了电子系统的灵活性和通用性，目前集成度已经高达 800 万门以上。随着半导体工艺技术的飞速发展和应用要求的不断提高，PLD 的研发和应用技术均得到加速发展。CPLD/EPLD 和 FPGA 两类产品在不断创新，朝着集成度越来越高、功能越来越复杂和低功耗、高速度的方向发展，生产成本不断下降。表 3-1 中简要列出了 CPLD 与 FPGA 的区别。

表 3-1　CPLD 与 FPGA 的区别

比较项	CPLD	FPGA
程序存储	不需要	SRAM，外挂 E^2PROM
资源类型	组合电路资源丰富	触发器资源丰富
集成度	低	高
使用场合	完成控制逻辑	完成比较复杂的算法
速度	慢	快
其他资源	—	锁相环
保密性	可加密	一般不能加密

目前，部分新型 PLD 已经嵌入了多个 CPU 内核、DSP 内核、大容量存储器、千兆位串行收发器、数字时钟管理器、各种标准或专用的总线 IP 核和多种其他 IP 核等，所能够实现的功能复杂性已远非昔日可比，其正沿着另一条技术路线朝着 SoC 的方向发展。这就是可编程器件制造商阵营称为 SoPC 的技术，从可编程电路的角度推动着可重构片上系统和可重构计算技术的发展。

3.3.4　SoC 设计方法

集成电路仅仅是一种半成品，只有装入整机系统才能发挥它的作用。集成电路一般通过印制电路板(PCB)等技术实现整机系统。尽管集成电路速度很高、功耗很低，但由于 PCB 板的连线延时、可靠性等因素的限制，使得整机系统的性能受到了很大限制。传统的集成电路设计技术已无法满足市场对日益提高的高速、低功耗系统的需求。随着微电子技术和半导体工艺的不断创新和发展，超大规模集成电路的集成度和工艺水平不断提高，深亚微米和纳米工艺逐渐走向成熟，这使得在一个芯片上完成系统级的集成已成为可能。为解决上述问题，同时也由于 IC 设计与工艺水平的提高，出现了"片上系统(SoC)"的概念。SoC 是指在单一硅芯片上实现信号采集、转换、存储、处理和 I/O 等功能，从而实现一个系统的功能。

SoC(System On Chip)把一个完整的最终产品中的主要功能模块集成到一块单一芯片

内，通常有一个或多个微处理器(Central Processing Unit，CPU)，也可能增加一个或多个DSP(Digital Signal Processing)核，以及多达几十个的外围特殊功能模块和一定规模的存储器(ROM/RAM)模块。这些功能模块作为 IP(Intellectual Property)核，通过复用设计技术，组合在一起，自成一个体系，并能够独立工作。

就其芯片功能来说，SoC 意味着在单个芯片上实现以前需要一个或者多个印制电路板才能实现的电路功能。SoC 克服了多芯片板级集成出现的延时大、可靠性差等问题，提高了系统性能，而且在减小尺寸、降低成本、降低功耗、易于组装等方面也具有突出的优势。

SoC 的出现，导致了 IC 产业进一步分工，出现了系统设计、IC 设计、第三方 IP 核设计、电子设计自动化和加工等多种专业，它们紧密结合，尤其是第三方 IP 核供应商的出现大大缩短了设计公司产品的上市周期，促进 SoC 不断成熟。

组成 SoC 的模块包括：微处理器(MPU)、片上存储器、实现加速的专用硬件功能单元、执行与外部数据传输的数据通路和接口模块、连接片上各部件的总线、存储器控制器以及片上外围设备等硬件功能模块；同时在 SoC 中还必须包括与硬件系统配套的实时操作系统(RTOS)。典型的 SoC 架构框图如图 3-21 所示。

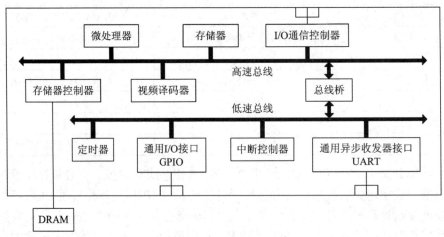

图 3-21   典型的 SoC 架构

SoC 硬件结构中的典型模块主要如下：

(1) 微处理器：如 ARM、MIPS 等。

(2) 存储器：如 SRAM、flash、ROM、动态存储器(DRAM、SDRAM、DDRAM)等。

(3) 存储器控制器：控制外部存储器。

(4) 高速和低速总线及其桥接模块：提供各内核之间的数据通路。

(5) 视频译码器：如 MPEG、ASF 等 ASIC 技术设计的可重用专用模块。

(6) I/O 通信控制器：如 PCI、PCI-X、以太网、USB、AD/DA 等。

(7) 外围互连设备(peripherals)：如通用 I/O 接口(GPIO)、通用异步收发器(UART)、定时器(timer)、中断控制器等。

集成电路经历了小规模(SSI)、中规模(MSI)、大规模(LSI)、超大规模(VLSI)和甚大规模(ULSI)阶段，目前已进入了 SoC 阶段。ASIC 前五个阶段均是根据芯片的规模大小来划分的。从 SSI 到 ULSI，ASIC 发展特点主要体现在：特征尺寸越来越小，芯片尺寸越来越大，时钟频率越来越高，电源电压越来越低等。而 SoC 则是从集成电路设计方法学的角度来定义的。

SoC 与集成电路的设计思想是不同的，它除了以往单纯地进行硬件电路设计外，还需要强大的软件支持，而且芯片的功能会随着支持的软件的不同而变化，因此在设计芯片的同时，需要进行软件编制。这一特点增加了芯片的功能和适应范围，但同时也增加了芯片设计和验证的难度。在芯片设计的初期，需要仔细地进行软硬件功能划分，确定芯片的运算结构，并评估系统的性能与代价。

SoC 系统的核心思想，就是将整个应用电子系统全部集成在一个芯片中，且为了保证在短时间内设计成功，满足市场要求，SoC 大量地采用 IP 核复用技术，以功能组装的方式完成芯片设计。

IP 核是 SoC 设计的部件或称半成品，其主要特征是可用性和可复用性。可用性是指 IP 核的功能和性能要求，可复用性是指 IP 核能够被 SoC 设计者方便地使用的要求，IP 核也称为硅知识产权模块(Silicon IP，SIP)。

IP 核分为软核(软 IP 核)、固核(固 IP 核)和硬核(硬 IP 核)。软核(soft core)是以可综合的硬件描述语言(HDL)的形式交付的。软核的优点为具有采用不同实现方案的灵活性；缺点为性能(时序、面积和功耗等)方面的不可预测性。由于要向 IP 集成者提供 RTL 源代码，所以软核的知识产权保护风险最大。固核(firm core)是已经在结构和拓扑方面通过布局布线或者利用一个通用工艺库对性能和面积进行了优化的门级网表。如果是完整的网表，则表示测试逻辑已经被插入并且测试集也包含在设计里。固核不包括布线信息，它比硬核更灵活，更具有可移植性，比软核在性能和面积上更可预测，是软核与硬核的折中。硬核(hard core)是已经对功耗、面积和时序等性能进行了优化并且映射到一个指定的工艺中，带有全部布局布线信息的、优化的网表或一个定制的物理版图。硬 IP 核的工艺已经确定，一般表示为 GDSII 形式，具有在面积和性能方面更能预测的优点；但是由于其与工艺相关，所以灵活性小、可移植性差。在硬核交付中至少需要有：高层次行为模型(用以验证所提供的硬核功能的正确性)、测试列表、完整的物理和时序模型及 GDSII 文件。由于不需要提供 RTL 源代码，并且有版权保护，硬 IP 核的保护风险会小一些。

在以上三种典型的 IP 核中软核和硬核在交易中应用普遍。除此以外，还有两种 IP 核：如前面提到的硬 IP 核需要提供的高层次行为模型，称为验证核，验证核一般也称为 VIP(Verification IP)；在某一类 SoC 系统中专用的、经过验证的、成熟的、可复用的嵌入式软件，称为软件核(software core)。

SoC 技术和产业的发展需要发明、创造和维护一大批有应用价值的 IP 核，IP 核可以采用全定制，也可采用半定制方案来实现。其中模拟 IP 核和使用率高的数字 IP 核一般采用全定制开发。IP 核的设计是一个自上而下的设计过程，即遵循 ASIC 的设计方法。IP 核的设计层次包括系统层(行为级)、逻辑层(RTL 级、门级)、电路层(晶体管级)和物理层(版图级)。由于 IP 核是一种用于交易的可重用的电路模块，包括其中属于半成品的各阶段，因而对其设计各层次的准确性、验证的精确可靠性，以及文档、数据的完整性要求很高。设计一个可以被重用的 IP 核要比设计一个一次性使用的 IC 要复杂得多，一般来说，工作量会增加2～5 倍。

为使从第三方获得的 IP 核能有效地集成，需要规范 IP 核交付项的内容和格式。近十多年来各 IP 核设计者和供应商、相关的企业联盟，如国际虚拟插座接口联盟(VSIA，1996年建立，2007 年停止工作)、IEEE 的电子设计标准化委员会(DASC)、国际无生产线半导体联盟(FSA)等，在 IP 核交付项的规范、质量评测及接口、可测性、IP 核保护等方面进行了标准化工作，推动了 IP 核复用技术的普及。我国由多家企业、研究所和高校联合组成的"工业和信息化部 IP 核标准工作组"也一直在开展相关标准的研究制定和推广工作。

与传统的集成电路设计方法不同，SoC 设计方法不再关注新功能的设计实现，而是关注如何去评估、验证和集成多个已经存在的软硬件模块。SoC 设计将大量复用已有的 IP 核，以组装为基础，在单一硅片上实现整个系统。因此，SoC 具有如下优点：

(1) SoC 可以实现更为复杂的系统。SoC 不仅是集成各种模块，更是各种技术的集成，比如将化学传感器和光电器件也集成在 SoC 芯片中。

(2) SoC 具有更低的设计成本。由于使用了基于 IP 核的设计技术，SoC 能够在短时间内设计实现，因而可以节省很多设计成本。

(3) SoC 具有更高的可靠性。由于 SoC 芯片集成了很多模块，故减少了印制电路板上的部件数和引脚数，减少了电路板失效的可能性，提高了电路工作的可靠性。

现在的系统芯片设计，重复使用 IP 核是一种主要的设计方法。SoC 的具体设计过程如下：

(1) 首先确定系统设计要求，对系统进行分析描述，得到初步的设计规格说明。

(2) 根据系统描述，设计高层次算法模型，并进行测试验证和改进，直到满足要求。

(3) 对系统进行软硬件划分，定义接口，平衡软硬件功能，使系统代价最小、性能最优。使用统一的系统描述语言对划分后的软硬件进行描述，便于协同设计和仿真验证。

(4) 进行软硬件协同仿真验证和性能评估，若不满足要求，则需重新进行软硬件划分，直到满足要求，最终得到系统的硬件体系结构和软件结构。

(5) 对于硬件进一步划分成数个宏单元，通过宏单元集成及相关验证，完成时序验证、功耗分析、物理设计和验证；同时也进行嵌入式软件开发。

(6) 最后进行系统集成，完成相关验证测试。

系统设计需要体系结构设计工程师、软件和硬件设计工程师共同完成，其设计质量主要由设计人员的经验及具备的系统知识所决定。在系统设计过程中，许多系统构件或者由已有的 IP 核组成，或者由 IP 核衍生得到，体系结构设计人员在选择 IP 核时要全面考虑其优缺点，注意 IP 核的功能指标、接口、各 IP 核工艺与电参数的相容性等。SoC 设计方法还与设计平台密切相关。

基于平台的 SoC 设计方法是针对应用领域进行硬件结构、嵌入式软件、IP 核创造和集成的设计方法。在一个系统设计的前端功能和性能设计完成后搭建一个 SoC 的设计平台，它包括设计规范、不同层次建模、IP 核的选择、硬件/软件的验证和原型生成等步骤的具体体现。基于平台的设计是以已建立的适合某类应用的可重构 SoC 平台为基础，在平台总体架构基本不变的情况下，通过增加、重新配置或删除平台中组件的方法衍生出满足该应用领域的 SoC。对特定的 SoC 衍生产品的平台进行定制化，已成为一种探索设计空间的形式。基本的通信结构和平台处理器的选择被固定后，设计者被限制在只从 IP 核库中来选择参数合适的 IP 核，它将 SoC 设计中的 IP 核复用扩展到 IP 核群的复用。基于平台的设计在 SoC 设计流程中的软/硬件划分阶段进行，以提高系统性能、降低系统面积和功耗。

不同方案构建平台的效益由系统芯片的市场需求、功能要求和结构复杂度三方面来评估。SoC 平台可分为以下三类：

(1) 技术驱动类 SoC 平台：如 Xilinx 公司的 Virtex II Pro 系列。这类平台基于传统自底向上的设计方法，采用最新的、具有最高性能潜力的半导体工艺制造技术来设计。建立这类平台，设计者需要提供所有硬件、软件、通信单元和基于模块的 IP 核库，但所有组件没有按特别的风格预先组装，而是参考已有的系统体系结构模型。

(2) 结构驱动类 SoC 平台：如 ARM 公司的 ARM PrimeXsys^{TM}。这类平台根据相关的技术基础(如已有的核系列、存储器结构、片上通信标准等)，采用自内向外(middle-out)的系统级设计方法完成。这类平台提供预先验证的处理器、通信结构、RTOS、IP 核，提供针对某种目标市场应用的系统体系结构以及相关 IP 核组件如何集成到特定衍生设计的方法。这类平台可以通过增加或改造平台中已有 IP 核衍生出新的 SoC。

(3) 应用驱动类 SoC 平台：如 TI 公司的 OMAP、Philips 公司的 Nexperia 等。这类平台根据一类产品的功能需要，采用自顶向下的设计方法进行开发。平台开发者根据已开发的组件库、平台框架结构(framework)、应用接口等创造出 SoC 平台，该平台符合某一产品系列路线图要求，它包括应用接口、面向应用的实现/验证流程、公共 IP 核及特殊 IP 核等。根据该平台，通过集成其他不同特性的 IP 核可以衍生出产品系列中的不同成员。

比较而言，以上三类平台从(1)至(3)设计灵活性越小、技术更新越少，但复用性更好、设计周期更短、上市更快。

与传统的系统设计相比，SoC 设计最大的特点是软硬件协同设计。在传统系统设计中，软件团队需要等到硬件原型完成后才可以进行最终的系统集成，这样很多问题会在系统集成过程中产生，这些问题可能产生于对规范的误解、不适应的接口定义等，虽然可以通过软件递归设计消除这些错误，但这样会影响系统的性能。如果修改硬件，则会消耗额外的费用和时间，代价十分巨大。进行 SoC 设计时，应在设计阶段的早期进行软硬件集成和验证，包括软硬件划分、协同指标定义、协同分析、协同模拟、协同验证以及接口综合等方面的软硬件协同设计。

软硬件协同设计的流程为：第一步，用 HDL 语言和 C/C++语言描述系统并进行模拟仿真和功能验证；第二步，对软硬件完成功能划分、设计，将两者综合起来实现功能验证和性能验证等仿真确认；第三步，完成软件和硬件详细设计；第四步，进行系统测试。目前，软硬件协同设计依然是 SoC 设计的关键所在，如何确定最优性原则(包括面积、速度、代码长度、资源利用率和稳定性)，如何实现系统功能验证、功耗分析，这些都是在软硬件协调设计中需要探索解决的问题。

SoC 设计的第二个特点是 IP 核重用技术。由于设计复杂度的提高和产品上市时间的限制，如果任何设计都从头开始会浪费大量的物力，系统级设计采用大量的 IP 核复用，这样可以快速地完成十分复杂的设计。IP 核是满足特定规范，并能在设计中复用的功能模块。IP 核的重用不是 IP 核的简单堆砌，各个 IP 核设计完成后，当集成在一起时，会出现一些问题，尤其接口和时序问题会引起系统故障。由于集成中存在信号完整性、功耗等问题，IP 核重用不当会使 IP 核无法发挥优势，这都是在系统设计中要注意的问题。随着 SoC 越来越复杂，IP 核越来越多，在一个系统中的 IP 核一般来自于不同的供应商，而 IP 核开发者采用不同设计环境，一个 SoC 设计可能是多厂商 IP 核的组合，不同 IP 核需要满足的规范也不尽相同，必须确定相兼容的 IP 核，因此，IP 核接口标准对于高效率完成 IP 核集成、加快设计速度是十分重要的。

IP 核复用设计对 EDA 工具提出了更高的要求，需要在更高的抽象级进行设计，而且不同类型电路的 IP 核如何集成(如数字、模拟、射频 IP 核的集成)，如何进行验证，包括物理验证，尤其是时序和功耗的验证以及测试都是需要解决的问题。

SoC 最后设计的正确性被视为超大规模系统级芯片设计的重要瓶颈。对于整个 SoC 的设计过程而言，验证的工作占到整个产品开发周期的 40%～70%。对于日益复杂的片上系统，采用以往基于模拟仿真的验证方法已不再适合，需要使用更加抽象的形式验证方法和基于模拟仿真验证相结合，进行软硬件协同验证。

形式验证一般基于数学推导，实行的是形式等价性检查，它比较两种设计之间的功能等价性，形式验证不需要测试激励向量，对时序因素考虑较少，它类似于通常的定理证明。形式验证方法在 SoC 验证时的处理速度比基于模拟的方法要快很多，但它也有其功能上的局限性，它不能取代基于模拟验证的方法，只有和基于模拟验证技术一起才能完成设计的验证。

为克服传统系统设计时需要等到硬件设计完成后才能进行系统集成这一弊端，可以把系统的集成阶段移到设计周期的前期，这样就可以较早地消除系统集成的问题，可以通过创建一个软硬件协同验证环境来解决这个问题。在一个软硬件协同验证环境中，环境模型应该是周期准确且必须准确地映射 SoC 功能，同时它也应该足够快速，能够由实时操作系统和应用程序组成的软件运行，方能降低成本、提高效率。

由于 SoC 集成了含有逻辑信号、混合信号、存储器及 RF 部分的 IP 核，所以测试工作也变得很复杂，针对不同的模块会有不同的测试方法和策略，需要对它们进行协同测试和诊断，而且对于不同的 IP 核进行多次测试太过昂贵，还很有可能损坏芯片。SoC 测试需要解决的问题有：SoC 内 IP 核的测试、IP 核的访问机制和内核测试包装(即内核与环境间的接口)。

IP 核的测试主要由 IP 核设计者完成，并随 IP 核一起交给使用者。对 IP 核施加测试激励，并根据 IP 核的种类确定故障模型、测试要求和方法等。为进行可测性设计，需要在 IP 核中加入边界扫描、内建自测试等。

为了对 SoC 进行测试，需要访问嵌入在内的 IP 核，要完成对 IP 核提供测试激励和将激励响应从 IP 核传出的功能。这需要提供测试访问的路径，并设计控制模式来使用这些测试路径，这一过程称为 IP 核测试访问机理(Test Access Mechanism，TAM)。最直接的 TAM 就是传统的直接访问测试总线和边界扫描。

内核测试包装是嵌入式内核与芯片其他部分之间的接口，它将 IP 核接口连接到周围逻辑和测试访问机理。它有三个工作模式：正常操作模式、IP 核测试模式和互连测试模式。正常模式下，包装对于 IP 核与其他 IC 电路间的各种接口是透明的，不进行相关的测试工作。在 IP 核测试模式中，TAM 连接到 IP 核上，可以对 IP 核施加激励和观察其响应，完成 IP 核的测试。在互连测试模式中，TAM 连接的互连逻辑和信号线对互连提供测试数据。

由于集成电路工艺尺寸越来越小，设计规模越来越大，时钟频率越来越高，以及电压值的降低，使得互连与信号完整性在成功的芯片设计中越来越重要。互连和信号完整性不仅是决定时序的重要因素，也是影响芯片功能的重要因素。在整个芯片系统的构建过程中，还必须认真分析和控制其他一些物理因素，比如天线效应、电迁移效应、自热效应和 IR 压降效应等。

物理设计时许多设计变量是互相影响的，最重要的是如何平衡可布线性、时序和功耗三者之间的关系，优化其中任何一个可能使另外两个出现问题，这需要特别注意。时钟和电源网络会消耗大量的布线资源，对它们的规划和分析必须及早进行，以预防时序不收敛的问题。同时，版图设计引入的寄生电阻、寄生电容、寄生电感，以及封装、散热等问题在设计时都需要给予考虑，它们对 SoC 的设计也起到非常关键的作用。SoC 的设计虽然比较复杂，但是在技术上与以往的 ASIC 芯片设计相比有很大优势。微电子技术从 IC 向 SoC 的转变不仅是一种概念上的突破，同时也是信息技术发展的必然结果。它必将导致又一次的信息技术革命。

复习思考题

1. 试分析总结几种半定制专用集成电路设计方法的优缺点。
2. 简述集成电路设计流程。
3. 什么是正向设计？什么是逆向设计？二者有何区别和联系？
4. 集成电路设计中为什么需要工艺设计？
5. 集成电路设计验证的流程是什么样的？
6. 常用的硬件描述语言是什么？有何特点？
7. 什么是 ASIC？分别有哪几种 ASIC 设计方法？
8. 简单比较几种可编程逻辑设计方法的优缺点。
9. SoC 的设计包括哪些内容？

第四章　微电子制造工艺概述

集成电路制造最常用的工艺称为硅平面外延工艺。整个芯片制造过程有几千个步骤，它们可分为两个主要部分：前道和后道。在晶圆表面上形成晶体管和其他器件称为前道工艺(FEOL)；以金属线把器件连在一起并加一层最终保护层称为后道工艺(BEOL)。

集成电路晶圆的生产是指在晶圆表面上和表面内制造出半导体器件的一系列生产过程，整个制造过程从硅单晶抛光片开始，到晶圆上包含了数以百计的集成电路芯片。

大多数半导体流程都发生在硅片顶层几微米之内，要制造一块芯片，只需要多次运用有限的几种工艺，不断重复循环加工即可。在工艺循环中，工艺参数和材料、工具的变换直接影响到最终的结果。

集成电路的制造过程简单来说需要以下几道工序：① 通过版图设计产生掩膜图形数据；② 通过掩膜图形数据制得掩膜版(mask，光罩)；③ 用掩膜版加工芯片；④ 将芯片从晶圆上分离出来，封装在管壳里；⑤ 经过适当封装的芯片经检测入库或出厂。

4.1　硅平面工艺基本流程

通过不同的微电子制造工艺可加工形成不同的元器件，比如通过掺杂改变材料的电阻率以形成不同阻值的电阻；通过在 Si 晶体表面生长一层 SiO_2 膜，可将金属导线位制作在 SiO_2 上面，构成 MOS 电容器，等等。半导体元器件结构千变万化，但组成每一种主要器件和电路类型的基本结构是不变的。以电阻器为例，集成电路中的电阻器大多数都是经过氧化、掩膜和掺杂的工艺顺序生成的。典型的电阻器是哑铃形的，如图 4-1 所示，两端的矩形作为接触区，中间细长的部分起到电阻器的作用，用该区域的方块电阻和其所包含的方块数量就可以计算这个区域的阻值(方块的数量等于电阻区域的长度除以宽度)。

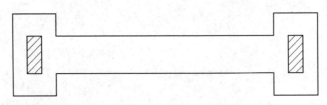

图 4-1　典型电阻器形状

一般来说，集成电路制造的工艺流程都是从晶体管开始进行的。电路设计者尽可能使每一次掺杂都生成更多的元器件。下面以 3DK2 晶体管为例，介绍硅外延平面晶体管的工艺流程，其中硅清洗工序省略(见图 4-2)。

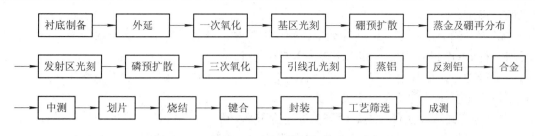

图 4-2　硅外延平面晶体管的工艺流程图

硅外延平面晶体管的工艺流程具体如下：

(1) 衬底制备：选用电阻率 ρ 为 10^{-3} $\Omega \cdot cm$，位错密度小于等于 3×10^3 个/cm^2 的 N^+ 型硅单晶，通过切、磨、抛获得表面光亮、平整、无伤痕、厚度符合要求的硅片。

(2) 外延：在衬底上生长一层 N 型硅单晶层，称为外延层。对于 3DK2 来说，外延层电阻率为 $0.8 \sim 1$ $\Omega \cdot cm$，厚度为 $7 \sim 10$ μm。

(3) 一次氧化：将硅片在高温下氧化，使其表面生成一层厚度为 $0.5 \sim 0.7$ μm 的 SiO_2 层。

(4) 基区光刻：在氧化层上用光刻方法开出基区窗口，使硼杂质通过窗口进入硅中。

(5) 硼预扩散：硼扩散是为了形成基区，通常硼扩散分为预扩散(或称预淀积)和主扩散(或称再分布)两步进行。预扩散后要求方块电阻为 $70 \sim 80$ Ω/sq。

(6) 蒸金与硼再分布：开关管要在硅片背面蒸金，金扩散与硼再分布同时进行。在高温下硼杂质进行再分布，同时，金也均匀地扩散到硅晶体中。再分布后，方块电阻为 $180 \sim 200$ Ω/sq，结深为 $2 \sim 2.5$ μm，SiO_2 层厚度为 5×10^{-7} m 左右。

(7) 发射区光刻：用光刻方法开出发射区窗口，使磷杂质沿此窗口进入硅片中。

(8) 磷预扩散：磷杂质沿发射区窗口内沉积磷原子，具有一定杂质浓度和结深。

(9) 三次氧化：三次氧化就高温下使磷杂质进行再分布，形成发射结。对样品管进行参数测试：$\beta > 30$，$BV_{CBO} > 30$ V，$BV_{CEO} > 20$ V，$BV_{EBO} > 6$ V。

(10) 引线孔光刻：刻出基区和发射区的电极引线接触窗口。

(11) 蒸铝：采用蒸发方法将铝蒸发到硅片表面，铝层要求光亮、细致，厚度应符合要求。

(12) 反刻铝：将电极以外的埋层刻蚀掉，刻蚀以后去除硅表面上的光刻胶。

(13) 合金：将硅片放在约 520℃炉内，通入氧气(含有磷蒸汽的氧气)进行合金。

(14) 中测：对制备的管芯进行测量，剔除不合格品。

(15) 划片：用划片机将硅片分成小片，每一小片有一个管芯。

(16) 烧结：用铝浆等黏结剂在高温下还原出金属银将管芯牢固地固定在管座上，也可以用金锑合金将管芯烧结在管座上。

(17) 键合：采用硅-铝丝通过超声键合等方法，使管芯各电极与管座一一相连。

(18) 封装：将管芯密封在管座中。

(19) 工艺筛选：将封装好的晶体管进行高温老化、功率老化、温度试验、高低温循环试验，从产品中除去不良晶体管。

(20) 成测：对晶体管的各种参数进行测试，并根据规定分类，对不同型号进行分类打印，然后包装入库。

从以上的硅外延平面晶体管的工艺流程可以看出，管芯的制作需要反复经过薄膜制备、光刻、掺杂和热处理工艺。

晶体管的类型决定了电路的类型。基于双极型晶体管的集成电路称双极型电路,基于任何一种 MOS 晶体管结构的电路称为 MOS 电路。

双极型电路运行速度快,还能控制漏电流,适用于逻辑电路、放大电路和转换电路,但不适宜做存储容量较大的中央存储器。

MOS 电路可以实现快速、经济的固态存储器功能,占用芯片面积小,运行过程中耗能较少。但早期的金属栅型 MOS 电路漏电流较大,参数也不易控制。

实际工作中,人们一般采用双极型电路做逻辑电路,而用 MOS 电路做存储器电路。

4.2　前 道 工 艺

集成电路芯片有成千上万的种类和功用,它们都是由为数不多的基本结构(主要是双极型结构和 MOS 结构)配以生产工艺制造出来的,类似于汽车工业。汽车工业的产品范围很广,如从轿车到推土机。但是,金属成型、焊接、油漆等工艺对汽车厂都是通用的,在汽车厂内部,无非以不同的方式应用这些基本的工艺,制造出客户希望的产品。

芯片制造也一样,制造企业使用四种最基本的工艺方法,通过大量的工艺顺序和工艺变化制造特定的芯片。这些基本工艺方法是薄膜制备(以外延、氧化、蒸发、淀积为主体)、光刻(以光刻、制版为主体)、掺杂(以热扩散、离子注入等为主体)和热处理。

4.2.1　薄膜制备

薄膜制备是指在晶圆表面形成薄膜的加工工艺,形成的薄膜可以是绝缘体、半导体或导体。

在半导体器件中广泛使用各种薄膜,例如:作为器件工作区的外延薄膜;实现定域工艺的掩蔽膜;起表面保护、钝化和隔离作用的绝缘介质薄膜;作为电极引线和栅电极的金属及多晶硅薄膜等。图 4-3 所示为 CMOS 管剖面各种薄膜示意图。

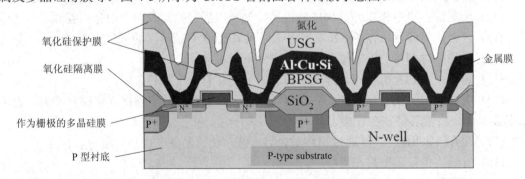

图 4-3　CMOS 管剖面各种薄膜示意图

制作薄膜的材料很多:半导体材料(如硅和砷化镓)、金属材料(如金和铝)、无机绝缘材料(如二氧化硅、磷硅玻璃、氮化硅、三氧化二铝)、半绝缘材料(如多晶硅和非晶硅)等。此外,还有目前已用于生产并有着广泛前景的聚酰亚胺类有机绝缘树脂材料等。

制备薄膜的方法也很多,概括起来可分为间接生长法和直接生长法两类。

(1) 间接生长法：制备薄膜所需的原子或分子是由含其组元的化合物通过氧化、还原或热分解等化学反应而得到的，如气相外延、热生长氧化和化学气相淀积等。这种方法由于设备简单、容易控制、重复性较好，适于大批量生产，因而在工业生产上得到广泛应用。

(2) 直接生长法：它不经过化学反应，以源直接转移到衬底上形成薄膜，如液相外延、分子束外延、真空蒸发、溅射和涂敷等。

外延是指在一定的条件下，在一片表面经过细致加工的单晶衬底上，沿其原来的结晶轴方向，生长一层导电类型、电阻率、厚度和晶格结构完整性都符合要求的新单晶层的过程。图4-4所示为复杂精密的分子束外延装置。

在有氧化剂及逐步升温条件下，经过特定方法，在光洁的硅表面上生成高纯度二氧化硅的工艺过程称为热氧化工艺。

淀积薄膜的方法有些主要基于化学过程，有些基于纯物理过程，另外一些则基于物理-化学过程。在集成电路领域中，淀积薄膜的主要方法

图4-4 复杂精密的分子束外延装置

是化学气相淀积法。化学气相淀积是利用化学反应的方式，在反应室内，将反应物(通常是气体)生成固态生成物，并淀积在硅片表面上的一种薄膜淀积技术。因为它涉及化学反应，所以又称CVD(Chemical Vapour Deposition——化学气相淀积)。化学气相淀积的方法很多，最常用的是常压化学淀积(APCVD)法、低压化学气相淀积(LPCVD)法和等离子体化学气相淀积(PCVD)法。

经过薄膜制备，生成的氧化膜和金属膜如图4-5(a)所示。

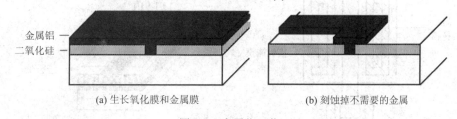

金属铝 ——
二氧化硅 ——

(a) 生长氧化膜和金属膜　　　　　　　　(b) 刻蚀掉不需要的金属

图4-5 金属化工艺

4.2.2 光刻与刻蚀

光刻是把掩膜版上的图形转换到硅片表面上的一种工艺。

光刻工艺的第一步要制备掩膜版。掩膜版是在玻璃底板表面镀铬而成的。可以想象，集成电路图形如此微小，生产它所需要的模具图形尺寸精度必然也是要求极高的。可以说，掩膜版是微电子器件制备中的关键要素，也是连接器件设计与工艺设计的主要桥梁。一个集成电路制造工艺可能需要几十块掩膜版。

每块掩膜版上的图形是集成电路的一个组成部分，例如栅电极、接触窗口、金属互连等。要制造集成电路掩膜版，在完成电路小样试验和计算模拟以后，首先要绘制总图，然

后把各道工序的分图分开。例如把栅电极、接触孔等分别刻制在各自的掩蔽纸上，通过图像显示和把几何图形用数字转换的方法转换成数字，再用它来推动计算机控制的图形发生器，图形发生器能将设计特性直接转换到硅片上。通常用图形发生器来制版，再利用制出来的版进行光刻。光刻是通过一系列生产步骤将晶圆表面薄膜的特定部分除去的工艺，如图 4-5(b)所示。完整的光刻工艺应包括光刻和刻蚀，随着集成电路生产在微细加工的进一步细分，把刻蚀分出去另成一个工序。

　　光刻版制好后，通过连续的转换，把每一块光刻版上的图形都一一套准到硅片表面，然后进行光刻。晶圆上的最终图形是用多个掩膜版按照特定的顺序在晶圆表面一层一层叠加建立起来的。图 4-6 所示为一个 MOS 管需要的 5 块掩膜版。

　　光刻前首先要把光敏聚合物涂到硅片上并烘干(前烘)，因为这种聚合物材料是阻止腐蚀工艺的，所以它们被称为抗蚀剂。再用具有一定图形的光刻版作掩蔽，用紫外光或其他辐照进行曝光。然后在显影液中进行显影，得到光敏聚合物材料的图像。光刻后的晶圆表面会留下带有微图形结构的薄膜，随着使用的光刻胶是正胶还是负胶，被除去的部分可能形状是薄膜内的孔或是残留的岛状部分，图 4-7 所示为正胶和负胶进行图形转移的示意图。显影液中去掉的是曝光部分还是非曝光部分由所用的光敏聚合物的性质决定。如果使抗蚀剂进行物理或化学作用的是光能，则这种抗蚀剂称为光致抗蚀剂。此外还有对电子束、X射线和离子束敏感的抗蚀剂。显影之后进行腐蚀，然后进行掺杂、氧化和金属化等工作，最终形成电路。

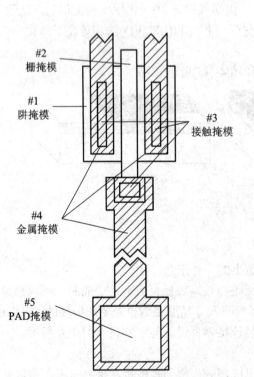

图 4-6　一个 MOS 管需要的 5 块掩膜版

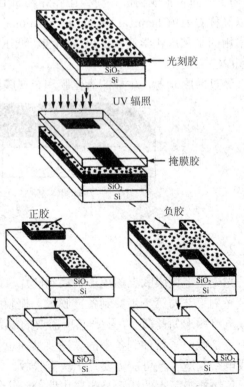

图 4-7　正胶和负胶进行图形转移示意图

光刻中使用曝光机要完成两项工作。第一把硅片和掩膜严格夹紧,并且使掩膜版上的图形和硅片上原有的图形严格对准。在对准过程中必须做必要的机械运动,所以曝光机有时也称为直线对准器。第二提供一个对抗蚀剂进行曝光的光源。曝光可以通过掩膜进行,也可以直接扫描,例如电子束曝光机就能直接扫描曝光。曝光机的特性常用三个参量描述:分辨率、套准和生产率。分辨率用重复曝光、显影,最后得到的抗蚀剂的特征尺寸来定义;套准是测量紧靠的两块掩膜图形的覆盖情况;生产率是指每小时曝光的硅片数目。

在集成电路生产中使用的主要曝光设备是利用紫外光的光学系统,它能得到 1 μm 的分辨率、±0.5 μm 的套准精度和每小时曝光 100 片的生产率。电子束曝光系统的分辨率小于 0.5 μm,套准精度为 ±0.2 μm。X 射线光刻系统有 0.5 μm 的分辨率,±0.5 μm 的套准精度。

通常把光刻和制版称为图形加工技术,主要指在半导体基片表面,用图形复印和腐蚀的办法制备出合乎要求的薄膜图形,以实现选择扩散(或注入)、金属膜布线或表面钝化等目的。因为光刻和制版决定了管芯的横向结构图形和尺寸,是影响分辨率以及半导体器件成品率和质量的重要环节之一,所以在微细加工技术中被认为是核心的问题。

集成电路的集成度越来越高,特征尺寸越来越小,晶圆圆片面积越来越大,给光刻技术带来了很高的难度。通常人们用特征尺寸来评价集成电路生产线的技术水平,如 0.18 μm、0.13 μm、0.1 μm 等。特征尺寸越来越小,对光刻的要求更加精细。

图形加工的精度主要受光掩膜的质量和精度、光致抗蚀剂的性能、图形的形成方法及装置精度、位置对准方法及腐蚀方法、控制精度等因素的影响。

光刻的目的是要把掩膜版上的图形转换到硅片表面上去,不同曝光方法的工艺过程也不同。在集成电路制造中要经过多次光刻,完整的光刻工艺必须尽可能做到无缺陷,如果芯片位置的 10%有缺陷,则每道转换工艺得到 90%的成品率,经过 11 道光刻工艺后,只剩下 31%的芯片能正常工作。缺陷能影响其他各道工序,如果不采取补救措施,则最后成品率很容易变成零。因此光刻是平面工艺中十分重要的一步,对清洁度要求特别高,一般在超净间或超净台中进行。因为光致抗蚀剂对大于 5×10^{-7} m 波长的光不敏感,所以光刻间通常用黄光照明。虽然集成电路生产中的多次光刻各次的目的、要求和工艺条件都有所差别,但其工艺过程基本上是一样的。光刻工艺都需经过涂胶、前烘、曝光、显影、坚膜、刻蚀和去胶七个步骤的工艺流程。

1. 涂胶

涂胶前的硅片表面必须是清洁干燥的,最好在氧化或蒸发后立即涂胶,防止硅片表面沾污,如果硅片搁置太久,或光刻处理不良返工,则都要重新清洁处理后再涂胶。

涂胶就是在晶圆 SiO_2 薄膜或金属薄膜表面,涂一层黏附性良好,厚度约 1 μm 的均匀光刻胶膜。涂胶一般采用旋涂法,利用光刻胶的表面张力和旋转产生的离心力的共同作用,将光刻胶在晶圆表面铺展成厚度均匀的胶膜。对胶膜厚度的工艺要求是胶膜厚度适当,膜层均匀,黏附性良好。胶膜太厚或太薄都不好,太厚会导致分辨率下降(一般分辨率为膜厚的 5~8 倍),太薄针孔多,抗蚀能力差。

2. 前烘

前烘又称预烘、软烘焙,是指在一定温度下,使胶膜里的溶剂蒸发掉一部分,使胶膜稍干燥,成"软"的状态,以增加与晶圆圆片的黏附性和耐蚀性。前烘的温度和时间要求适当，温度过高或时间过长，光刻胶产生热交联，会在显影时留下底膜，或者光刻胶中的增感剂挥发造成灵敏度下降；温度过低，前烘不足，抗蚀剂中有机溶剂不能充分逸出，残留的溶剂分子会妨碍交联反应，造成针孔密度增加、浮胶或图形变形等现象；时间过短，光刻胶骤热，会引起表面发泡或浮胶。前烘的温度和时间一般通过实验确定，随胶的种类和膜厚而有所不同，通常前烘在 80℃ 恒温干燥箱中烘 10～15 min，也有用红外灯烘焙的，胶膜里外干燥，效果较好。

3. 曝光

曝光是对涂有光刻胶的晶片进行选择性的光化学反应，使曝光部分的光刻胶在显影液中的溶解性改变，经显影后在光刻胶膜上便得到和掩膜相对应的图形，如图 4-8(a)所示。曝光常采用紫外光接触曝光方法，其基本步骤是定位对准和曝光。定位对准是使掩膜版上的图形与晶片上原有的图形精确套合，因此要求光刻机有精密的微调和压紧机构，并有合适的光学观察系统。曝光量的选择决定于光刻胶的吸收光谱、配比、膜厚、光源的光谱成分等因素。另外还要考虑到衬底的光反射特性。在生产实践中，一般通过实验来确定最佳曝光时间。

4. 显影

显影有湿法显影和干法显影两种，湿法显影是把曝光以后的晶片放在显影液里，把应去除的光刻胶膜溶解去除干净，以获得腐蚀时所需要的被抗蚀剂保护的图形，如图 4-8(b)所示。显影液的选择要求对需要去除的胶膜溶解度大，溶解得快，对需要保留的胶膜溶解度极小，并要求显影液里有害杂质少，毒性小。对于不同的光刻胶，要求选用不同的显影液。

湿法显影存在图形膨胀、收缩之类的变形问题，随着超大规模集成电路图形的微细化，提出了干法显影工艺。其基本原理是利用抗蚀剂的曝光部分和非曝光部分在特定的气体等离子体中有不同的反应，没有曝光的部位坚膜中抗蚀剂聚合物蒸发而厚度减少 40%～45%，但曝光部位不蒸发、厚度也不变。在其后的显影中，未曝光部分比曝光部位腐蚀速率快很多，这样使未曝光部位的抗蚀剂很快全部去除，而曝光部位尚有 85% 以上厚度的抗蚀剂留下(称为留膜率)，达到了显影的目的。

显影时间过长，会使胶膜软化膨胀，图形边缘发生钻溶而影响分辨率，甚至出现浮胶。显影不足可能在应去除光刻胶的区域残留抗蚀剂底膜，造成腐蚀不彻底，产生花斑状氧化层小岛，还会使图形边缘出现过渡区，从而影响分辨率。因此，显影时间一般由实验确定，随抗蚀剂的种类、膜厚、显影液种类、显影温度和操作方法不同而不同。

显影后，一般应在显微镜下认真检查图形是否套准，边缘是否整齐，有无残胶、皱胶、浮胶和划伤等，如有不合格的片子，应进行返工。

5. 坚膜

坚膜又称后烘、硬烘焙，是在一定温度下，将显影后的片子进行烘焙，除去显影时胶膜所吸收的显影液和残留水分，改善胶膜与晶片间的黏附性，增强胶膜的抗蚀能力。

坚膜的温度和时间要适当，若坚膜不足，膜的强度低，腐蚀时容易产生浮胶；若坚膜过度，则抗蚀剂膜会因热膨胀而翘曲或剥离，腐蚀时产生钻蚀或浮胶。坚膜温度过高还可能引起聚合物发生分解，降低黏附性和抗蚀能力。

6. 刻蚀

刻蚀就是用适当的方法，对未被胶膜覆盖的 SiO_2 或其他薄膜进行腐蚀，形成与胶膜相对应的图形，以便进行选择性扩散或金属布线等工序，如图 4-8(c)所示。

7. 去胶

去胶就是去除光刻胶，如图 4-8(d)所示，在光刻图形腐蚀出来后，把覆盖在图形表面上的光刻胶膜去除干净。其主要方法有：溶剂去胶、氧化去胶和等离子去胶。

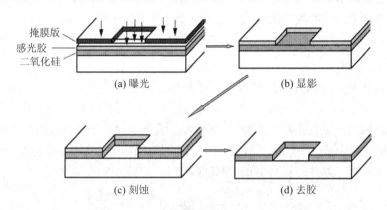

图 4-8 光刻和刻蚀

综上所述，整个光刻工艺过程的目标主要有以下两个：

(1) 在晶圆表面建立尽量能接近设计规律中所要求尺寸的图形；

(2) 在晶圆表面正确定位图形。

整个电路图形必须被正确地定位于晶圆表面，电路图形上单独的每一部分之间的相对位置也必须是正确的。光刻生产根据电路设计的要求，生成尺寸精确的特征图形，且在晶圆表面的位置要正确，而且与其他部件的关联也要正确。

基本光刻工艺是半导体工艺过程中非常重要的一道工序。四个基本工艺中光刻是最关键的工艺，光刻确定了器件的关键尺寸。光刻过程中的错误可造成图形歪曲或套准不好，最终可转化为对器件的电特性产生影响，图形的错位也会导致类似的不良结果。光刻工艺中的另一个问题是缺陷。光刻是在极微小尺寸下完成的，在制造过程中的污染物会造成缺陷，因为光刻在晶圆生产中要完成 5~20 层或更多，所以污染问题将会放大。由于最终的图形是用多个掩膜版按照特定的顺序在晶圆表面一层一层叠加建立起来的，所以对图形定位的要求很高，而光刻蚀工艺过程的变异在每一步都有可能发生，对特征图形尺寸和缺陷水平的控制非常重要也非常困难。光刻工艺的不完备也因此成为半导体过程中的一个主要的缺陷来源。

4.2.3 掺杂

掺杂就是用人为的方法，将所需要的杂质，以一定的方式掺入到半导体基片规定的区域内，并达到规定的数量和符合要求的分布。掺杂是将特定量的杂质通过薄膜开口引入晶圆表层的工艺过程。通过掺杂，可以改变半导体基片或薄膜中局部或整体的导电性能，或者通过调节器件或薄膜的参数以改善其性能，形成具有一定功能的器件结构。

一种较为古老的掺杂方法是合金法，至今还在某些器件生产中使用。此外，常用的掺杂方法有热扩散法和离子注入法。

1. 合金法

合金法制作 PN 结是利用合金过程中溶解度随温度变化的可逆性，通过再结晶的方法，使再结晶层具有相反的导电类型，从而在再结晶层与衬底交界面形成所要求的 PN 结。

2. 热扩散法

热扩散法是在 1000℃左右的高温下发生的化学反应。晶圆暴露在一定掺杂元素气态下，气态下的掺杂原子通过扩散、化学反应迁移到暴露的晶圆表面，形成一层薄膜。在芯片应用中，热扩散法又被称为固态扩散法，因为晶圆材料是固态的。热扩散法是一个化学反应过程。

3. 离子注入法

离子注入法是一个物理反应过程。晶圆被放在离子注入机的一端，气态掺杂离子源在另一端，掺杂离子被电场加到超高速，穿过晶圆表层，好像一粒子弹从枪内射入墙中。

掺杂工艺的目的是在晶圆表层建立兜形区，或是富含电子(N 型)或富含空穴(P 型)，这些兜形区形成电性活跃区和 PN 结，在电路中的晶体管、二极管、电容器、电阻器都依靠它工作。图 4-9 所示为具有掺杂区的 CMOS 结构。

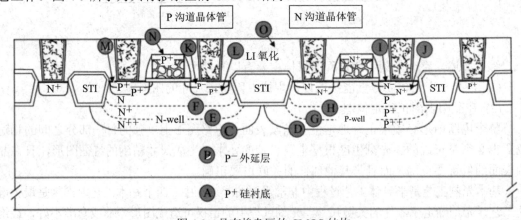

图 4-9　具有掺杂区的 CMOS 结构

(图中 A、B、C、D、E、F、G、H、I、J、K、L、M、N 均为不同掺杂层)

掺杂技术能起到改变某些区域中的导电性能等作用，是实现半导体器件和集成电路纵向结构的重要手段。另外，它与光刻技术相结合，能获得满足各种需要的横向和纵向结构图形。半导体工业利用这种技术制作 PN 结、集成电路中的电阻器、互连线等。

4.2.4　热处理

热处理是简单地将晶圆加热和冷却来达到特定结果的工艺过程。热处理过程中晶圆上没有增加或减去任何物质，另外，会有一些污染物和水汽从晶圆上蒸发。

热处理主要用途有以下三个：

(1) 退火：指在离子注入制程后进行的热处理，温度在 1000℃左右，以修复掺杂原子的注入所造成的晶圆损伤。

(2) 确保良好的导电性：金属会在 450℃热处理后与晶圆表面紧密熔合。

(3) 去除光刻胶：通过加热在晶圆表面的光刻胶将溶剂蒸发掉，从而得到准确的图形。

4.3 后 道 工 艺

4.3.1 测试

集成电路的生产，要经过几十步甚至几百步的工艺，其中任何一步的错误，都可能是最后导致器件失效的原因。同时版图设计是否合理，产品可靠性如何，这些都要通过集成电路的参数及功能测试才可以知道。以集成电路由设计开发到投入批量生产的不同阶段来分，相关的测试可以分为原型测试和生产测试两大类。

原型测试用于对版图和工艺设计的验证，这一阶段的测试，要求得到详细的电路性能参数，如速度、功耗、温度特性等。同时，由于此时引起失效的原因可能是多方面的，既有可能是设计的不合理，也可能是某一步工艺引发的偶然现象，功能测试结合其他手段，如电子探针、扫描电镜等，可以更好地发现问题。

对于生产测试而言，它又不同于设计验证，由于其目的是为了将合格品与不合格品分开，测试的要求就是在保证一定错误覆盖率的前提下，在尽可能短的时间内进行通过/不通过的判定。为了降低封装成本，使用探针卡对封装前的圆片进行基本功能测试，将不合格品标记出来，这在封装越来越复杂、占整个 IC 成本比重越来越大的情况下，以及多芯片组件的生产中尤为重要。封装完成后，还必须进行成品测试。由于封装前后电路的许多参数将有较大的变化，如速度、漏电等，许多测试都不在圆片测试阶段进行。同样，成品测试也是通过/不通过的判断，但通常还要进行工作范围、可靠性等的附加测试，以保证出厂的产品完全合格。

传统的可靠性测试在 IC 整个生产流程的最后进行，期间许多导致器件失效的因素不能被及时地发现，并且由于工艺步骤繁多，相互间影响复杂，很难从最后的测试中准确分析出影响产品合格率的具体原因。由此，在线工艺监控和测试结构被广泛地应用在主流 IC 生产中。

通常认为影响 IC 产品质量和可靠性的因素包括：工艺容限、生产控制、工艺间相互影响以及实时工艺监控。由于 IC 向低工作电压、小尺寸方向不断发展，其工艺间的相互影响、器件参数以及成品 IC 的行为都更显突出，严格的工艺控制也越发重要。IC 生产者用在硅片上做测试结构的方式来进行工艺及参数控制。测试结构可以是单独的测试单元，也可以分布在整个圆片上以插花形式存在。测试结构的用途，可以分为器件参数提取、设计规则验证、工艺参数提取、随机错误分析、可靠性分析，以及电路参数提取。

探查集成电路前道加工的各步骤是否符合工艺要求，比如样品的组成、结构、线条的大小等，需要用各种物理手段(比如扫描电镜、X 射线、电子束等)来进行，属于半导体生产中的质量检测，而通常讲的集成电路测试是指后道测试，一般分为中测和成测。中测即中间测试，是指集成电路晶圆制造完成之后，对圆片上的芯片进行的电测试。成测指成品测试，是电路封装好以后的性能测试。

集成电路的测试直接关系到产品的成本和可靠性，尤其在集成电路规模越来越大，功能越来越强的今天，测试技术对于集成电路的重要性日益提高。测试技术不成熟，就不能保证产品的质量，如何在较短时间内对每个芯片和成品电路进行功能和性能的测试，是一门专门的学问。

4.3.2　封装

封装是利用某种材料将芯片保护起来，并与外界环境隔离的一种加工技术。大多数情况下，完成了晶圆上的芯片制造，需要将其封装以后，才能应用于电子电路或电子产品中。

微电子封装功能通常有五种：电源分配、信号分配、散热通道、机械支撑和环境保护。通过封装，使管芯有一个合适的外引线结构，提高散热和电磁屏蔽能力，提高管芯的机械强度和抗外界冲击能力等。

微电子的封装史从晶体管出现就开始了。20世纪50年代以三根引线的TO(Transistor Outline——晶体管外壳)型金属-玻璃封装外壳为主，后来又发展出金属管壳封装、塑料封装、陶瓷封装和表面安装技术(SMT)等，随着每块集成电路芯片上器件数目的增长和器件性能要求的提高，封装设计面临更大的挑战。

集成电路的封装形式从晶体管的TO封装发展到今天的BGA封装、MCM封装，各个时期各种芯片的发展，都是追随集成电路芯片的发展。所以，集成电路的尺寸、功耗、I/O引脚数、电源电压、工作频率是影响微电子封装技术发展的主要内因。芯片面积更大、功能更强、结构更复杂、I/O引脚数更多、工作频率更高，特别是市场竞争加剧，使微电子封装呈现出I/O引脚数急剧增加(塑封BGA可达2600个引脚)，封装更轻、更薄、更小，电、热性能更高，可靠性更高，安装使用更方便，向表面安装式封装(SMP)方向发展的诸多特点。图4-10所示为MCM封装的内部图。

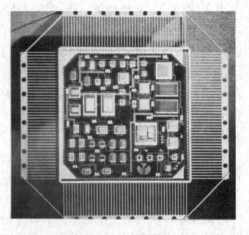

图4-10　MCM封装的内部图

常见的微电子封装形式简单介绍如下：

(1) 玻璃封装。小功率二极管大多采用玻璃封装。玻璃既可保护管芯不受外界环境影响，又可对管芯表面起钝化作用。封装时先将玻璃粉加水调成糊状，涂敷在管芯及两侧的圆杆状引线上，送入链式炉，经650～700℃烧结十分钟左右即可。若将玻璃钝化工艺与塑封技术相结合，则既可实现玻璃封装的高稳定性、可靠性，又可大大降低成本，这种封装形式正逐步代替玻璃封装。

(2) 金属管壳封装。晶体管普遍采用金属管壳封装。金属管壳坚固耐用、抗机械损伤能力强、导热性能良好，还有电磁屏蔽作用，可防止外界干扰。

(3) 塑料封装。塑料封装是利用某些树脂和特殊塑料来封装集成电路的方法。塑料封装的特点是价格低廉、体积小、重量轻，如图4-11所示。用于塑料封装的主要有机硅和环氧类。有机硅酮树脂固化后有优良的介电性能及化学稳定性，高温、潮湿情况下介电常数变化不大，可在200～250℃条件下长期工作，短期可在300～400℃条件下工作，具有一定抗辐射能力；缺点是与金属、非金属材料黏结不好。环氧类物质具有较高的黏结性，介电损耗低，绝缘性、耐化学腐蚀性及机械强度比较好，成型后收缩性小，有一定的抗辐射、抗潮湿能力，耐温到 150℃左右；但高频性能及抗湿性能不佳。塑料封装 DIP 工艺示意图如图 4-12 所示。

图 4-11　塑料封装

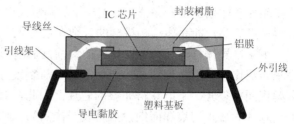

图 4-12　塑料封装 DIP 工艺示意图

（4）陶瓷封装。陶瓷封装是利用陶瓷管壳进行器件密封的。其特点是体积小、重量轻，能适合电子计算机和印制电路组装的要求，而且管壳对电路的开关速度和高频性能影响很小，封装工艺也比金属管壳封装简便得多，绝缘性、气密性、导热性都比较好，但成本较高。对于那些可靠性要求特别高的 IC 或芯片本身成本较高的器件，才用陶瓷封装。陶瓷封装有两种形式：扁平结构和双列直插结构。

（5）表面安装技术(SMT)。SMT 包括元器件的安装、连接和封装等各种技术，是高可靠、低成率、小面积的一种封装或组装技术。它利用钎焊等焊接技术将微型引线或无引线元件直接焊接在印制板表面，如图 4-13 所示。元器件贴装形式有单面贴装和双面贴装两种。在高可靠电子系统中常采用陶瓷基板。

图 4-13　SMT 封装的集成电路

封装的基本工艺流程为：底部准备→划片→取片→镜查→粘片→内引线键合→表面涂敷→封装前检查→封装→电镀→切筋成型→外部打磨→封装体印字→最终测试。

1. 底部准备

底部准备包括底部磨薄和去除底部的受损部分及污染物，某些芯片底部还要求镀一层金(利用蒸发或溅射工艺完成)。加工过程中晶圆圆片不宜过薄，厚度一般为 55～65 丝。厚的硅片会使后道加工不便，需要底部磨薄。同时，底部磨薄还可以减少串联电阻，且有利于散热。磨薄须将正面保护起来，方法是在正面涂一层薄光刻胶或粘一层和晶片大小尺寸相同的聚合膜，借助真空吸力来吸住硅片。将圆片的正面粘贴在片盘上后，用金刚砂加水进行研磨，一般磨掉 20～30 丝。减薄后去除正面的保护膜，比如用三氯乙烯去白腊。

蒸金可以减少串联电阻，使接触良好，同时也便于焊接。蒸金方法与蒸铝类似，仅是蒸发源不同而已。

2. 划片

利用划片锯或划线-剥离技术将晶片分离成单个芯片。划片有两种方法：划片分离或锯片分离。

1) 划片分离

将晶片在精密工作台上精确定位，用尖端镶着钻石的划片器从划线的中心划过，划片器在晶片表面划出了一条浅痕。当加压的圆柱滚轴滚过晶片表面时，晶片将沿划痕分离开。分裂是沿着晶片的晶体结构进行的，会在芯片上产生一个直角的边缘。

由于半导体材料具有各向异性的特性，因此在划片时，一般平行于<111>晶向的表面上，力求刀痕比较平坦、连续，才能使沿划痕断裂较方便。一旦划片偏离此晶向，硅片就会沿着解理面而裂开，不能获得完整的芯片。因此，对于划片分离要调整好晶向，不能随意划片。划片时要求刀痕深而细，而且要一次定刀，这样碎片少，残留内部应力小。因此，刀尖要求极细而锋利，刀具安装必须注意刀刃方向，要求严格与划线方向一致。

划片分离的具体操作步骤如下：

(1) 把硅片放在划片机载板上，用吸气泵吸住，调节金刚刀压力，用显微镜观察刀刃的走向是否偏离划片中心定位并适当调整。

(2) 用刀刃沿锯切线划线。先划一个方向，然后再转90º划另一个方向。有些划片机安装有自动步进设备和自动调压装置，以提高划片精度和质量。

(3) 取下硅片，放在塑料网格中，浸入丙酮进行超声波清洗，去除表面残屑，最后烘干。

(4) 把硅片放在橡皮垫板上，用玻璃棒在硅片背面轻轻辗过，硅片就裂成单个独立的芯片。

划片时应注意：硅片固定在载板上一定要牢固，不能对硅片表面带入任何损伤，金刚刀要经常修磨，保持刀尖锋利，严格对准划片槽进行划片。

金刚刀划片虽然工艺简单，但是，随着集成度越来越高，线条越来越细，常用激光划片代替金刚刀划片。

激光划片是用高能量的激光束，在硅片背面沿划片槽打出小孔(类似邮票孔)，然后用同样方法裂成小管芯。由于激光束小于 10 μm(金刚刀刀痕为 20～25 μm，划片时两边的损伤及裂缝有 20～30 μm)，因此，大大减少了划线的损伤区，而且作用时间很短，不至于影响不同器件的性能，对提高器件的可靠性大有好处。激光划片用红外显微镜来对准，从背面进行打点。

2) 锯片分离

对于厚晶片，常采用锯片分离法。锯片机由可旋转的晶片转台、自动或手动的划痕定位影像系统和一个镶有钻石的圆形锯片组成。用钻石锯片从芯片划过，锯片降低到晶片的表面划出一条深 1/3 晶片厚度的线槽。然后用圆柱滚轴加压法将芯片分离成单个芯片，也有直接用锯片将晶片完全锯开的。锯片分离法划出的芯片边缘较好，裂纹和崩角也较少，所以在划片工艺中锯片分离法是首选方法。

3. 取片

划片后，从分离出的芯片中挑选合格的芯片(非墨点芯片)。划片时将芯片黏结在一层塑料薄膜上，加热使薄膜受热膨胀向四周拉伸，粘在薄膜上的芯片随之分割开来，称为绷片技术。常用这种方法辅助取片工艺。

手动模式中，操作工用真空吸笔将一个个非墨点芯片取出放入一个区分的托盘中。

自动模式中，真空吸笔会自动拣出合格品芯片并将其置入下一工序中分区的托盘里。

4. 镜检

在划片与裂片之后，还要对那些合格的芯片进行镜检。所谓镜检，就是经过光学仪器(如显微镜)的目检，来确定边缘是否完整，有无污染物及表面缺陷，剔除不合格芯片，提高器件的可靠性。

镜检工作显然十分单调而简单，但对于质量从严把关和质量反馈，开展全面质量管理(TQC)，镜检工作是很重要的一个环节。

5. 粘片

粘片是将芯片和封装体牢固地连接在一起。同时还能把芯片上产生的热传导到封装体上。

粘片要求永久性的结合，不会在流水作业中松动或变坏，或者在使用中松动或失效。尤其对应用于很强的物理作用下，例如火箭中的器件，此要求显得格外重要。

粘片剂的选用标准应为不含污染物、加热时不释放气体、高产能、经济实惠。目前有两种最主要的粘片技术：低熔点融合法和银浆粘贴法。

1) 低熔点融合法

金的熔点为 1063℃，硅的熔点为 1415℃，而金和硅混合，在 380℃时就可以溶解成合金。在粘片区域沉积或镀上一层金和硅的合金膜。然后对封装体加热，使合金融化成液体；把芯片安放在粘片区，经研磨，将芯片与封装体表面挤压在一起，冷却整个系统，这就完成了芯片与封装体的物理性与电性的连接。

2) 银浆粘贴法

采用渗入金属(如金或银)粉的树脂作为黏合剂。一开始先用针形的点浆器或表面贴印法在粘片区沉积上一层树脂黏合剂。芯片由一个真空吸笔吸入粘片区的中心，向下挤压芯片以使下面的树脂形成一层平整的薄膜，最后烘干。将芯片放入烤炉内，升至特定温度，完成对树脂黏结点的固化。

树脂粘贴法经济实惠，易于操作，容易实现工艺自动化，缺点是在高温时树脂容易分解，黏结点的结合力不如金-硅合金牢靠。

成功的粘片应包括以下三个方面：

(1) 芯片在粘片区持续良好的位置摆放和对正；

(2) 与芯片接触的整个区域形成牢固、平整、没有空洞的粘片膜；

(3) 粘片区域内没有碎片或碎块。

6. 内引线键合

将半导体器件芯片上的电极引线与底座外引线连接起来的过程，就是内引线键合，又称打线工艺。这道工艺是封装流程中最重要的一步。

随着半导体器件和工艺的不断发展，内引线焊接工艺也从早期的烧结镍丝(合金管)和拉丝(合金扩散管)，逐步发展到热压焊接和超声键合。尤其是随着集成电路的迅速发展，焊接工艺又发展到载带自动焊(TAB 焊)。

1) 线压焊

通常采用一条直径为 0.7～1.0 mil 的细线，先压焊在芯片的压焊点上，然后延伸至封装框架的内部引脚上，再将线压焊至内部引脚上，最后线被剪断。在下一个压焊点重复整个过程。

线压焊概念上虽然很简单，但定位精确度要求高，线头压焊点电性连接要好，对延伸跨度的连线要求保持一定的弧度且不能扭结，线与线间要保持一定的安全距离。理想的引线材料应具备的特点有：能够与半导体材料形成低阻接触；电阻率低，有良好的导电性能；与半导体材料之间结合力强；化学性能稳定，不会形成有害的金属间化合物；可塑性好，容易焊接；在键合过程中能保持一定的几何形状等。

线压焊材料通常选用金线或铝线，这两种材料的延展性强、导电性好，牢固可靠，能经受住压焊过程中产生的变形。

(1) 金线压焊法。

金的化学稳定性、延展性、抗拉性好，同时又容易加工成细丝，是迄今为止公认的常温下最好的导体，导热性也极好，又能抗氧化和腐蚀，因此，常把金丝作为首选引线材料。不过，金丝容易与蒸发铝电极在高温(200℃)时，相互作用形成金属化合物 "紫斑"。"紫斑" 使导电性能降低，也易造成碎裂而脱键，因而使用金丝时应尽量避免金铝系统。在多层结构电极中，导电层大多采用金，因而可采用金-金结合。

金线压焊有两种方法：热挤压法和超声波法。

热挤压法又称 TC 压焊法，先将封装体在卡盘上定位，然后将封装体连同芯片加热到 300～350℃之间，芯片经过粘片工艺固定在框架上，被压焊的金线穿过毛细管(见图 4-14)。用瞬间的电火花或很小的氢气火焰将金线的线头熔化成一个小球，将带着线的毛细管定位在第一个压焊点的上方。毛细管往下移动，迫使熔化了的金球压焊在压焊点的中心。在两种材料之间形成了一个牢固的合金结。这种压焊法通常称为球压焊法。芯片上的球压焊结束后，毛细管移到相应的内部引脚处，同时引出更多的金线。同样，在内部引脚处，毛细管向下移动，金线在热和压力的作用下熔化到镀有金层的内部引脚上。电

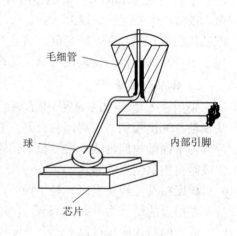

图 4-14 金球压焊

火花或小氢气焰对金线头进行加工，为下一个压焊点做出金球。持续进行整个步骤，直至完成所有的压焊点及其对应的内部引脚的连接。

超声波法与热挤压法操作步骤相同，不同的是工作温度可以更低。通过毛细管传到金线上的脉冲超声波能量，足以产生足够的热量和摩擦力来形成一个牢固的合金焊点。

大多数金线压焊的生产是用自动化的设备来完成的，这些设备使用复杂的技术来定位压焊点和把线引至内部引脚。最快的打线机可在一小时内压焊上千个点。

(2) 铝线压焊法。

尽管铝线没有像金线那样好的传导性和抗腐蚀性，但仍然是一种重要的压线材料。铝的优点是成本低，及其与压焊点属同一种金属材料，不容易受腐蚀且压焊温度较低，这与

使用树脂黏合剂粘片的工艺更兼容。

　　铝线压焊的主要步骤与金线压焊大致相同,不同的是形成压焊结的方式。当铝线定位至压焊点上方时,一个楔子向下将铝线压到压焊点上,同时有一个超声波的脉冲能量通过楔子传递来形成焊结(见图 4-15)。焊结形成后,铝线移到相应的内部引脚上,形成另一个超声波辅助的楔压焊结。这种形式的压焊通常称为楔压焊。压焊结束后,线被剪断。金线压焊中,在封装体处于固定的位置下,毛细管可以自由地在压焊点与内部引脚之间移动。铝线压焊中,每次单个的压焊步骤完成后,封装体必须被重新定位,压焊点与内部引脚之间的对正要与楔子和铝线的移动方向一致。大多数铝线压焊的生产仍是由高速的机器来完成的。

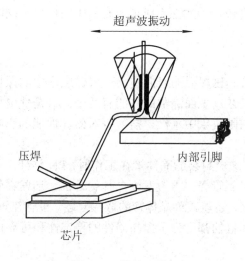

图 4-15　铝线压焊

2) 反面球压焊

　　线压焊每一个连接点处均有电阻;如果线与线靠得太近,则可能会造成短路;另外,每个线压焊要求有两个焊点,并且一个接着一个,这些限制了线压焊的发展。为解决这个问题,人们用沉积在每个压焊点上的金属突起物来替代金属线,把芯片翻转过来后对金属物的焊接实现了封装体的电路连接,如图 4-16(a)所示。每个金属突起物对应封装器件内部的一个引脚。封装体可以做得更小,电阻可以降到最低,连线也可以做到最短。

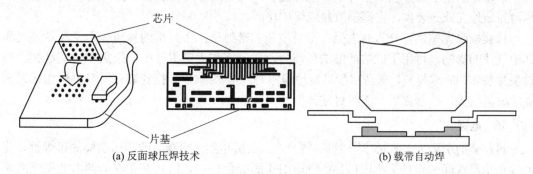

(a) 反面球压焊技术　　　　　　　　　　　(b) 载带自动焊

图 4-16　反面球焊接和载带自动焊

3) 载带自动焊(TAB 焊)

TAB 焊接技术包括载带内引线与芯片凸点间的内引线焊接和载带外引线与外壳或基板焊区之间的外引线焊接两大部分，还包括内引线焊接后的芯片焊点保护及筛选和测试等。

系统所要使用的金属通过喷溅法或蒸发法沉积到载带上，使用机械压模方法制造一条连续的带有许多单独引脚系统的载带，芯片定位在卡盘上，载带的运动由链轮齿的转动来带动，直至精确定位在芯片的上方进行压焊，如图 4-16(b)所示。

TAB 方法有两种键合方式：一种是利用热压将镀金的铜箔针与键合点键合；另一种是利用低共熔焊接将镀锡的铜箔针与镀金的键合点键合。铜箔带上有定位孔，计算机控制机械定位装置将铜箔引线针与芯片或基座键合点对准，然后键合。

TAB 焊的优点是速度快，一次性完成了所有引脚的焊接，同时载带和链齿轮的自动控制系统易于操作。

7. 表面涂敷

表面涂敷工艺指在管芯压焊后的表面覆盖一层黏度适中的保护胶，经热固化后，牢固地紧贴在管芯表面上的工艺。表面涂敷的目的有两个：一是使电极与引出线之间的连接更加牢固可靠；二是避免周围气氛中水汽、盐雾等对器件性能的影响。表面涂敷可以保护管芯、表面和固定内引线。

玻璃的导热性较差，玻璃封装的晶体管在工作时，PN 结处产生的热量通过周围涂料的热传导作用而将热量散发到管壳，再散发到晶体管外部。通常在管壳内填充一种涂料，它能将晶体管管芯保护起来，还能改善晶体管的散热问题。也有在管壳内放置一小块分子筛，或通氯气及抽真空的，其目的都是为了提高器件的稳定性和可靠性。

8. 封装前检查

在线压焊完成后进行检查，目的是对已进行的工艺质量进行反馈，同时挑出那些可靠性不高的待封装芯片，避免芯片在使用过程中失效。

检查分商用级标准和军用级标准，内容包括芯片的粘片质量，芯片上压焊点和内部引线上打线的位置准确度、压焊球和楔压结的形状，质量及芯片表面完好度、有无污染、划痕等。

9. 封装

封装体的电子部分包括粘片区、压焊线、内部引脚及外部引脚，除此之外的其他部分称为封装外壳或封装体，它提供散热或保护功能。

封装按照完整性可分为两大类：密封型和非密封型。密封型的封装体不受外界湿气和其他气体的影响，可用于非常严酷的环境中，如火箭和太空卫星中。金属和陶瓷是制造密封型封装体的首选材料。非密封型准确地说应是"弱密封性"，指封装体材料由树脂或聚酰亚胺材料组成，通常称为"塑料封装体"。

10. 电镀

封装体的引脚大多被镀上一层铅-锡合金。引脚电镀上金属，改善了引脚的可焊性，使器件与电路板间的焊接更牢固可靠；同时对引脚提供保护，防止其在存储期内被氧化或腐蚀，免受在封装和电路板安装工艺期间的腐蚀剂的侵蚀。常用的电镀方法有电解电镀(镀金和锡)和铅-锡焊接层。

电解电镀工艺，封装体被固定在支架上，每个引脚都连接到一个电势体上，支架浸入一个盛有电镀液的电解池中，在电解池中的封装体和电极上通一个小电流，电流使得电解液中的特定金属电镀到引脚上。

铅-锡焊接层加工有两种方法，一种是将封装体浸入到盛有熔化金属液的容器中得到焊层，另一种使用助波焊接技术，能很好地控制镀层的厚度并且缩短了封装体暴露在熔化焊料金属中的时间。

11. 切筋成型

切筋成型是指将引脚和引脚之间多余的连筋去除掉，并且引脚也被切成同样的长度。如果此封装体是表面安装型，则引脚会被弯曲成所需的形状。

12. 外部打磨

塑料封装器件需要将塑料外壳上的多余毛刺打磨掉，外部打磨可以用化学品腐蚀打磨，再用清水冲洗，也可以直接使用物理的方法用塑料打磨粒打磨。

13. 封装体印字

封装体加工完毕后，必须对其加注重要的识别信息，诸如产品类别、器件规格、生产日期、生产批号和产地。

主要的印字手段有墨印法和激光印字法。

墨印法适用于所有封装材料，而且附着性好。墨印法先用平板印字机印字，然后将字烘干，烘干采用烤干炉、常温下风干或采用紫外线烘干完成。

激光印字法特别适用于塑料封装体，信息可永久地刻入在封装体的表面，对于深色材料的封装体又能提供较好的对比度。另外，激光印字速度快、无污染，封装体表面不需要外来材料加工也不需要烘干工序。其缺点是印错了字或器件状况改变了就很难更正。

14. 最终测试

封装工序结束，器件要经过一系列测试，包括环境测试、电性测试、老化性测试。当然，有些产品只是抽检其中一项或两项而已，这要视封装器件的使用情况和客户的要求而定。

4.4　整体工艺良品率

4.4.1　概述

半导体制造工艺异常复杂，制造步骤数量庞大，使工艺良品率受到异常关注，维持和提高工艺良品率至关重要。当然，良品率不高的制约因素除了以上两点以外，还有一个重要原因就是半导体元器件制造过程中产生的绝大部分缺陷无法修复，这一点和电子产品整机有天壤之别。此外，巨额的资金设备投入、高昂的运营维护费用、大量的高薪酬技术人员以及激烈的市场竞争造成的利润空间压缩，导致芯片高昂的分摊成本，如果没有较高水平的良品率支持，则企业的发展岌岌可危。

生产性能可靠的芯片并保持高良品率是半导体厂持续获得高收益的保证。这也是半导体工业不断地、执著地追求高良品率的原因所在。遗憾的是，尽管大部分原材料和设备供应商及半导体厂工艺部门都把维持和提高良品率作为重要的工作内容，但由于以上提到的种种因素，通常只有 20%～80%的芯片能完成生产全过程，成为成品出货。听上去这样的结论令人沮丧，但是想象一下，在极其苛刻的环境中，要将数百万微米量级的元器件构造成立体图形，确定是一件了不起的事情。

半导体工艺的出货芯片数相对最初投入晶圆上完整芯片数的百分比，称为整体工艺良品率。它是对整个工艺流程的综合评测。因为整体工艺良品率的重要性，半导体厂必须加强各环节的监控和检测，通过优化工艺手段和工艺过程保证每个步骤的良品率水平。

整体工艺良品率主要分为三个部分，常常称其为整体工艺良品率的三个测量点，它们分别是：累积晶圆生产良品率、晶圆电测良品率和封装良品率。整体工艺良品率的计算以三个主要良品率的乘积结果来表示，整体工艺良品率用百分比来表示，即

$$整体工艺良品率 = 累积晶圆生产良品率 \times 晶圆电测良品率 \times 封装良品率$$

累积晶圆生产良品率又称 FAB 良品率、CUM 良品率、生产线良品率或累积晶圆厂良品率。其计算公式为

$$累积晶圆生产良品率 = \frac{晶圆产出数}{晶圆投入数}$$

由于大部分晶圆生产线同时生产多种不同类型的电路，不同类型的电路拥有不同的特征工艺尺寸和密度参数，每一种产品又都有其各自不同数量的工艺步骤和难度水平。因此简单地使用投入与产出的晶圆很难反映每一种类型电路的真实良品率。通常的计算方法是计算各道工艺过程良品率，即以离开这一工艺过程的晶圆数比进入该工艺过程的晶圆数，再将计算得到的良品率依次相乘就可以得到累积晶圆生产良品率，计算公式为

$$累积晶圆生产良品率 = 良品率 1 \times 良品率 2 \times \cdots\cdots \times 良品率 n$$

晶圆电测是指完成芯片生产过程后，对芯片进行电学测试。每个电路将会接受多达数百项的电子测试。晶圆电测是非常复杂的测试，很多因素会对良品率有影响。

晶圆电测良品率计算公式为

$$晶圆电测良品率 = \frac{合格芯片数}{通过最终测试的封装器件数}$$

完成晶圆电测后，进入封装工艺。晶圆被切割成单个芯片，封装于保护性外壳中，整个过程需要进行很多测试，封装合格的芯片不仅仅指完成封装工艺的合格芯片，更进一步的要求是，这些合格芯片最终要通过严格的物理、环境和电性测试。

封装良品率计算公式为

$$封装良品率 = \frac{晶圆上的芯片数}{投入封装线的芯片数}$$

4.4.2　良品率的制约要素

1. 累积晶圆生产良品率的制约要素

累积晶圆生产良品率的制约要素主要包括以下几个方面。

1) 工艺操作步骤的数量

商用半导体厂 FAB 良品率要保证在 75% 以上，自动化生产线更要达到 90% 以上标准方能获利。

根据累积晶圆生产良品率的计算公式，不难看出，电路越复杂，工艺步骤越多，预期的 FAB 良品率就会越低。反过来说，如果要求保持较高的 FAB 良品率，就必须保住每一个步骤的良品率必须很高。例如要想在一个 50 步的工艺流程上获得 75% 的累积晶圆生产良品率，每一单步的良品率必须达到 99.4%，称之为数量专治。因为数量专治，FAB 良品率绝不会超过各单步的最低良品率。如果其中一个工艺步骤只能达到 60% 的良品率，则整体的 FAB 良品率不会超过 60%。

2) 晶圆破碎和弯曲

在芯片生产制造过程中，晶圆本身会通过很多次的手工和自动的操作。每一次操作都存在将这些易碎的晶圆打破的可能性。同时，对晶圆多次的热处理，增加了晶圆破碎的机会，破碎的晶圆，只有通过手动工艺，还有机会进行后续生产。对于自动化的生产设备，无论晶圆破碎大小，整片晶圆将被丢弃。相比较而言，硅晶圆的弹性优于砷化镓晶圆。

晶圆在反应管中的快速加热或冷却，容易造成晶圆表面弯曲，影响到投射到晶圆表面的图像会扭曲变形，并且图像尺寸会超出工艺标准。这也是影响良品率的一个重要因素。

3) 工艺制造条件的变异

在晶圆生产时，每一步都有严格的物理特性和洁净度要求，但是，即使最成熟的工艺也会存在不同晶圆、不同工艺运行、不同天、操作者不同工作状态等条件的变化。偶尔某个工艺环节还会超出它的允许界限，生产出不符合工艺标准的晶圆。因此，工艺工程和工艺控制程序的目标，不仅仅是保持每一个工艺操作在控制界限以内，更重要的是维持相应的工艺参数分布(通常是正态分布)稳定不变。如果每一个环节数据点都落在规定的界限内，且大部分的数据都偏移至某一端，表面上看这个工艺还是符合工艺界限的，但是工艺数据分布已经改变了，很可能会导致最终形成的电路在性能上发生变化，达不到标准要求。所以生产中必须采取措施保持各道工艺数据分布的稳定性。为减小工艺制程变异，常用工艺制程自动化将变异减至最小。

4) 工艺制程缺陷

晶圆表面受到污染或不规则的孤立区域(或点)，称为工艺制程缺陷(或点缺陷)。如果点缺陷造成整个器件失效，则称为致命缺陷。

光刻工艺中很容易产生这些缺陷，不同液体、气体、人员、工艺设备等产生的微粒和其他细小的污染物寄留在晶圆内部或者表面，造成光刻胶层的空洞或破裂，形成细小的针孔，造成晶圆表面受到污染。

5) 光刻掩膜版缺陷

光刻掩膜版缺陷会导致晶圆缺陷或电路图形变形。

第一种是污染物。光刻时，掩膜版透明部分上的灰尘或损伤会挡住光线，像图案中不透明部分一样在晶圆表面留下本不该有的影像。

第二种是石英板基中的裂痕。它们不光会挡住光刻光线甚至会散射光线，导致错误的图像甚至扭曲的图像。

第三种是在掩膜版制作过程中发生的图案变形，包括针孔、铬点、图案扩展、图案缺失、图案断裂或相邻图案桥接。

芯片尺寸越大，密度越高，器件或电路的尺寸越小，控制由掩膜版产生的缺陷就越重要。

2. 晶圆电测良品率的制约要素

晶圆电测是非常复杂的测试，对良品率有影响的因素很多，具体如下。

1) 晶圆直径

由于晶圆是圆的，而芯片是矩形的，晶圆表面必然存在边缘芯片，这些芯片不能工作。如果其他条件相同，较小直径的晶圆不完整的芯片所占比例较高，而较大尺寸的晶圆凭借其上更多数量和更大比例的完整芯片将拥有较高的良品率。

2) 芯片尺寸

增加芯片尺寸而不增加晶圆直径会导致晶圆表面完整芯片比例缩小，需用增大晶圆直径的办法维持良品率。

3) 工艺制程步骤的数量

步骤越多，打碎晶圆或误操作的可能性就越大，晶圆电测良品率就会变低。

4) 电路密度

由于特征图形尺寸减小，器件密度增加，电路集成度升高，缺陷落在电路活性区域的可能性增加，晶圆电测良品率降低。

5) 晶体缺陷和缺陷密度

晶圆经受越多的工艺步骤或越多的热处理，晶体位错的数量就越多，长度就越长，受影响的芯片数量越多，对这一问题的解决方案是增加晶圆直径，使得晶圆中心能有更多未受影响的芯片。

另外，对于给定的缺陷密度，芯片尺寸越大，晶圆电测良品率就越低。

复习思考题

1. 简述集成电路制造流程。
2. 简述芯片制造的四种基本工艺方法的内涵。
3. 半导体薄膜制备工艺一般需要制备哪些薄膜？
4. 什么是光刻？为什么光刻需要掩膜版？
5. 什么是掺杂？为什么需要掺杂？有哪几种掺杂方法？
6. 热处理工艺主要有什么用途？
7. 列举常见的微电子封装形式。
8. 什么是中测？什么是成测？
9. 什么是整体工艺良品率？它跟哪些要素有关？

第五章 微机电系统(MEMS)

MEMS 一词是 Micro-Electro-Mechanical Systems 的缩写，意为微电子机械系统，这是微电子技术的巨大成功在机电领域引发了一场微小型化革命。从广义上讲，MEMS 是指集微型传感器、微型执行器以及信号处理和控制电路、接口电路、通信和电源于一体的微型机电系统。不同国家对这一行业的称谓不同，美国称微电子机械系统(MEMS)，日本称微机械(Micro Machine)，欧洲称微系统(Micro System)，我国一般称微机电系统 MEMS。

MEMS 主要包含微型传感器、执行器和相应的处理电路三部分，图 5-1 给出了一个典型的 MEMS 系统与外部世界相互作用的示意图。

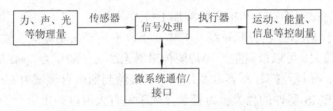

图 5-1 典型的 MEMS 系统作用示意图

传感器可以把能量从一种形式转化为另一种形式，从而将现实世界的信号(如光、声、温度等信号)转化为系统可以处理的电信号，信号处理器则可以进行信号转换、放大和计算等处理，执行器则根据信号处理电路发出的指令自动完成人们所需要的操作。微型传感器将自然界各种信息转换成电信号，经过相应的信号处理以后再通过微执行器对外部世界发生作用。

MEMS 通过精细加工手段，加工出微米/纳米级结构，将电子系统和外部世界有机联系起来，它不仅可以感受运动、光、声、热、磁等自然界信号，将这些信号转换成电子系统可以认识的电信号，而且还可以通过电子系统控制这些信号。MEMS 在航空、航天、汽车工业、生物学、医学、信息通信、环境监控、军事以及日常用品等领域都有着十分广阔的应用前景。图 5-2 所示为显微镜下的 MEMS 光学传感器及执行器。

图 5-2 显微镜下的 MEMS 光学传感器及执行器

MEMS 技术是一种典型的多学科交叉的前沿性研究领域,它几乎涉及自然与工程科学的所有领域,如电子技术、机械技术、物理学、化学、生物医学、材料科学、能源科学等。MEMS 技术的目标是通过系统的微型化、集成化来探索具有新原理、新功能的元件和系统。随着 MEMS 尺寸的缩小,有些宏观的物理特性发生了改变,很多原来的理论基础都会不太适用,需要考虑新的效应。为了制作各种 MEMS 系统,需要开发、研究许多新的设计和工艺加工、微装配工艺、微系统的测量等技术。人们不仅要开发各种制造 MEMS 的技术,更重要的是如何将 MEMS 器件用于实际系统,并从中受益。目前可以预见的应用领域包括汽车、航空、航天、信息通信、生物化学、医疗、自动控制、消费品及国防等,已经制造出了微型加速度计、微型陀螺、压力传感器、气体传感器、生物传感器等多种类型的 MEMS产品,其中一些已经商品化。MEMS 技术开辟了一个全新的领域和产业,它们不仅可以降低机电系统的成本,而且还可以完成许多大尺寸机电系统无法完成的任务。

5.1　MEMS 的分类

　　微机电系统将微电子技术和精密机械加工技术融合在一起,实现了微电子与机械融为一体的系统。由于 MEMS 器件和系统具有体积小、重量轻、功耗低、成本低、可靠性高、性能优异、功能强大、可以批量生产等传统传感器无法比拟的优点,MEMS 在航空、航天、汽车、生物医学、环境监控、军事以及几乎人们接触到的所有领域中都有着十分广阔的应用前景。因此 MEMS 器件的种类极为繁杂,几乎没有人可以列出所有的 MEMS 器件。按照功能,MEMS 一般可分为 MEMS 传感器、MEMS 执行器、微光机电系统(MOEMS)、射频 MEMS(RF MEMS)、生物 MEMS(Bio MEMS)、真空微电子器件、电力电子器件等。

　　(1) MEMS 传感器:传感器种类很多,主要包括机械类、磁学类、热学类、化学类、生物学类等,每一类中又包含有很多种,例如机械类中又包括力学、力矩、加速度、速度、角速度(陀螺)、位置、流量传感器等,化学类中又包括气体成分、湿度、PH 值和离子浓度传感器等。

　　(2) MEMS 执行器:主要包括微马达、微泵、微阀门、微开关、微喷射器、微扬声器、微谐振器、微型构件等,其中三维微型构件主要包括微膜、微梁、微探针、微弹簧、微腔、微沟道、微锥体、微轴、微连杆等。

　　(3) 微光机电系统(MOEMS):在 MEMS 上再加上一个光信号(Optical),就是 OpticalMEMS,简称光 MEMS 或 MOEMS,即利用 MEMS 技术制作的光学元件及器件。由于利用 MEMS 技术可以很方便地制作驱动装置,因此制作可动光学器件是自然而然的事。目前制备出的微光学器件主要有微镜阵列、微光扫描器、微光阀、微斩光器、微干涉仪、微光开关、微可变光衰减器、微可变焦透镜、微外腔激光器(即微可调激光器)、微滤波器、微光栅、光编码器等。

　　(4) 射频 MEMS(RF MEMS):现代无线通信和雷达等射频/微波系统的容量很大,故射频 RF(Radio Frequency)装置需要采用频率选择性更好的滤波器件和极为稳定的本机振荡器,RF MEMS 技术主要是利用新型的微机械加工工艺来制作各种高性能的射频无源元件、控制器件或者传输结构。射频装置进一步的发展趋势是减小体积和重量,降低功耗,延长电池使用时间，提高可靠性，实现多功能。与传统的、基于半导体 PN 特性(如开关或势垒电容)的射频/微波固态器件相比，RF MEMS 器件有着自己显著的特点：利用微机械加工工艺来制作可动的机械结构或者电特性好、损耗低的固定物理(机械)结构，通过这些结构来控制器件中的电磁场(波)边界条件(或者获得所需要的传输特性)，从而保证更优良的射频性能和控制特性。RF MEMS 器件根据频率范围不同，主要分为四大块。一是适用于 DC～120 GHz 的 RF MEMS 开关、可变电容、电感；二是适用于 12～200 GHz 的 MEMS 微波传输线、高 Q 值谐振器、滤波器、天线等；三是频率高达 3 GHz，Q 值超过 2000 的薄膜体声波谐振器 (FBAR)和滤波器；四是频率在几百兆赫兹的微机械谐振器和滤波器。

(5) 生物 MEMS(Bio MEMS)：研究内容主要包括在生物体外(Invitro)进行生物医学诊断的微系统和在生物体内(Invivo)进行生物医学治疗的微系统。生物体外 Bio MEMS 是研究在生物体外进行生物医学诊断和治疗的微系统，研究内容主要包括生物芯片、生物传感器及相关微流体系统，是一个较广的研究领域，其中最具代表性的是生物芯片技术，该技术一经问世，就受到人们的广泛关注，是 DNA 测序、疾病诊断、药物开发等不可缺少的工具。生物体内 Bio MEMS 是研究在生物体内进行生物医学诊断和治疗的微系统，研究内容主要包括植入治疗微系统(Minimally Invasive Therapy)、微型给药系统(Drug Delivery Systems)、精密外科工具(Precision Surgical Tools)、植入微器件(Implantable Devices)、微型人工器官 (Artificial Organ Systems)、微型成像器件(Imaging Devices)等，这些微系统中融入了关键的 MEMS 技术，如微传感器、微驱动器、微泵、微阀、微针等，是一个极具挑战性的研究方向。

(6) 真空微电子器件：它是微电子技术、MEMS 技术和真空电子学发展的产物，是一种基于真空电子输运器件的新技术，它采用已有的微细加工工艺在芯片上制造集成化的微型真空电子管或真空集成电路。真空微电子器件主要由场发射阵列阴极、场发射阵列阳极、两电极之间的绝缘层和真空微腔组成。由于电子输运是在真空中进行的，因此具有极快的开关速度、非常好的抗辐照能力和极佳的温度特性。目前研究较多的真空微电子器件主要包括场发射显示器、场发射照明器件、真空微电子毫米波器件、真空微电子传感器等。

(7) 电力电子器件：主要包括利用 MEMS 技术制作的垂直导电型 MOS(VMOS)器件、V 形槽垂直导电型 MOS(VVMOS)器件等各类高压大电流器件。

5.2 MEMS 实例

5.2.1 几种重要的 MEMS 器件

1. 微加速度计(Micro-Accelerometer)

加速度计是应用十分广泛的惯性传感器件之一，它的理论基础是牛顿第二定律。根据基本的物理原理，在一个系统内部，如果初速度已知，就可以通过积分计算出线速度，进而可以计算出直线位移。结合陀螺仪(见图 5-3)，就可以实现对物体的精确定位。根据这一原理，人们很早就利用加速度和陀螺进行轮船、飞机和航天器的导航。近些年来，人们又把这项技术用于汽车的自动驾驶和导弹的制导，微信摇一摇、小米手环计步器也用到了微加速度计。

图 5-3　手机中的陀螺仪

以利用加速度计来控制汽车的防撞气囊(Air Bag)为例，当汽车发生强烈撞击时，将产生很大的加速度(约 50 g)，加速度计感受到该加速度，发出电信号给控制系统，使气囊迅速弹出，保护乘车人的安全。另外，加速度计还可以感受汽车的颠簸，进而通过调节汽车的悬挂系统，使汽车更加平稳舒适。由于汽车的产量非常大，这两种用途的加速度计有着广阔的市场，目前已经有许多公司生产的硅微机械加速度计广泛用于高中档汽车上，随着其成本的降低，在中低档汽车上也将被采用。加速度计在汽车上的应用只是它的一个方面，除此之外，它还有着极其广泛的应用，例如安全保障系统、玩具、智能炮弹引信、导航等。

微加速度计按检测方式可分为压阻式、电容式、隧道式、共振式、热传感式等几种。

(1) 压阻式微加速度计：通过在质量块的支撑(Suspension)上嵌有压敏电阻来感应质量块偏移对支撑产生的应力进而获得加速度的信息。压阻式微加速度计的主要问题是灵敏度较低，而且温度稳定性不好，一般需要大的质量块和温度补偿。

(2) 电容式微加速度计：质量块的位移导致其本身和另一极板之间的电容发生变化，或者是质量块上有梳状电极，位移导致感应电极之间的电容量变化。通过测量电容量的变化获得质量块位移的变化进而知道加速度。电容式微加速度计的优点是灵敏度高、噪声小、温度稳定性好，缺点是易受电磁干扰，需要特别封装。

(3) 隧道式微加速度计：通过在活动部件上添加一个隧穿针尖，且活动部件与另一个电极之间通有隧穿电流。当载体具有加速度时，活动部件的位移会导致隧道电流的剧烈变化(典型的是位移变化一个埃——10^{-10} 米，隧道电流变化一倍)，通过测量隧道电流可以获得加速度。隧道式微加速度计具有很高的感应灵敏度，而且由于质量块可以做得很小，因此器件的体积很小，缺点是低频噪声很大，供电电压较高(上百伏)。

(4) 共振式微加速度计：通过质量块受到的惯性力来改变另一根梁的轴向应力进而改变梁的共振频率。通过共振频率的测量就可以获得加速度的信息。

(5) 热传感式微加速度计：质量块的位移改变质量块和散热源之间的间距，进而改变质量块的温度，通过测量温度的变化来感知加速度。

硅微加速度计可以利用体硅技术制造，也可以利用表面牺牲层技术制造。利用体硅技术制造的加速度计的质量块比较大，精度较高，但由于加工技术与 IC 较难兼容，必须外加检测电路，因此成本较高，一般应用于军事或航天等相关领域。采用表面牺牲层技术制造的加速度计克服了这些不足，ADI 公司生产的 ADXL 系列产品便是一个成功的例子，如图 5-4 所示。

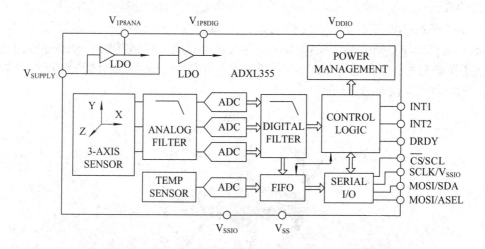

图 5-4　带数字输出的 3 轴加速度计 ADXL355 内部框图

ADXL 系列 MEMS 是一种全集成的电容检测加速度计，中间是悬浮质量块，上面的指针作为中间极板，两端的细硅梁作为弹簧，在质量块两端各有一个定齿作为电容检测极板，静止时两侧电容相等。当系统存在加速度时，质量块将产生与加速度方向相反的运动，由于电容间隙的变化，使一侧电容变大，另一侧电容变小，通过检测差分电容的变化量，便可以测量出加速度。在实际使用中，可以通过施加静电力进行反馈，提高线性度和加大检测范围。利用一个横向加速度计可以检测平行于硅表面的某一个方向的加速度。利用一个垂直于衬底方向(Z 方向)的硅加速度计可以通过检测质量块与衬底电极之间的电容变化，从而得到垂直于表面方向的纵向加速度。将两个横向加速度计和一个纵向加速度计集成在一起，可得到三维加速度计。

电容式微加速度计的质量块在有加速度时向下运动，与边框上的另一个电极的距离发生变化，通过检测电容的变化可获得质量块运动的位移，其主要结构分为悬臂摆片式和梳齿状的折叠梁式，并变异成其他类型。前者结构相对简单些，制作上也多采用体硅加工方法，简单的摆片式结构由上、下固定电极和可动敏感硅悬臂梁电极组成，用半导体平面工艺各向异性腐蚀，静电封接技术封装完成制作。后者可看作是悬臂梁的并、串组合，设计上要复杂得多，微加工方法则以表面牺牲层技术为主，多晶硅材料的各向同性性质可保证微机械性能的对称性，批量加工精度高，采用这种结构的敏感部分尺寸做得很小，实现与外围电路的单片集成。电容式微加速度计的灵敏度高、噪音低、漂移小、结构简单，在汽车安全气囊系统和防滑系统获得广泛应用，其检测范围与准确度的性能指标分别为 50 g (重力加速度)，200 °/s、500 mg、10 °/s、100 °/s、1 °/s，安全气囊系统检测碰撞的微加速度计的检测范围为 ±(30～50) g，精度为 100 mg，检测侧面碰撞大约为 250 g 或 500 g，防滑稳定系统的测量范围 ±2 g，精度为 10 mg。

2. 微陀螺(Micro-Gyroscope)

陀螺除了与加速度计联合使用进行定位和导航外，还有一些独立的用途，比如安放在车轮中，在汽车刹车时感受其状态，防止打滑。

最初的陀螺是利用旋转物体的角动量守恒原理来测量角速度的。由于用硅材料加工高速旋转的微结构比较困难，而且机械磨损使寿命变短，因此这种原理的陀螺不适于在实际中应用。在 MEMS 技术中，一般采用振动式陀螺(Vibrating Gyro)，主要包括振动弦式陀螺(Vibra-ting String Gyro)、音叉陀螺(Tuning Fork Gyro)和振动壳式陀螺(Vibrating Shell Gyro)等，这类陀螺利用的原理是一个振动体在感受垂直方向的转动时，将会受到科氏力的作用。手机中的三轴陀螺仪如图 5-5 所示。

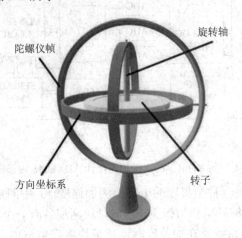

图 5-5　手机中的三轴陀螺仪示意图

3. MEMS 光开关(MEMS Optical Switch)

MEMS 光开关是一种通过静电、电磁或其他控制力使可动微镜发生机械运动，从而改变输入光的传播方向，实现开关功能的光器件。MEMS 光开关本质上是一种全光开关，即它在路由及复原光传输信号时将始终保持信号的光形式，其性能也不依赖于传播光的波长、偏振性质、传输方向以及信号的传输速率、比特率、格式、协议、调制方式等，且在插损、扩展性上优于其他类型光开关，从而能相当好地满足光交叉连接的要求，最有可能成为光交叉连接用核心器件的主流。

应用 MEMS 光开关，可避免传统开关的光→电→光转换模式的不足，理论上可实现完全无阻碍的光交叉连接，即来自任何端口的光信号能够被无限制地连接到任何其他端口，还可实现光交叉连接的低插损(理想情况下为几个 dB)、非常好的端口到端口的插损均匀性、低的偏振相关损耗(Polarization-Dependent Loss，PDL)以及好的串扰特性，还能够在整个工作波长范围内处理单模光纤中的光信号，特别是在 1310 nm 窗口，以及 1530~1610 nm 窗口中的 C、L 波段。

在全光网(All-Optical Network，AON)中，MEMS 光开关及其阵列可用于构建传输网交叉节点上的光交叉互连器(Optical Cross Connectors，OXC)，光分插复用器(Optical Add/Drop Multipliers，OADM)，长途传输网中的均衡器、发射功率限幅器，局域网中的监控保护开关、信道均衡器、增益均衡器，以及无源网中的调制器，等等。在这些应用范围中，所需要的开关时间往往是在毫秒量级，这一技术要求是 MEMS 方法完全可以实现的。MEMS 光开关不仅可用来建立与关断光交叉连接，还可用来进行网络修复。有些 MEMS 光开关也可以具有锁存状态，即处于锁存的开关在没有能量供给时能够保持其状态，从而使得通过该开关的光交叉连接不受影响。

MEMS 光开关阵列中单个开关部分的尺寸也使得 MEMS 方法具有格外的吸引力，通常一个 MEMS 光开关中微镜的直径只有 0.5 mm，大约是一个针头那么大，若微镜之间相距 1 mm，则一个具有 256 个微镜的 MEMS 光开关阵列就能被制造在一个 2.5 cm 见方的硅片上。也就是说，组成 MEMS 光开关阵列的一系列微镜的密度比一个电子开关中的等效元器件的密度高 32 倍，又因为不需要对信号进行光电子转换处理，MEMS 光开关的功耗将比电子开关的功耗减少 100 倍。

一般来讲，光交叉连接应用最感兴趣的 MEMS 光开关是自由空间三维微镜开关，它自身就能够为光交叉连接应用提供足够大的结构。这种 MEMS 光开关的工作模式和规模为：微镜在反馈系统的控制下，以模拟偏转方式构成光交叉连接，$2N$ 面微镜就可执行 $N \times N$ 开关阵列的功能。这种 MEMS 光开关的优点是，当把微镜排列成阵列形式时，没有什么困难就能进行结构扩展。MEMS 光开关实物如图 5-6 所示。

图 5-6 MEMS 光开关实物

美国朗讯(Lucent)公司于 2000 年 7 月推出的 Wavestar Lambda 路由器中第一次应用一种阵列规模为 256×256 的 MEMS 光开关，它具有 10 Tb/s 以上的总开关能力，这是 Internet 中最繁忙阶段信息流量的 10 倍。该开关的 256 个输入输出通道中的每一个，能够支持 320 Gb/s 的速度，比目前的电子开关快 128 倍，朗讯公司的这款应用了 MEMS 光开关技术的路由器，其路由交换速度比电交换设备快 16 倍，可节省 25%的运营费用。

综上所述，作为 MEMS 典型器件之一的 MEMS 光开关，比其他各类光开关具有体积小、透明、串扰小、通/断比高、插损比较小、开关速度可快于毫秒、可集成为大规模开关阵列、成本低、功耗低等明显的综合优点，具有很强的竞争力。它不仅能够对一个个波长进行处理，而且能够对与整个光纤相关的光能量进行处理，在不久的将来所处理的能量范围可达到 300 mW 宽。另外，应用 MEMS 光开关技术还能较方便地实现光网络系统的高精度调整，如光纤的高精度定位，从而使系统的制造、使用成本得以控制。可以说，MEMS 光开关在未来全光网中的应用前景是非常广阔和光明的。

4．生物 MEMS(Bio MEMS)

生物 MEMS 将 MEMS 技术应用在生物、医学领域，研究适合于生物领域的微器件和制造系统，特别是在寻找新基因、DNA 测序、疾病诊断、药物筛选等方面，是最具吸引力、最有应用前途的研究方向。微机械制造技术使 Bio MEMS 具有微米甚至纳米量级的特征尺寸，而实现器件和系统的微型化，使生物医学的诊断和治疗可以快速、动化、高通量、较小损伤的完成。Bio MEMS 技术的批量生产能力更极大地降低了生物医学诊断和治疗的成本，因此，Bio MEMS 技术已成为 21 世纪科学研究和商品化的主要目标。

Bio MEMS 的研究内容主要包括在生物体外(Invitro)进行生物医学诊断的微系统和在

生物体内(Invivo)进行生物医学治疗的微系统。

　1) 生物体外微系统

生物体外微系统最具代表性的是生物芯片，生物芯片主要是指通过微加工技术和微电子技术在固体芯片表面构建的微型生物化学分析系统，具有分析速度快、分析自动化、微型化、极高的样品并行处理能力和生产成本低等优点。生物芯片主要分为两大类：阵列芯片(Chip Array)和芯片实验室(Lab-on-a-Chip)。

　(1) 阵列芯片。

阵列芯片又包括基因芯片、蛋白芯片、组织芯片、细胞芯片等。基因芯片是基于核酸探针互杂交技术原理而研制的，通过聚合酶链式反应(PCR)，将 DNA 分子扩增成千上万倍，通过荧光染色技术和芯片扫描系统，采集各反应点的荧光强弱和荧光位置，经相关软件分析所得图像，即可以获得有关生物信息。蛋白芯片是检测蛋白质之间相互作用的芯片，主要基于抗原抗体特异性反应的原理，将多种蛋白质结合在固相基质上，检测疾病发生、发展过程中所分泌的一些具有特异性的蛋白成分。组织芯片和细胞芯片技术将整个细胞或组织样本布置在载体表面，通过辨认与细胞或组织特异性成键配体，进行某一个或多个特定的基因，或与其相关的表达产物的研究。

　(2) 芯片实验室。

芯片实验室是生物芯片技术发展的最终目标，它由加热器、微泵、微阀、微流量控制器、传感器和探测器等组成，将样品制备、生化反应以及检测分析的整个过程集成化形成微型分析系统，进行由反应物到产物或由样品到分析的化学过程，并进行化学信息与电、光信号的转换。这样的芯片分析系统集样品的注入、移动、混合、反应、分离、检测于一体，具有分析速度快、样品用量少、集成度高、自动化、便于携带等优点。

　2) 生物体内微系统

生物体内微系统是在生物体内进行生物医学诊断和治疗的微系统，研究内容主要包括植入治疗微系统(Minimally Invasive Therapy)、微型给药系统(Drug Delivery Systems)、精密外科工具(Precision Surgical Tools)、植入微器件(Implantable Devices)、微型人工器官(Artificial Organ Systems)、微型成像器件(Imaging Devices)等，这些微系统中融入了关键的 MEMS 技术，如微传感器、微驱动器、微泵、微阀、微针等，是一个极具挑战性的研究方向。

MEMS 技术集成微驱动器于微系统中，使微系统可以进行复杂的控制和操作，驱动方式包括压电、静电、磁、气、热、形状记忆合金等。微操纵器在驱动器的控制下可以操纵细胞、组织及其他生物目标，微型手术刀在微马达的驱动下可使手术位置被控制得非常精确，超声手术刀的应用可以容易、快速地切开生物组织。植入治疗微系统包括胸腔镜、内窥镜等，这些微系统通过触觉或视觉传感器、驱动器、人-机对话界面等实现人体内器官的诊断和治疗。给药微系统包括植入式给药微系统和注射式给药微系统，基于 MEMS 技术制备的微型给药系统可以精确控制药物的剂量，减小病人的疼痛，减小药物的毒副作用，提高治疗效果。

5. 微马达

1988 年，美国加州大学伯克利分校的 Rager Howe 成功研制了微型硅静电马达，引起了巨大轰动，从此，MEMS 研究工作进入快速发展时期。微型马达的应用方式与机械马达有相似之处，可能的应用领域包括微型手术器械和微小飞行器等。德国采用 LIGA 技术制备的微型马达已经用于微型直升机样品。目前，微型马达在具体应用中的主要困难是输出力矩小、力矩输出困难且寿命较短。图 5-7 所示为采用 MEMS 技术制造的微型马达。

图 5-7　采用 MEMS 技术制造的微型马达

硅微机械的种类多种多样，除了前面介绍的几种比较有代表性的微机械产品外，还有诸如二极管激光器、用于检测生物心脏细胞收缩力的多晶硅夹具和微型机器人臂等，在此就不一一介绍了。

5.2.2　MEMS 器件的主要制作技术和发展方向

制作 MEMS 器件的主要技术有三种：第一种是以日本为代表的利用传统机械加工手段，即用大机器制造小机器，再利用小机器制造微机器的方法。第二种是以美国为代表的利用化学腐蚀或集成电路工艺技术对硅材料进行加工，形成硅基 MEMS 器件。这种方法与传统 IC 工艺兼容性较好，可以实现微机械和微电子的系统集成，而且该方法适合于批量生产，是目前 MEMS 的主流技术。第三种是以德国为代表的 LIGA 技术，LIGA 是德文 Lithograpie、Galvanoformung、Abformung，即光刻、电铸和塑铸三个词的缩写，它是利用深度 X 射线光刻技术，通过微电铸成型和塑料铸模形成深层微结构的方法。利用 LIGA 技术可以加工各种金属、塑料和陶瓷等材料，而且利用该技术可以得到高深宽比的精细结构，它的加工深度可以达到几百微米，是制作非硅材料微机电系统的首选工艺。

为了有效提取传感器的有用信号，防止寄生干扰，MEMS 器件逐渐向系统单片集成化方向发展。从历次大型 MEMS 国际会议的论文看，MEMS 技术的研究日益多样化。MEMS 技术涉及的领域逐渐从军用推广至民用，加速度计与陀螺、AFM(原子力显微镜)、数据存储、三维微型结构的制作、微型阀门、泵和微型喷口、微型光学器件、微型声学器件、医用器件、信息 MEMS 器件等 MEMS 器件种类繁多，层出不穷，MEMS 显示出强劲的发展势头。MEMS 加工工艺多样化，不仅有传统的体硅加工工艺与表面牺牲层工艺相结合、深槽刻蚀与键合工艺相结合、金属牺牲层工艺厚胶与电镀相结合，还有 LIGA 加工工艺、金属空气 MOSFET(MAMOS)加工工艺等，具体的加工手段更是多种多样。

5.3　NEMS

　　纳机电系统(Nano-Electro-Mechanical Systems，NEMS)是 20 世纪 90 年代末、21 世纪初提出的一个新概念，可以这样来理解这个概念，即 NEMS 是特征尺寸在 1～100 nm、以机电结合为主要特征，基于纳米级结构新效应的器件和系统。从机电结合这一特征来讲，可以把 NEMS 技术看成是 MEMS 技术的发展。但是 MEMS 的特征尺寸一般在微米量级，其大多特性实际上还是基于宏观尺度下的物理基础，而 NEMS 的特征尺寸达到了纳米量级，一些新的效应如尺度效应、表面效应等凸显，解释其机电耦合特性等则需要发展和应用微观、介观物理，也就是说，NEMS 的工作原理及表现效应等与 MEMS 有了甚至是根本性的不同。因此，从更本质上说，NEMS 技术是纳米科技的一个重要组成部分和方向。在这些研究中，NEMS 技术呈现出一个重要的发展趋势，那就是与碳纳米管技术越来越密切地结合起来，目的是使碳纳米管作为 NEMS 特性表现结构的重要组成，利用碳纳米管的独特性质实现功能更强大的 NEMS。

　　纳米技术，特别是 NEMS 的迅猛发展，为军事科技工作者研制纳米武器奠定了物质基础。想象一下未来战场上那些千奇百怪的战场"精灵"，如图 5-8 所示。"蚊子"导弹——直接受电波遥控，可以神不知鬼不觉地潜入目标内部，其威力足以炸毁敌方火炮、坦克、飞机、指挥部和弹药库。"苍蝇"飞机——可携带各种探测设备的袖珍飞行器，秘密部署到敌方信息系统和武器系统的内部或附近监视敌方情况，这些纳米飞机可以悬停、飞行，敌方雷达根本发现不了它们，据说它还适应全天候作战，可以从数百千米外将其获得的信息传回己方导弹发射基地，直接引导导弹攻击目标。"蚂蚁士兵"——通过声波控制的微型机器人，这些机器人比蚂蚁还要小但具有惊人的破坏力，它们可以通过各种途径钻进敌方武器装备中长期潜伏下来。一旦启用，这些"纳米士兵"就会各显神通，有的专门破坏敌方电子设备，使其短路、毁坏；有的充当爆破手，用特种炸药引爆目标；有的施放各种化学制剂，使敌方金属变脆、油料凝结或使敌方人员神经麻痹、失去战斗力。此外还有被人称为"间谍草"或"沙粒坐探"的形形色色的微型战场传感器等纳米武器装备。所有这些纳米武器组配起来就建成一支独具一格的"微型军团"，作为一种全新的作战力量将出现在未来的战场上。据美国国防部专家透露，美国第一批"微型军团"将在近期内服役。

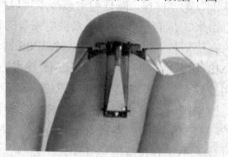

图 5-8　纳米武器

纳米武器的出现和使用大大改变了人们对战争力量对比的看法，使人们重新认识军事领域数量与质量的关系，产生全新的战争理念，使武器装备的研制与生产更加脱离传统的数量规模限制，进一步向智能化的方向发展，从而彻底变革未来战争的面貌。纳米技术在加剧武器装备微型化的进程中，也将推动军队的体制、编制发生革命性变革，孕育和产生新的军兵种。

同许多其他技术一样，虽然发展纳米科技的推动力主要来自于军用，然而随着技术的成熟和发展，从医药技术到生命科学，从制造业到信息通信，NMES 器件正逐渐走进我们的生活。总的来说，NEMS 技术能够实现超高灵敏度(理论上提高 $10^2 \sim 10^6$ 倍，例如原子波导陀螺的灵敏度预计将比当今最好的光纤陀螺高出 3 个数量级)的传感和探测、超高速(理论上固有频率可达 THz 量级)的计算和通信传输、超高密度(200 GB/inch^2 以上的面密度)的信息存储以及超高精细的执行和操纵(例如分子级捕捉)等多方面的强大功能。

基于 NEMS 技术的全新概念的传感、计算、通信、存储、执行等器件具有超微型化、超高集成度、超高性能(能突破常规器件极限)、超低功耗(是目前的 10^{-2} 或更小)等优点，NEMS 技术的发展可以生出许多全新概念的应用。如 NEMS 传感器将使一些原来无法检测的物理、化学或生物量能够被检测；RF NEMS 将能实现能耗更低、频率更高的高集成度通信；NEMS 存储器将具有真正海量的存储密度；NEMS 执行器将能进行分子级捕捉和操纵；等等。由于 NEMS 技术将引发一些革命性的突破，所以它在航空、航天、信息、生物医学、环境等军用、民用领域都将有着广阔的应用前景。

复习思考题

1. 什么是 MEMS? 为什么要发展 MEMS?
2. MEMS 一般分为哪几类?
3. 结合自己的生活，简单举几个 MEMS 的实例。
4. 制造 MEMS 的主要技术有哪些?
5. 什么是 NEMS? 有何特点? 简单列举 NEMS 的应用实例。

第六章　光 电 器 件

　　"光子学"是一门近来发展起来的电气工程学的分支学科。"光子学"研究辐射能(也称光子，通常称光)的利用。光子对于光子学的意义就如同电子对电子学的意义。二者有何区别？一方面，光子的行进速度远远超过电子，这意味着用光子传输数据的距离更长，且比用电子来进行相同传输耗时更短，光子传输还更经济。另一方面，可见光及红外线与电流不同，可以互不影响地通过对方，从而防止引起不便的信号干扰。如今光子学领域发展很大程度上与半导体发展同步，基于半导体的光子学与基于半导体的电子学的组合通常被并称为"光电子学"(optoelectronics)。

　　量子理论认为，光是由能量被量子化了的光子(photon)组成的。光具有波粒二象性，即光子不仅能够表现出经典波的折射、干涉、衍射等性质，而且光子具有粒子性，是光线中携带能量的点阵粒子，能传递量子化的能量。一个光子能量的多少正比于光波的频率大小，频率越高，能量越高。其能量大小为 $h\nu$，h 为普朗克常数，ν 为光子的频率，则有

$$E = h\nu = \frac{hc}{\lambda} = \frac{1.24}{\lambda} \ \ (\text{eV}) \tag{6-1}$$

式中：E 为能量，单位为 eV；λ 为光的波长，单位为 μm。

　　从能量的角度来看，光也是电磁波的一种，可见光的光谱就是整个电磁波谱中很小的一段，如图 6-1 所示，只不过比较特殊，能被人眼看到而已。

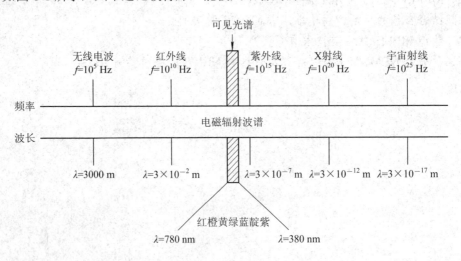

图 6-1　电磁波谱

　　从图 6-1 中可以看出，可见光的波长为 380～780 nm，按照能量公式 6-1 计算出来可见光的能量范围为 1.5～3.0 eV。按照能带结构理论，如果导带中的一个电子和价带中的一个

空穴复合，就会失去能量，按照能量守恒定律，复合过程失去的能量就会产生一个光子，也就是说，复合过程会发射出光，这就是所谓的"自发辐射"。光发射和光吸收的原理相似，在光吸收过程中，用一个光子交换一个电子；在光发射过程中，用一个电子交换一个光子。能量和波长是相互关联的，这意味着某些波长的光易被吸收，而另一些则不易被吸收，仿佛半导体材料起到了滤色器的作用。这样就可以很方便地通过带隙工程改变材料的带隙，得到想要的能量。而且，直接带隙材料(如砷化镓)比间接带隙材料(如硅)更易俘获光(光子)，所以一般发光管和光电管更多地采用砷化镓或磷化铟等 III-V 族化合物半导体，而不采用效率很低的硅材料。

　　光电器件是光子和电子共同起作用的半导体器件。光电器件的主要功能涉及光子和半导体中电子的相互转换过程，其中得到广泛利用的光电效应有光电导效应、光生伏特效应和光电发射效应。光电导效应和光生伏特效应属于内光电效应，是半导体吸收光子后产生的一种光电效应。光电发射效应是指电能转换为光能的现象，当系统受到外界激发后，电子从稳定的低能态跃迁到不稳定的高能态，经过一段短时间后，电子由不稳定的高能态重新回到稳定的低能态并释放出能量，如果其能量是以光的形式辐射出来，就产生发光现象。

　　从半导体物理解释中了解到，固体能够导电是固体中的电子在外电场作用下作定向运动的结果。由于电场力对电子的加速作用，使电子的运动速度和能量都发生了变化，即电子与外电场间发生能量交换。从能带理论来看，电子的能量变化就是电子从一个能级跃迁到另一个能带级上去。对于满带，其中的能级已为电子所占有，在外电场作用下，满带中的电子并不形成电流，对导电没有贡献，通常原子中的内层电子都是占据满带中的能级，因而内层电子对导电没有贡献。对于被电子部分占满的能级在外电场作用下，电子可从外电场中吸收能量跃迁到未被电子占据的能级，形成了电流，起导电作用，常称这种能带为导带。它是原子中的价电子所占据的能带，因而价电子对导电作出了贡献。金属中，由组成金属的原子中的价电子占据的能带是部分占满的，如图 6-2(c)所示，这就说明了金属是导体的原因。

　　绝缘体和半导体的能带类似，如图 6-2(a)、(b)所示，即下面是已被价电子占满的满带(再往下还有为内层电子占满的若干满带未画出)，中间为禁带，上面是空带。因此，在外电场作用下并不导电，但是这只是绝对温度为零时的情况。当外界条件发生变化时，例如温度升高或有光照，满带中有少量电子可能被激发到上面的空带中去，使能带底部附近有了少量电子，因而在外电场作用下，这些电子将参与导电；同时，满带中由于少了一些电子，在满带顶部附近出现了一些空的量子状态，满带变成了部分占满的能带，在外电场的作用下，仍留在满带中的电子也能够起导电作用，满带电子的这种导电作用等效于把这些空的量子状态看作带正电荷的准粒子的导电作用，常称这些空的量子状态为空穴。

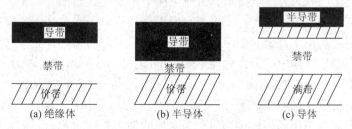

图 6-2　绝缘体、半导体和导体的能带示意图

在半导体中，导带的电子和价带的空穴均参与导电，这是与金属导体的最大差别。绝缘体的禁带宽度很大，激发电子需要很大能量，在通常温度下，能激发到导带去的电子很少，所以导电性很差。半导体禁带宽度比较小，数量级在 1 eV 左右，在通常温度下已有不少电子被激发到导带中去，所以具有一定的导电能力，这是绝缘体和半导体的主要区别。室温下，金刚石的禁带宽度为 6～7 eV，它是绝缘体；硅为 1.12 eV，锗为 0.67 eV，砷化镓为 1.43 eV，所以它们都是半导体。

图 6-3 是在一定温度下半导体的能带图(本征激发情况)，图中"·"表示价带内的电子，它们在绝对温度 $T = 0$ K 时填满价带中所有能级。在一定温度下，共价键上的电子，依靠热激发，有可能获得能量脱离共价键，在晶体中自由运动，成为准自由电子。获得能量而脱离共价键的电子，就是能带图中导带上的电子；脱离键所需的最低能量就是禁带宽度 E_g。共价键中的电子激发成为准自由电子，即价带电子激发成为导带电子的过程，称为本征激发。当一个光子被原子吸收时，就有一个电子获得足够的能量从而从内轨道跃迁到外轨道，具有电子跃迁的原子就从基态变成了激发态。

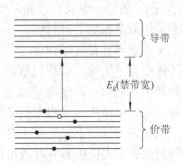

图 6-3　一定温度下半导体的能带图

通常的光子吸收过程为：价带中的电子在吸收光子后跃迁到导带成为导带电子，而在价带中留下空穴，从而形成电子-空穴对；施主能级上的束缚电子受激跃迁到导带，或价带中的电子受激跃迁到受主能级，产生自由电子或自由空穴，这些由光激发的载流子统称为光生载流子，由此改变半导体电导率的现象称为光电导效应，而产生电动势的现象称为光伏效应。

光电器件主要包括三大类：将电能转换成光能的半导体电致发光器件，如发光二极管(Light Emitting Diode，LED)和激光器(Light Amplification by Stimulated Emission of Radiation，LASER)；以电学方法检测光信号的光电探测器(photo detector)；利用半导体内光电效应将光能转换为电能的太阳能电池(solar cell)。

6.1　半导体发光二极管

早在 1907 年就发现了 SiC 固体中的发光现象。随着固体发光技术的发展，该特性在通信、显示、显像、光电子器件、辐射场探测等方面得到了广泛的应用，其中半导体发光器件得到快速发展，已经成为科学技术、工业生产中十分活跃的领域。

光电发射有两种类型的发射，一种为自发发射过程，另一种为受激发射过程。半导体发光二极管利用注入 PN 结的少数载流子与多数载流子复合发光，是一种直接把电能转换成光能，而没有经过任何中间形式的能量转换的固体发光器件，起支配作用的有效过程为自发发射。当给器件加正向偏压时，N 区向 P 区注入电子，P 区向 N 区注入空穴，在激活区电子和空穴自发地复合形成电子-空穴对，将多余的能量以光子的形式释放出来，所发射的光子相位和方向各不相同，这种辐射称为自发辐射。目前人们所指的发光二极管通常指发射近红外光和可见光的器件，尤其是指发射可见光的器件。在材料设计时，考虑将 P 区和 N 区重掺杂等工艺，使得辐射光严格在 PN 结平面内传播，单色性较好，强度也较大，这种光辐射称为受激光辐射。

6.1.1 半导体电致发光机理

当电子从高能级向低能级跃迁时，释放出的能量是以光子的形式存在，通常称它为发光现象。当电子处于高能级时，系统往往处于不稳定状态，而这是光发射的前提条件。因此光发射的前提是需要先有某种激发机制存在，再通过电子从高能级向低能级的跃迁形成发光现象。前一过程称为激发过程(其中电子跃迁到的高能级称为激发能级)，后一过程称为发射过程，处于激发态的系统是不稳定的，经过一段短时间后，如果没有任何外界触发，电子将从激发能级回到基态能级，并发射一个能量为 hv 的光子，该过程为自发发射过程。

当一能量为 hv 的光子入射到已处于激发态的系统时，位于不稳定高能级上的电子会受到激发而跃迁到基态能级，并发射出一个能量为 hv 的光子，且该光子的相位和入射光子的相位一致，这种过程称为受激发射。由于这些光子都具有相同的能量 hv，而且相位相同，因此受激发射出的光为相干光。在发光二极管(LED)中起支配作用的有效过程是自发发射，而半导体激光器中的主要过程为受激发射。

自发发射可以有不同的激发方式，主要可分为以下几类：

(1) 光致发光：它是由光激发而引起的发光，日光灯便是典型一例。在半导体材料研究中，常常采用光致发光的方法研究材料的光学性质。

(2) 阴极射线发光：它是由电子束轰击发光物质而引发的发光，如电视显像中荧光屏发光。

(3) 放射线发光：它是由高能的 α、β 射线或 X 射线轰击发光物质而引发的发光。

(4) 电致发光：发光物质在电场作用下引起的发光，它是将电能直接转变为光能的一种发光现象，如发光二极管的发光。

6.1.2 半导体发光二极管的分类和特点

1955 年，美国无线电公司的鲁宾·布朗石泰(Rubin Braunstein)首次发现了砷化镓及其他半导体合金的红外发光现象。1962 年，通用电气公司的尼克何伦亚克首次开发出实际应用的可见光发光二极管(Light Emitting Diode，LED)。作为现代生活中非常常见的显示器件，除了大量用来作为电源指示灯外，LED 以其节能、环保、颜色多变，正逐渐取代普通荧光灯，成为照明的主要灯具，广泛应用于商业照明、办公照明、工业照明、家居照明和道路照明。目前，全球 LED 照明节能产业产值年增长率保持在 30%以上，中国更是达到了50%的年增长速度。发光二极管的电路符号如图 6-4 所示。

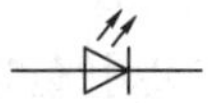

图 6-4　发光二极管的电路符号

LED 的基本结构是一块电致发光的半导体材料，即将电流顺向通过半导体 PN 结，便可发出可见光的器件。在最简单的工艺结构中，发光二极管一般都是通过在某一合适的衬底(如 GaAs 或 GaP)上外延生长掺杂半导体材料而制成的。这种平面 PN 结是先在基体上外延生长 N 层，然后生长 P 层。衬底必须有足够的机械强度以支持 PN 结器件(层)，可以是不同的材料。光从 P 层的表面发射，所以做得相当窄(一般几个微米)，以便光子能从器件中逃逸出来而不被半导体材料重新吸收。为了保证大多数复合在 P 区发生，N 层必须是重掺杂(N^+)。这样发射到 N 区的那些光子要么被重新吸收，要么在基体边界被反射回去，这取决于基体的厚度和发光二极管的确切结构。也可以将掺杂剂扩散到 N^+ 来形成 P 区。

由于全内反射的原因，并不是所有到达半导体-空气界面的光线都能从器件中逃逸出来。那些入射角大于临界角 θ_c 的光线会被反射回去。例如，对于 GaAs-空气界面来说，临界角 θ_c 仅仅只有 16°，这意味着有很多光线会全内反射。要解决这个问题，可以把半导体表面设计成拱形或半球形，光线以小于临界角的角度到达半导体表面，从而不会有全内反射现象发生。其主要缺点就是在制备拱形发光二极管器件时，增加了工艺难度，会导致成本增加。最经济地减少全内反射的做法是，把半导体 PN 结包封在一种透明的塑料媒介(树脂)中，这种树脂的折射指数比空气的高，而且这种包封树脂也可以做成拱形表面。目前市面上很多出售的发光二极管都是用相似的塑料包封的。

按发光二极管发光颜色，LED 可分成红色 LED、橙色 LED、绿色(又细分黄绿、标准绿和纯绿)LED、蓝光 LED 等，如图 6-5 所示。另外，有的发光二极管中包含两种或三种颜色。根据发光二极管出光处掺或不掺散射剂、有色还是无色，上述各种颜色的发光二极管还可分成有色透明、无色透明、有色散射和无色散射等四种类型。散射型发光二极管不适合作为指示灯用。

(a) LED 灯具　　　　　　　(b) LED 灯串　　　　　　(c) 可卷曲的 OLED

图 6-5　各种 LED 灯

半导体发光二极管由能够自发辐射紫外光、可见光或红外光的 PN 结构成，是目前应用最广的一种结型电致发光器件，其正常工作的激发方式是电致发光，利用正向偏置 PN 结少数载流子注入现象，形成非平衡载流子(维持少数载流子电子或空穴处于激发状态)而实现复合发光。

半导体发光二极管可分为可见光和红外发光二极管等，可见光发光二极管广泛用于电子仪器的信息显示，红外发光二极管则主要用在光隔离和光纤通信方面。

普通单色发光二极管具有体积小、工作电压低、工作电流小、发光均匀稳定、响应速度快、寿命长等优点，可用各种直流、交流、脉冲等电源驱动点亮。它属于电流控制型半导体器件，使用时需串联合适的限流电阻。

红外发光二极管也称为红外线发射二极管，它是可以将电能直接转换成红外光(不可见光)并能辐射出去的发光器件，主要应用于各种光控及遥控发射电路中。红外发光二极管的结构、原理与普通发光二极管的相近，只是使用的半导体材料不同。红外发光二极管通常使用砷化镓(GaAs)、砷铝化镓(GaAlAs)等材料，采用全透明或浅蓝色、黑色的树脂封装。常用的红外发光二极管有 SIR 系列、SIM 系列、PLT 系列、GL 系列、HIR 系列和 HG 系列等。

变色发光二极管是能变换发光颜色的发光二极管。变色发光二极管按发光颜色种类可分为双色发光二极管、三色发光二极管和多色(有红、蓝、绿、白四种颜色)发光二极管。变色发光二极管按引脚数量可分为二端变色发光二极管、三端变色发光二极管、四端变色发光二极管、六端变色发光二极管等。

除了无机半导体发光材料，还有有机电致发光二极管，即被称为下一代显示技术的 OLED(Organic Light Emitting Diode，有机发光二极管)。OLED 采用非常薄的有机材料涂层和玻璃基板，当有电流通过时，这些有机材料就会发光。OLED 一面世，就以其自发光、广视角、几乎无穷高的对比度、较低耗电、极高反应速度等优点，呈现出强劲的发展势头。OLED 又可细分为以染料及颜料为材料的小分子器件系统 OLED 和以共轭性高分子为材料的高分子器件系统 PLED。本书限于篇幅，仅讨论典型 III-V 族半导体构成的无机发光二极管 LED。

半导体发光二极管得到迅速发展和广泛应用是由于它具有如下许多优点：工作电压低(1.2～1.5 V)，耗电量小，每一发光单元在不到 10 mA 的电流下，在室内就能提供足够亮度；性能稳定，寿命长(一般为 10^5～10^7 h)；易于和集成电路匹配使用；与普通光源相比，单色性好，光谱半宽度一般为几十纳米；能通过电流(或电压)进行亮度调制，响应速度快，一般为 10^{-6}～10^{-9} s；抗冲击、耐震动性强；重量轻、体积小、成本低。

6.1.3 半导体发光二极管的材料

普通单色发光二极管的发光颜色与发光的波长有关，而发光的波长又取决于制造发光二极管所用的半导体材料。红色发光二极管的波长一般为 650～700 nm，琥珀色发光二极管的波长一般为 630～650 nm，橙色发光二极管的波长一般为 610～630 nm，黄色发光二极管的波长一般为 585 nm 左右，绿色发光二极管的波长一般为 555～570 nm。

自 1968 年 GaPAs 发光二极管以红色灯泡形式商品化以来，绿色、黄色、橙色的发光二极管也相继进入了商品市场。目前红色 GaP 发光结的外量子效率已提高到 12.6%，而且从掺氮的 GaP 结上实现了有效的绿色发光，从磷光体覆盖的 GaAs 红外光源上先后获得了有效的绿色和蓝色光，此外还出现了能显示红、橙、黄、绿四种颜色的多色发光二极管，丰富了导体发光器件的颜色，为彩色显示开辟了道路。目前发光二极管的材料主要为III-V族化合物半导体单晶，特别是 GaAs、GaP、$GaAs_{1-x}P_x$ 及 $Al_xGa_{1-x}As$ 三元晶体。这是因为这些晶体的带宽适合于发出可见光和近紫红外光，并且具有其他适宜的电学和光学性质。

直接跃迁晶体材料除 GaAs 外还有 GaN、InN、InP 等，间接跃迁晶体材料有 AlAs、AlP、AlSb、GaO 等，但 AlAs、AlP、AlSb 在空气中不稳定。为了将 GaAs 的直接跃迁带隙扩展到可见光波段，可采用 GaAs-GaP 混晶和 GaAs-AlAs 混晶，这两个混晶系在全部组分范围内都是完美的固溶体。

$GaAs_{1-x}P_x$ 工艺技术较成熟，是目前可见光发光二极管领域应用最广泛、最有效的材料。图 6-6 所示为可见光谱和人眼视网膜的标准响应。

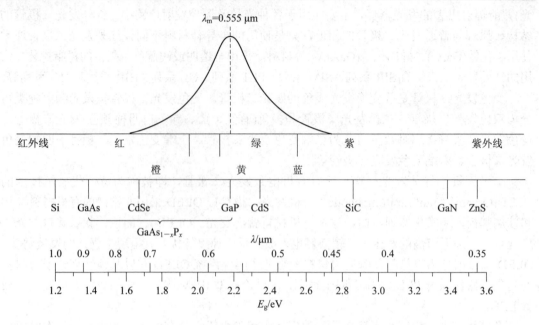

图 6-6　可见光谱和人眼视网膜的标准响应

　　为了提高器件的出光效率，需要减少吸收损耗，可采用杂质补偿的方法，或改变三元化合物的组分使从发光区到出光面的禁带宽度逐渐增大，或采用异质结结构，从而减少材料的吸收率；另一方面需要减少吸收层的厚度。

　　增大表面透过率对提高发光二极管的出光率也很重要，由于半导体材料折射率与环境媒质折射率的不同，未被吸收的光子到达半导体表面后，只有极少部分的光子能发射出去，大部分光子会反射回半导体中而被材料所吸收。改善器件结构可以提高器件的出光率，如具有反射光背面接触的 PN 发光结，不仅可以利用正面发出的光，还可使背面发出的光得到利用。另外，通过选用折射率比半导体晶体材料低且吸收系数小的透明材料(一般为树脂)作封装材料，同时使树脂具有适当的曲率，也可提高光的透光率，并改进发光二极管发光的方向性。

6.2　半导体激光器

　　"激光器"(Light Amplification by Stimulated Emission of Radiation，LASER)，最早出现于 1959 年在哥伦比亚大学读博士的古尔德的一篇论文中。其后，他申请了专利。"激光器"这一术语一出现就大受欢迎。

　　激光器的发明是光学科学技术历史上的一个划时代的成就。在微波激射和红宝石激光器诞生之后，不久就实现了半导体材料的光受激发射。在各种激光器中，半导体激光器是生活中使用最多、产业化程度最高的一种。半导体激光器的应用范围覆盖了整个光电子学领域，是目前光电子科学中的核心器件。以半导体激光器为光源的光纤通信成为各国信息基础设施的重要基石。人们每天打电话、上网所依赖的光纤通信，听音乐、观看录像要用到的光盘，在市场中常用的条形码扫描器中，在电脑中常用配件的光电鼠标中，都可以看到半导体激光器的身影，如图 6-7 所示。在国防军工和国家安全领域，它正在成为不可或缺的核心器件。激光器的原理示意图如图 6-8 所示。

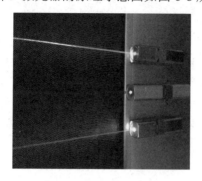

图 6-7　半导体激光器

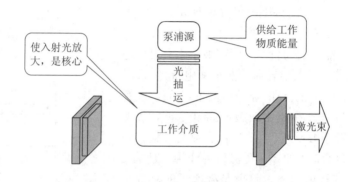

图 6-8　激光器的原理示意图

1. 半导体激光器的诞生与发展

半导体激光器的诞生和发展，无疑离不开爱因斯坦奠定的理论基础。在激光尚未取得实验成功之前，冯·诺依曼就提出了在半导体材料上获得受激发射的设想。与汤斯和普罗霍罗夫共同获得 1964 年诺贝尔物理学奖的巴索夫，在 1959 年提出半导体激光器的设想，在 1961 年提出采用 PN 结的方案。半导体异质结结构和量子阱结构的研究成功，是最重要的科学和技术成就之一。为此，2000 年的诺贝尔物理学奖授予了俄国的阿尔费罗夫(Zhores I. Alferov)和美国加州大学的克勒默(Herbert Kroemer)，以表彰他们在半导体异质结方面的贡献，特别是对半导体激光器发展的贡献。

材料的研究和发展是半导体激光器的基础。日本科学家赤崎勇(Isamu Akasaki)、天野浩(Horishi Amano)和中村修二(Shuji Nakamura，美国籍)对Ⅲ-Ⅴ族氮化物材料的生长技术进行了突破性的研究，取得了蓝光波段到紫外波段的发光管和激光器的成功，获得 2014 年的诺贝尔物理学奖。

在半导体激光器的发展历史上，下面的事件具有里程碑的意义：

1962 年，在 GaAs 同质 PN 结上获得光受激发射，证明了半导体受激发射机理。

1969 年，实现 GaAs/AlGaAs 异质结激光器，为激光器室温连续工作拓开了道路。

1970 年，双异质结激光器获得 800 nm 波段的室温连续运转，成为高速光通信的发射机的核心器件。

　　20 世纪 70 年代末、80 年代初，获得分布反馈(DFB)激光器。

　　20 世纪 80 年代开始量子阱激光器的研究，随后开展应变层量子阱激光器的研究。

　　20 世纪 90 年代取得垂直腔面发射激光器和量子级联激光器的成功。

　　1980 年代开始半导体激光器的工作波长不断拓展，先后实现在 1300～1500 nm、980 nm、650 nm、2 μm 波段导体激光器，并获得 10～16 μm 中红外半导体激光器。

　　1990 年代至 21 世纪初，半导体激光器的输出功率取得了巨大进展，组合封装组件的输出功率可达上万瓦。

2. 半导体激光器的结构和工作原理

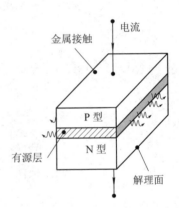

图 6-9　半导体激光器结构简图

　　半导体激光器是以一定的半导体材料做工作物质而产生激光的器件，其结构简图如图 6-9 所示。根据固体的能带理论，半导体材料中电子的能级形成能带。高能量的为导带，低能量的为价带，两带被禁带分开。通过一定的激励方式，引入半导体的非平衡电子-空穴对复合时，在半导体物质的能带(导带与价带)之间，或者半导体物质的能带与杂质(受主或施主)能级之间，实现非平衡载流子的粒子数反转，当处于粒子数反转状态的大量电子与空穴复合时，便产生受激发射作用，把释放的能量以发光形式辐射出去，这就是载流子的复合发光。一般所用的半导体材料有两大类，直接带隙材料和间接带隙材料，其中直接带隙半导体材料如 GaAs(砷化镓)比间接带隙半导体材料如 Si 有高得多的辐射跃迁几率，发光效率也高得多。与其他激光器相比，半导体激光器体积小、重量轻、运转可靠、耗电少、效率高。

　　半导体激光器(semiconductor laser)在 1962 年被成功激发，在 1970 年实现室温下连续输出。后来经过改良，开发出双异质接合型激光器及条纹型构造的激光二极管(laser diode)等，广泛使用于光纤通信、光盘、激光打印机、激光扫描器、激光指示器(激光笔)，是目前生产量最大的激光器。与发光二极管不同，半导体激光器中光的发射是受激辐射过程，因此半导体激光器是一种相干辐射光源。和非相干光源相比，它具有相干性好、方向性强、发射角小和能量高度集中等特点。此外，半导体激光器还具有体积小、效率高、能简单地利用调制偏置电流方法实现高频调制等独特优点。由于这些独特的性质，半导体激光器是光纤通信中最重要的光源之一，另外在要求装置轻便并对激光输出功率要求不高的场合，如短距离激光测距、引爆、污染检测等方面有广泛的应用前景。

　　半导体激光器是依靠注入载流子工作的，和其他激光器一样，要使半导体发射激光，必须具备以下三个基本条件：

　　(1) 要产生足够的粒子数反转分布，即高能态粒子数足够的大于处于低能态的粒子数；

　　(2) 有一个合适的谐振腔能够起到反馈作用，使受激辐射光子增生，以产生激光振荡；

　　(3) 要满足一定的阈值条件，以使光子增益等于或大于光子的损耗，形成振荡。

半导体激光器的工作原理是激励方式，利用半导体物质(即利用电子)在能带间跃迁发光，用半导体晶体的解理面形成两个平行反射镜面作为反射镜，组成谐振腔，使光振荡、反馈，产生光的辐射放大，输出激光。

半导体激光器的激励方式主要有三种，即电注入式、光泵式和高能电子束激励式。电注入式半导体激光器，一般是由砷化镓(GaAs)、硫化镉(CdS)、磷化铟(InP)、硫化锌(ZnS)等材料制成的半导体面结型二极管，沿正向偏压注入电流进行激励，在结平面区域产生受激发射。光泵式半导体激光器，一般用 N 型或 P 型半导体单晶(如 GaAS、InAs、InSb 等)做工作物质，以其他激光器发出的激光作光泵激励。高能电子束激励式半导体激光器，一般也是用 N 型或者 P 型半导体单晶(如 PbS、CdS、ZhO 等)做工作物质，通过由外部注入高能电子束进行激励。在半导体激光器件中，性能较好、应用较广的是具有双异质结构的电注入式 GaAs 二极管激光器，其结构图如图 6-10 所示。

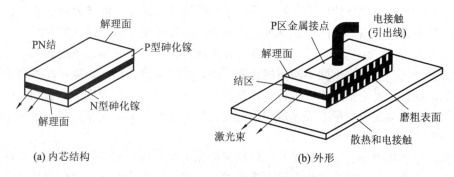

图 6-10　GaAs 激光器的结构简图

3．半导体激光器的特点

半导体激光器与其他激光器一样，具有高亮度、高相干性的优点。不同于常规的气体、固体激光器中受激发射发生在原子的能级之间，半导体中的受激发射发生在导带和价带之间，因此半导体激光器的物理过程与半导体中电子的运动密切相关。

与其他激光器相比，半导体激光器具有以下突出的优点：

(1) 直接电流注入泵浦，使用方便。不同于其他激光器的高压放电方法和固体激光器的光泵方法。

(2) 直接电流调制，调制速率极高，是其他激光器通过外部的体光学调制器实现调制所不能比拟的。

(3) 体积小、重量轻。与其他半导体电子学器件相同，具有低成本、大批量生产的优势。

(4) 波长覆盖从紫外到中红外波段，几乎连续可选的广阔波段。

与其他激光器相比，半导体激光器的缺点也是明显的，具体如下：

(1) 发散角大，而且在水平和垂直方向不对称。以单位面积和单位立体角发射的功率衡量，它的亮度其实与其他激光器相当，但是发散角大会带来使用时准直和聚焦等技术问题。

(2) 光谱线宽大，易受工作电流波动的影响。但这也带来了调谐简单易行的优点。

(3) 输出光功率小，但是其发光效率高，体积小可以组合，从而增大输出功率。

半导体激光器在广泛的应用领域中发挥着十分重要的作用，尤其是在信息技术领域。

通信网络是人类信息社会的神经网络，以半导体激光器为光源的光纤通信网络，包括骨干网、城域网和接入网，覆盖全球。光通信与无线通信相结合，使人和人之间可以即时联络，人人都可以享受各种信息资源，更不用说通信网络对于生产、服务、经济活动、文化生活以至政治、军事各个领域的重要作用。

半导体激光器也成为信息社会的大脑和眼睛中的一个不可或缺的元件。光盘信息的写入和读取、激光显示技术、各种光电传感器都有半导体激光器的身影。想想电视遥控器、CD 播放器、数码相机、DVD 播放器、激光指针、交通灯、互联网，每个人每天都会使用光电子元件数百次。

在科学技术的前沿研究领域，如激光致冷、频率标准、空间科学、精密测量等领域，半导体激光器被广泛使用。在国防军事、医疗保健等方面，它的作用也越来越明显，并不断地向社会生活的各个角落渗透。

半导体激光器在信息技术的发展中显示了巨大的社会效益和经济效益。激光技术应用的发展日新月异，一系列前沿科研领域对激光器的性能提出了越来越高的要求。大体来说两个方向引人注目：一是向大功率激光器组件发展。在固体激光器的泵浦光源、大型激光工程、材料加工、医疗等方面不断拓展它的应用。半导体激光器的高能量转换效率、宽的可选波长、高性价比、批量生产等特点，受到人们的重视。二是极大地改善和提高半导体激光器的相干性与光束质量。激光器相干性的主要标志是极窄的线宽，另一个重要标志是极低的噪声。

激光的主要特点是它的高相干性，包括空间相干性和时间相干性。空间相干性表征光束极好的方向性，在同样的输出功率下意味着高亮度，即单位面积、单位立体角发射的光功率高。时间相干性表征光波极高的单色性，也就是极窄的线宽，光的单色性具有相对性。日常生活中，源于太阳光和热辐射的自然光不是单色光。从棱镜或单色仪分解出来的光具有人眼可区分的颜色，基于原子、分子能级跃迁的光谱线，显示出极好的单色性。激光的发明大大提高了光谱线的单色性，对激光的稳频又进一步将光频提纯到极致。现代科学技术已获得频宽小于赫兹的激光。

4．半导体激光器的未来发展

20 世纪 60～70 年代是半导体激光器从出生到婴幼儿的时代。70 年代得益于异质结，大大降低了阈值电流，实现了常温连续运转。80 年代大体上解决了横模结构的设计和生长制备；在垂直于 PN 结方向上采用载流子和光波分别限制结构，在侧向采用异质掩埋条形、脊形波导等方法，获得基横模运转的激光器。单纵模激光器的获得基本上决定于净增益的谱宽与纵模间隔之比。半导体介质的增益谱很宽，这就要再引入纵模选择措施。DFB 将光栅引入激光器的有源区，其纵模选择作用远远高于其他方法，并且具有高速调制下的动态单纵模性能，满足光通信的需要。在世纪之交全球光纤通信发展的高潮中，DFB 激光器研发成熟，已投入商用。

进入 21 世纪以来，特别是科学技术前沿学科提出了许多新的应用，具体如下：

(1) 相干通信。光纤通信和计算机将人类社会的信息技术及其作用推到了空前的高度，然而人们享用信息的需求从未满足。相干通信利用光波的频率、相位、偏振态等所有参数作为信息载体，成倍地提高了信息系统的容量。这就不仅要求半导体激光的输出功率、调制速率和频率间隔满足系统要求，更要求高的相干性。

(2) 冷原子物理研究。原子的激光冷却是激光技术的一大成果。这一成果将频率标准和时间基准提高了数个量级。由于在激光冷却和陷俘原子领域的研究，美籍华裔科学家朱棣文(Steven Chu)、法国学者塔诺季(Claude Cohen Tannoudji)和美国学者菲利普斯(William D. Phillips)共同获得了 1997 年诺贝尔物理学奖。

(3) 光频率梳。冷原子钟的发展进一步形成了以光频率梳(Optical Frequency Comb)作为计数手段的光钟的概念。光频率梳和相关的激光精密光谱学技术是激光领域的又一大成果。对此作出贡献的美国科学家 John L. Hall 和德国科学家 Theodor W. Hänsch 共同获得了 2005 年诺贝尔物理学奖。冷原子物理和光梳这两大成果的研究工作运用了许多光学和激光的器件与技术，也包括高性能的半导体激光器。由于半导体激光器使用方便、性价比高，在这些前沿技术的实用化仪器中将得到越来越多的应用。

(4) 高精度、超长距离的干涉测量和光谱测量。光学干涉测量是计量学的一个高峰。迈克耳孙干涉仪企图测量光波在"以太"中速度的变化，成为爱因斯坦相对论的实验基础。现在，人们正在用超长距离的干涉仪测量引力波，以半导体激光器为光源的干涉仪已经在许多场合得到应用，一个典型例子是水听器和地听器。从海洋科学、地球科学的基础学科，到航海、海洋渔业、地震预报、海疆防卫，人们越来越重视水听器和地听器的研发与应用。在这些基于干涉测量的技术中，要求测量的分辨率低于波长数个量级。以半导体激光器为光源的干涉仪和各种测量、监控仪器，正在成为空间有效载荷的一个组成部分。

这些半导体激光器本身还在不断发展之中，它的应用也在继续拓展。

6.3　光电探测器

6.3.1　概述

光电探测器的主要作用是将入射光信号转换为电信号，如图 6-11 所示，随后这些电信号可以被放大、显示或再传输。通常固态探测器具有光敏、紧凑、工作电压低和成本低等特点，因此在许多探测系统中都采用固态光电探测器。

在不同的应用系统中，对探测器的要求是不同的。在成像应用系统中，探测器的关键指标是信噪比、尺度分辨率、灰度分辨率(在黑白对比度中区别不同灰度的能力)、可探测输入光波范围和光谱响应速度等。在光波通信系统中，探测器的设计要求是

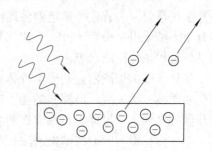

图 6-11　光电效应示意图

确保信号识别率、避免信号间的干扰和保持高工作速度或宽带宽等。在光通信系统中，探测器的关键因素是响应速度。相比较，在绝大多数的成像应用中，响应速度相对而言并不太重要。

光电探测器主要有光电导、光电二极管、光电晶体管、光电金属-半导体-金属(Metal

Semi Conductor Metal，MSM)等几种器件。每种器件分别有其优缺点，对于光电晶体管，其优点是可以通过晶体管放大功能获得高增益，缺点是制作工艺复杂和所需的面积较大；光电导的制作工艺简单、适合低压工作并且与平面集成电路工艺完全兼容；光电二极管，特别是雪崩光电二极管，相对于光电导器件能够提供更高的增益带宽特性，相对于光电晶体管具有较小面积和制造简单的优点，而且该器件具有高增益和低噪声的特点，因此光电二极管具有广泛的应用；对于光电 MSM，具有设计简单、与集成电路工艺兼容、适合于芯片探测应用等特点。

　　针对于通信和系统集成芯片探测的应用，MSM 结构和雪崩光电二极管应该是最有应用前景的半导体光电结构。二者都具有较大的工作带宽、广的频谱范围、高增益、高频率响应并且与集成电路制造工艺兼容等特点，MSM 和光电二极管探测器的增益、带宽和频率响应对器件的设计参数非常敏感，器件尺寸、偏置、掺杂浓度等的变化会严重影响器件特性。

　　关于光电探测器的材料，由于化合物半导体具有较宽的频谱范围和直接带隙的特点，因此特别适合制作光电探测器。光的吸收和辐射主要出现在直接带隙半导体材料中，如 GaAs、InP、GaInAs、GaN、ZnS 等，这是因为直接带隙半导体中的光电转换效率高、吸收系数大等。根据不同的禁带宽度，直接带隙半导体检测光的范围可以涵盖远红外到紫外光的光谱范围。

　　半导体光电探测器是用来探测光子的器件，其功能是将光信号转换成为电信号，该类器件主要利用了两类光电效应，即光电导效应和光生伏特效应。光电导效应和光生伏特效应都属于内光电效应，价带中的电子在吸收光子后，若跃迁到导带，则产生电子-空穴对；若施主能级上的束缚电子受激跃迁到导带，或价带中的电子受激跃迁到受主能级，则产生自由电子或自由空穴。这些由光激发的载流子统称为光生载流子。

　　光生载流子将使半导体的电导率增大，这便是光电导效应，利用光电导效应的探测器，称为光电导探测器。在 PN 结、肖特基势垒等具有内建电场的半导体器件中，光生电子和空穴将受内建电场的作用作漂移运动。若器件开路，则在器件两端产生光生电动势，这就是光生伏特效应；若在外部把器件连接起来，则有光电流流过。利用光生伏特效应的探测器有 PN 结光电二极管、PIN 光电二极管、肖特基势垒二极管、雪崩倍增光电二极管、光电晶体管和光休探测器等。

　　半导体光电探测器是利用半导体材料的内光电效应来接收和探测光信号的器件。随着现代科学技术的发展，所探测的相干或非相干光源的波长，已从可见光波段延伸到红外光区和紫外光区。半导体材料只能探测具有足够能量的光子，即该材料长波限以下的光子。有关半导体材料与所能探测光谱波长范围的数学关系为

$$\lambda \leq \lambda_{max} = \frac{1.24}{E_g} \ (\mu m) \tag{6-2}$$

式中：λ 为能被探测的光波长；λ_{max} 为半导体材料的长波限；E_g 为材料的禁带宽度，单位为 eV。

　　半导体光电探测器中有三个基本过程：光子入射到半导体中激励产生载流子；载流子输运及倍增；电流经过外电路作用后输出信号，完成对光子的探测过程。

6.3.2　光电导探测器

　　光电导的基本工作原理就是光照会引起材料的电导率发生改变，具有光电导效应的物体称为光电导体。当光照射到半导体材料上时，由于材料吸收光子的能量，引起载流子浓度增大，材料电导率增大，称为光电导效应。通过检测由于光照产生光生载流子，从而引起光电导体内的电流变化，可判断光照的情况。利用这一特性制得的光电导传感器就是光敏电阻。光敏电阻的原理图和符号如图 6-12 所示，其结构图如图 6-13 所示。

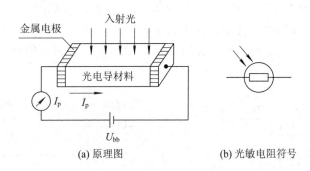

(a) 原理图　　　　　　　　　(b) 光敏电阻符号

图 6-12　光敏电阻原理及符号

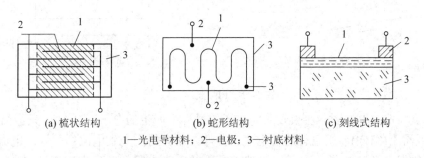

(a) 梳状结构　　　　　(b) 蛇形结构　　　　　(c) 刻线式结构

1—光电导材料；2—电极；3—衬底材料

图 6-13　光敏电阻结构示意图

　　光生载流子的产生和消失都有一个延迟过程，因此，光照开始后，光电流不会突然阶跃增加，而是呈指数增加。同样，光照结束以后，光电流也不会马上消失，而是随时间呈指数下降。其特征时间参数是少数载流子寿命，光电导的开关速度反比于少子寿命。关于少子寿命的相关知识，感兴趣的读者可以参考半导体物理相关章节。光电导半导体设计过程中，往往要顾全增益和速度两个指标，进行折中设计。

6.3.3　光电二极管

　　光电二极管(Photo Diode)和普通二极管一样，也是由一个 PN 结组成的半导体器件，也具有单方向导电特性。不同之处是在光电二极管的外壳上有一个透明的窗口以接收光线照射，实现光电转换，在电路图中文字符号一般为 VD，电路符号如图 6-14 所示。在电路中光电二极管不作整流元件，只作光信号转换成电信号的光电传感器件。

图 6-14　光电二极管电路符号

　　普通二极管在反向电压作用时处于截止状态，只能流过微弱的反向电流，光电二极管在设计和制作时尽量使 PN 结的面积相对较大，以便接收入射光。光电二极管是在反向电压作用下工作的，没有光照时，反向电流极其微弱，称为暗电流；有光照时，反向电流迅速增大到几十微安，称为光电流。光的强度越大，反向电流也越大。光的变化引起光电二极管电流变化，这就可以把光信号转换成电信号，成为光电传感器件。

　　光电探测器是一个改进的 PN 结。创建一个圆形的 PN 结，并非常谨慎地从集电结上面将金属层除去，入射光子的目标收集点位于 PN 结的空间电荷区域，在此处发生能带弯曲，因此产生电场。可以通过建立一个所谓的 PIN 结来最大化集电区的体积，即通过在掺杂浓度很高的 P 型、N 型半导体之间，加一层轻掺杂(即低浓度掺杂)的 N 型材料，称为 I 层(即 Intrinsic，本征的)。因为是轻掺杂，电子浓度很低，扩散以后形成一个很宽的耗尽层，如图 6-15(a)所示，这样提高了相应速度和转换效率。PIN 光电二极管的结构示意图如图 6-15(b)所示。

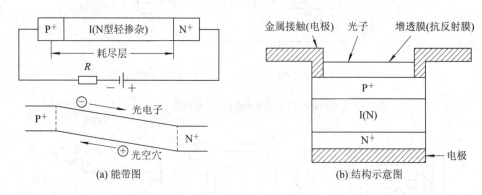

图 6-15　PIN 光电二极管

　　如果反向偏置 PIN 结，在吸收入射光子的过程中产生的电子-空穴对，只会沿能带缘滑下(电子)或滑上(空穴)，产生有用的电流。开灯，就会得到光生电流；关灯，电流就消失，即一个光触发开关产生了。由于可以使用最小的寄生电阻和寄生电容制造 PIN 光电探测器，它可以对光线作出非常迅速的反应(十亿分之一秒)。不同带隙的半导体类型对应不同的光的波长，而这类半导体是用于制造光电探测器的核心。例如，硅适合探测阳光，但不适用于探测电视机遥控器发出的信号。直接带隙材料仍将提供最佳的效率。

　　为了吸收一个光子，任何材料都需要有可用的电子来吸收入射光子的能量，把它们提高到一个更高的能量状态。作为绝缘体，无法从可见光中吸收光子，就等于是透明的。像玻璃这样的材料是透明的，自由电子很难通过，因此光吸收很难发生。金属不同于半导体，是由可以有效吸收光子的自由电子的海洋组成的。金属往往是明亮又有光泽的，表明入射光能有效地从它们的表面反射出来。但是，即使银这种反射性能最好的金属，照射在其表面上的可见光也只有约 88%被反射，其余的部分被金属吸收了。金属也可以很好地吸收红外电磁辐射。光电探测器的顶部金属会吸收或反射所有的入射光，在 PIN 结内就只能收集到很少的光甚至收集不到光，因此必须去掉光电探测器顶部的接触金属。

　　用于制作光电二极管的材料对于产品属性至关重要，因为只有具备充足能量光子才能够激发电子穿过能隙，从而产生显著的光电流。表 6-1 包括了用于制造光电二极管的常见材料及其波长范围。

表 6-1 制造光电二极管的常见材料及其波长范围

常见材料	电磁波谱波长范围(单位：nm)
硅	190~1100
锗	400~1700
砷化铟镓	800~2600
硫化铅	<1000~3500

硅光电二极管具有更大的能隙，它在应用过程中产生的信号噪声比锗光电二极管小。

对于许多应用产品来说，光电二极管或者其他光导材料能够根据所受光的照度来输出相应的模拟电信号(例如测量仪器)，或者在数字电路的不同状态间切换(例如控制开关、数字信号处理)。

光电二极管可以被用于测量光，常工作在照相机的测光器、路灯亮度自动调节等中。光电二极管在消费电子产品，例如 CD 播放器、烟雾探测器以及控制电视机、空调的红外线遥控设备中也有应用。在科学研究和工业中，光电二极管常常被用来精确测量光强，因为它比其他光导材料具有更良好的线性。在医疗应用设备中，光电二极管也有着广泛的应用，例如脉搏探测器以及 X 射线计算机断层成像(Computed Tomography, CT)。各种光电二极管实物图如图 6-16 所示。

　　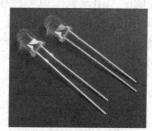　　

(a) 硅 PIN 光电二极管　　　　(b) 光敏二极管　　　　(c) 红外二极管

图 6-16　各种光电二极管

一个由上千个光电二极管组成的一维管组可以用来构成位置传感器、角度传感器。所有类型的光传感器都可以用来检测突发的光照，或者探测同一电路系统内部的发光。光斩波器通过分析接收到光照的情况来分析外部机械元件的运动情况。光电二极管常常和发光器件(通常是发光二极管)被合并在一起组成一个模块，这个模块常被称为光电耦合元件，其作用就是在模拟电路以及数字电路之间充当中介，这样两段电路就可以通过光信号耦合起来，这可以提高电路的安全性。

6.3.4　光电晶体管

光电晶体管又称光电三极管，除具有光电转换的功能外，还具有放大功能，在电路图中文字符号一般为 VT，电路符号如图 6-17 所示。光电三极管因输入信号为光信号，所以通常只有集电极和发射极两个引脚线。同光电二极管一样，光电三极管外壳也有一个透明窗口，以接收光线照射。

一个典型的光电晶体管的结构示意图如图 6-18 所示，器件的集电结(即基极-集电极间的 PN 结)面积非常大。同普通三极管不同，光电三极管的基区电流由光信号产生，一般不需要基极注入电流，所以基区没有引出电极。实际器件大部分采用基区浮空结构，可以进一步消除基极电容，提高器件的响应速度。

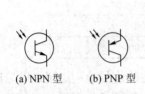

(a) NPN 型   (b) PNP 型

图 6-17   光电三极管电路符号

图 6-18   光电晶体管的结构示意图

光电晶体管也可以采用异质结结构。异质结光电晶体管采用宽带隙发射区，克服了同质结基区电阻大、发射结电容大、频率特性差等缺点，在长波段光纤通信系统中作为高灵敏、快速及低噪声接收器件得到极大的重视。

把发光器(红外线发光二极管 LED)与受光器(光敏半导体管)封装在同一管壳内，就制得了光耦，即光电耦合器(Optical Coupler，OC)。光耦是以光为媒介来传输电信号的器件，是 20 世纪 70 年代发展起来的新型器件。

光耦的工作原理是：当输入端加电信号时发光器发出光线，受光器接收光线之后就产生光电流，从输出端流出，从而实现了"电—光—电"转换。利用光电耦合器，将输入端的信号以光为媒介耦合到输出端，输出和输入之间绝缘，达到输入输出隔离，小信号控制大信号，弱电控制强电等目的。同时它还具有体积小、寿命长、无触点、抗干扰能力强、单向传输信号等诸多优点。图 6-19 是常见的光耦电路图。

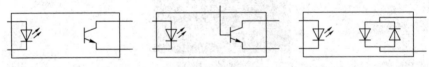

图 6-19   光耦电路图

光耦一般由三部分组成：光的发射、光的接收及信号放大。输入的电信号驱动发光二极管(LED)，使之发出一定波长的光，被光探测器接收而产生光电流，再经过进一步放大后输出，完成了电—光—电的转换，从而起到输入、输出、隔离的作用。

光耦分为线性光耦和非线性光耦。线性光耦的电流传输特性曲线接近直线，并且小信号时性能较好，能以线性特性进行隔离控制。如开关电源中常用的光耦就是线性光耦。常用的线性光耦是 PC817A-C 系列。非线性光耦的电流传输特性曲线是非线性的，这类光耦适合于开关信号的传输，不适合于传输模拟量。常用的 4N 系列光耦属于非线性光耦。

光耦输入、输出间互相隔离，电信号传输具有单向性，因而它具有良好的电绝缘能力和抗干扰能力。光耦在长线传输信息中作为终端隔离元件，可以大大提高信噪比；在计算机数字通信及实时控制中作为信号隔离的接口器件，可以大大提高计算机工作的可靠性。由于光耦合器的输入端属于电流型工作的低阻元件，因而具有很强的共模抑制能力，在各种电路中得到广泛的应用。目前它已成为种类最多、用途最广的光电器件之一。

6.3.5   电荷耦合器件(CCD)

电荷耦合器件(Charge Coupled Device，CCD)是 1969 年由美国 AT&T 公司贝尔实验室

的博伊尔(Willard Boyle)和史密斯(George E. Smith)等人研制成功的一种新型半导体器件，能够把光学影像转化为电信号。虽然不大起眼，但它是一个可以捕获高清数字图像的神奇设备。CCD上的微小光敏物质称为像素(Pixel)。一块CCD上包含的像素数越多，其提供的画面分辨率也就越高。CCD的作用就像胶片一样，但它是把光信号转换成电荷信号。CCD器件自问世以来，由于具有一些独特的性能，在摄像、信息处理和信息存储等方面得到了广泛的应用。

实际上，CCD是作为一种复杂的存储器而开始其使命的。博伊尔和史密斯起初致力于开发"电视电话"，特别是对现在被称为半导体的"磁泡存储器"进行研究。把这两项计划合并后，博伊尔和史密斯把他们的构想设计称为"电荷'泡泡'器件"。该设计的本质在于弄清楚如何沿半导体表面从 A 点到 B 点转移收集到的电荷。但是，当时只可以在一个点为CCD"注入"电荷，然后读出来。但很快就清楚，CCD也可以通过光吸收同时在许多点接收电荷，这提供了一个聪明的新方法来生成图像。1970年贝尔实验室的研究人员已经能够使用一维线性阵列捕获黑白影像，接着现代CCD诞生了。有几家公司(包括美国仙童半导体公司、RCA公司和德州仪器公司)注意到这个发明，开始了他们自己的开发计划。仙童半导体公司是市场首入者，到1974年，它拥有了一维线性500像素的CCD和二维100×100像素的CCD。在岩间和夫的领导下，索尼公司也开始大力开发CCD，主要致力于在摄像机上的应用，并获得了巨大的成功。2006年1月，博伊尔和史密斯因为在CCD方面的研究工作，获得了由美国工程院颁发的被誉为"工程界的诺贝尔奖"的德雷珀奖(Charles Stark Draper Prize)。

CCD的发展简史如下：

1969年，CCD由美国的贝尔研究室所开发出来。同年，日本的SONY公司也开始研究CCD。

1973年1月，SONY中研所发表第一个以96个图素并以线性感知的二次元影像传感器"8H*8V (64图素) FT方式三相CCD"。

1974年6月，彩色影像用的FT方式32H*64V CCD研究成功了。

1976年8月，完成实验室第一支摄影机的开发。

1980年，SONY发表全世界第一个商品化的CCD摄影机 (编号XC-1)。

1981年，发表了28万个图素的CCD(电子式稳定摄影机MABIKA)。

1983年，19万个图素的IT方式CCD量产成功。

1984年，发表了低污点高分辨率的CCD。

1987年，1/2 inch 25万图素的CCD在市面上销售。同年，发表2/3 inch 38万图素的CCD，且在市面上销售。

1990年7月，诞生了全世界第一台V8。

CCD出现以前，摄影业使用"胶卷"照相，胶卷上的感光物质曝光以后，在胶片冲洗中心的暗房内进行冲洗，即使是一名职业摄影师，也许一卷胶卷的36张照片中也只有少数让自己满意。仅仅几年，数码相机的CCD成像器就使摄影业发生了翻天覆地的变化。数码相机不仅时尚、轻巧，且具有的千万像素足以媲美单反相机的图像质量，即刻检视功能可以在冲印前存储照片或删除不需要的照片。在一块拇指盖大小的压缩闪存或者小型SD卡上可以存储500张照片，现在几乎所有手机都有数码相机功能。

CCD 成像器集成电路采用数码存储图像。为什么数码这么重要？因为使用传统集成电路技术，数字图像("1"和"0")非常易于存储、操纵和传输。要制造一个成像器，问题是如何"读出"由图像传感器的二维图像阵列(像素)内的图像生成的电荷？CCD 成像过程开始于模拟领域。基本上，CCD 就像一个模拟"移位寄存器"，在打开和关闭转移栅极的时钟信号控制下，通过(在电容器上)连续的存储过程，使光生模拟信号(即电子)点对点地传输(转移)为二维像素阵列。也就是说，当影像曝光完成后，CCD 按顺序将每个像素的光生电荷数据包传输到一个共同的输出节点，然后使用晶体管放大器将其电荷转换成电压，接下来将其传送至芯片，由数码相机内部进行数据处理，拍摄的照片的 JPEG 文件就生成了。

　　数码相机导出的数字图像文件的扩展名为.jpg。jpg 代表 JPEG，称为"静止图像压缩标准"，以创建了压缩标准的委员会的名字加以命名。该委员会于 1986 年成立，并于 1992 年最终颁布了 JPEG 标准(1994 年批准为 ISO 10918-1) 。JPEG 与 MPEG ("运动图像压缩标准")不同，MPEG 提供视频文件的数据压缩方案。JPEG 定义了"编解码器"，规定了图像压缩成数字量的算法，然后解压缩回图像，以及用来容纳这些压缩位的文件格式。通过压缩，让图像文件所占内存缩小，这样可以更有效地存储，但这么做是要付出代价的。JPEG 使用的压缩方式是"有损耗"的，这意味着压缩算法使视觉质量变差了一些。使用 JPEG 压缩或解压缩的图像文件常称为"JPEG 文件"。JPEG 是在互联网上存储和传输数字照片最常用的文件格式，但它的压缩算法实际上并不适合线条图和其他文字或图标图像，除此之外还有其他压缩格式，例如 PNG、GIF 和 TIFF 格式等。但是，对于数码相机的彩色照片，还是考虑 JPEG 格式比较好。

　　CCD 相机包括两个不同部分：CCD 成像器本身，以及操作它的数据处理引擎。一般来说，"CCD"常常被误用作一种图像传感器的同义词，其实严格来说，"CCD"这个术语只是指从图像传感器芯片读出二维图像的方式。一个好的数码相机可能包含 800 万像素(8 兆，即 $8×10^6$)甚至 1000 万像素的 CCD 成像器 IC。

　　CCD 其实有许许多多不同的应用，包括可以为存储器和处理模拟信号的信号延迟技术提供技术支持。然而，目前 CCD 最广泛的应用是提取二维像素阵列(相机)收集的光生电荷，这种 CCD 成像的应用太有优势了。今天，CCD 已经无处不在，比如数码摄影、摄像机、天文学相关设备、光学扫描器、基于卫星的远程成像系统、夜视系统，以及大量的医疗成像应用等。一个制作精良的 CCD 能够对 70%的入射光作出响应，胶片只能捕捉大约 2%的入射光，这使它们的效率远远超过胶片，因而 CCD 应用于光学、天文学的优势是显而易见的。

　　电荷耦合摄像器件是一种集光电转换、信号存储、信号传输(自扫描)以及输出于一体的半导体非平衡功能器件，具有体积小、重量轻、电压低、功耗小、抗冲击、耐振动、抗电磁干扰、寿命长、图像畸变小、无残像等优点。

　　电荷耦合摄像器件可分为线阵和面阵两类，主要由信号输入、信号电荷转移和信号输出三部分组成。CCD 工作时，首先由光学系统把景物聚焦在器件的感光区，感光阵列存储了一个与光强成正比的电荷图像，随着时间的增加，积累电荷越来越多，这就是光电转换和存储过程。然后器件进入电荷转移过程，以一定方式给不同的栅极加时钟脉冲，使电荷按一定的顺序转移，先是电荷的垂直转移过程，电荷以列的方式进入暂存区，再是电荷的水平转移过程，通过读出寄存器，将暂存区中的每行电荷从输出端输出，从而实现把图像转变为视频信号的过程。

CCD 的一个很大特点是输出的信号与入射光照度呈线性关系，因此非常适合用作摄像器件。另外，CCD 是非稳态工作器件，光生载流子可以存储在 MOS 电容的深耗尽层中，但在实际的工作过程中，由于热激发产生的少数载流子也会进入到深耗尽层中，因此即使没有光照和电注入，也存在不希望有的暗电流。暗电流是评价 CCD 摄像器件的重要指标，尤其在整个摄像区域不均匀时更是如此。CCD 摄像器件是一种低噪声器件，因此可用于微光成像。CCD 摄像器件的噪声主要是由转移损失、SiO_2-Si 的界面态和预放器中的热噪声、信号电流中的杂散噪声及外加脉冲所引起的。CCD 摄像器件的最高分辨率由水平和垂直方向的像素总数决定，另外分辨率还受到传输效率的影响，传输效率越高，分辨率也越高。

自第一个电荷耦合器件发明以来，由于该器件具有工艺简单、工作速度快、功耗低和集成度高等优点，得到了很快的发展，特别是在摄像传感器方面，CCD 已开始取得主导地位，它可以取代广播电视、安全控制、工业监控、传真发射、交通控制、电视电话、卡片阅读等装置中较为复杂的光导摄像管。CCD 也可用于微光摄像、测量、跟踪指导、粒子探测以及其他测量场合，另外，目前已经采用 Ge 及其他红外敏感材料作为衬底材料，发展了 CCD 红外摄像阵列，这种红外 CCD 成像传感器主要应用于军事、地球资源勘察以及其他红外探测应用中。数码相机内的 CCD 图像传感器如图 6-20 所示。

图 6-20 数码相机内的 CCD 图像传感器

和传统底片相比，CCD 更接近于人眼对视觉的工作方式，只不过，人眼的视网膜是由负责光强度感应的杆细胞和色彩感应的锥细胞分工合作组成视觉感应。CCD 经过长达几十年的发展，大致的形状和运作方式都已经定型。CCD 主要是由一个类似马赛克的网格、聚光镜片以及垫于最底下的电子线路矩阵所组成的。图 6-21CCD 为黑白 CCD 组成结构图，图 6-22 所示为彩色 CCD 组成结构图。

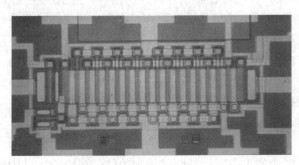

图 6-21 黑白 CCD 组成结构图   图 6-22 彩色 CCD 组成结构图

CCD 上有许多排列整齐的光电器件，能感应光线，并将光信号转变成电信号，经外部采样放大及模数转换电路转换成数字图像信号。从结构上讲，电荷耦合器件是一种金属(M)-氧化物(O)-半导体(S)结构的 MOS 器件。

CCD 器件采用 MOS 电容作为其基本结构，但它与 MOS 器件的工作原理不同，MOS 晶体管是利用栅极下的半导体表面形成的反型层(即沟道)进行工作的，而 CCD 器件是利用栅极下半导体表面形成的耗尽层(势阱)进行工作的，是一种非稳态工作器件，CCD 器件的工作机制是借助 MOS 电容形成深耗尽状态。以 P 型硅衬底为例，对于 MOS 电容栅上加正电压会在沟道中形成反型层，但这是一种稳态情况下的结果，其中反型层中的电子由耗尽层中产生的电子-空穴对来提供，而电子-空穴对的产生却需要一定时间。当栅电极加上电压的瞬间，反型层还不能立刻形成，但为了维持电荷守恒，半导体中的电荷完全由耗尽层中的空间电荷组成，因此这时的耗尽区宽度往往很大，其宽度由栅压 V_G 决定，这时的半导体表面电势 V_S 也直接由 V_G 的大小决定。此时的器件处于非平衡状态，随着耗尽层中产生的电子-空穴对增多，电子在半导体表面逐渐积累，最终形成反型层，则器件达到了热平衡状态，耗尽层宽度变小，表面电势也会钳位在一个固定值上。因此在深耗尽状态下，器件的表面存在着一个深的电子势阱，会吸引电荷进入到该势阱中。CCD 中的 MOS 电容正是利用深耗尽状态下形成的深势阱来储存光生载流子的，而且储存的电荷量与入射光子数呈线性关系，即将入射光信号转换为电信号(电荷量)。CCD 结构和工作原理图如图 6-23 所示。

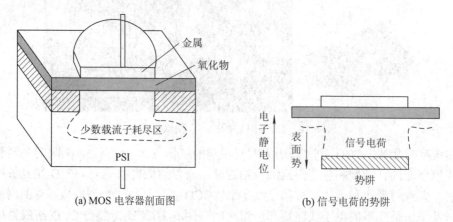

(a) MOS 电容器剖面图　　　　　　　(b) 信号电荷的势阱

图 6-23　CCD 结构和工作原理图

一个完整的 CCD 由光敏单元、转移栅、移位寄存器及一些辅助输入、输出电路组成。CCD 工作时，在设定的积分时间内由光敏单元对光信号进行取样，将光的强弱转换为各光敏单元的电荷量。取样结束后各光敏元电荷由转移栅转移到移位寄存器的相应单元中。移位寄存器在驱动时钟的作用下，将信号电荷顺次转移到输出端。将输出信号接到示波器、图像显示器或其他信号存储、处理设备中，就可对信号再现或进行存储处理。由于 CCD 光敏元可做得很小(约 10 μm)，所以它的图像分辨率很高。CCD 工作过程如图 6-24 所示。

CCD 的性能很大程度上是由电荷图像的生成决定的，CCD 电荷图像的生成是 CCD 工作最重要的过程之一。CCD 电荷图像的生成过程就是光电转换的过程，CCD 电荷图像的生成机理是半导体的光电效应，CCD 电荷图像的生成理论是固体物理的能带理论。CCD 的感光部分通常由 MOS 电容的二维阵列组成，当具有不同明暗信息的图像信号入射到该阵列时，每个感光单元(MOS 电容)会存储入射到该单元的光流量，整个一维阵列将入射图像转换成一个具有有限像素的电荷图像。这就是 CCD 成像的基本原理。

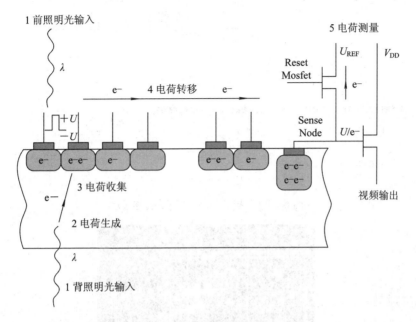

图 6-24　CCD 工作过程

生成电荷图像后接着就是如何将图像信号传输出去，CCD 的基本结构如图 6-25 所示，首先在 P 型硅衬底片上生长 SiO_2 层，然后在 SiO_2 层上形成间隔排列电极，每个电极与其下方的氧化层和半导体构成了 MOS 电容结构，光线可以穿过电极进入到半导体中，为了完成电荷图像的转移需要借助外加连续的时序脉冲电压，每个电极上可外加"高"和"低"两个电压值，通过不同电极上高低电压的不同组合可完成电荷转移功能，MOS 电容器中存储电荷的移动是利用电势阱来完成的，好比水桶满了，就会按顺序倾倒至相邻水桶。这里给出的是三相电荷传输过程，实际的器件结构还会采用不同的电极结构和时钟脉冲序列，根据所加脉冲电压的相数分类，CCD 有二相系统、三相系统和四相系统。

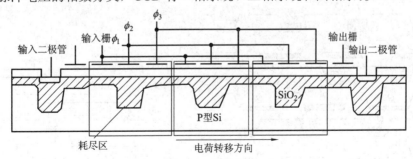

图 6-25　CCD 的 MOS 结构

图 6-26 给出了三相 CCD 工作情况，每一个像素上有三个金属电极，依次在上面施加三个不同相位的控制脉冲，控制电荷实现了定向转移。图 6-27 为三相 CCD 中电荷包的转移过程，图 6-28 所示为三相 CCD 中电荷包的转移时序图。

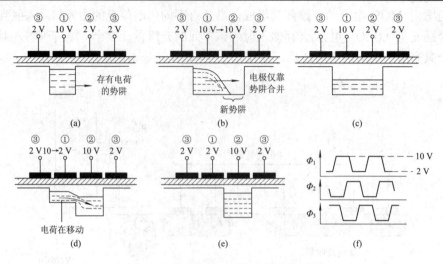

图 6-26　三相 CCD 中电荷的转移过程

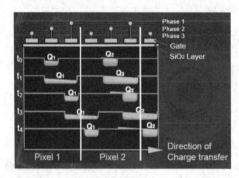

图 6-27　三相 CCD 中电荷包的转移过程

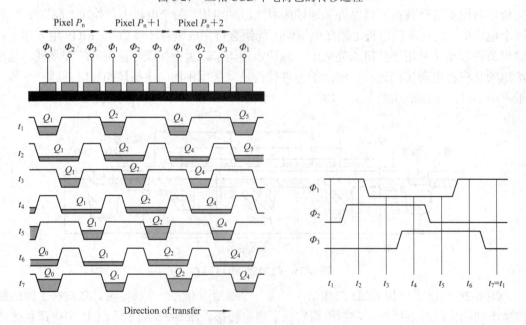

图 6-28　三相 CCD 中电荷包的转移时序图

那么，到底如何使用 CCD 得到彩色图像？现在的彩色数码相机一般在 CCD 成像器上使用"拜耳滤镜"。每个由四个像素组成的正方形中，一个是过滤后的红色像素，一个是过滤后的蓝色像素，两个是过滤后的绿色像素。其结果是每个像素收集图像强度，但色彩分辨率比强度分辨率低一些。使用所谓的"3-CCD"成像器和棱镜把图像分解成红、绿、蓝三原色，可以更好地实现色彩分离。对 3 个 CCD 中的每一个进行优化，以响应特定的颜色。一些高端数字视频摄影机使用了这种技术。3-CCD 成像优于拜耳滤镜 CCD 成像方法的另一点是，它具有较高的量子效率，因此对于一定的相机光圈来说，具有更好的感光度。这是因为在 3-CCD 成像器中大多数进入光圈的光线由光传感器捕捉，而拜耳滤镜吸收了落在每个 CCD 像素的大部分光线。不用说，超高分辨率的 CCD 成像器很昂贵。另一些高端相机使用旋转彩色滤光片，同时实现色彩保真和高分辨率，但这类优点很多的相机仍然很罕见，仅可以拍摄静止的对象。显然，CCD 相机仍在发展之中。

　　数字成像领域的热点除了集中在传统 CCD 成像器上，还有所谓的"CMOS 成像器"，后者是新生力量。CMOS 图像传感器 1989 年开始研制出来。1990 年，CMOS 专用的 DSP 研发成功。2002 年，CMOS 的 C3D(CMOS Color Captive)技术开始应用。CCD 成像器和 CMOS 成像器的关系非常密切，因为它们都使用 MOSFET 和 PN 结进行工作，在每个像素中都与局部光照强度成正比地积累光生电荷。当曝光完成后，CCD 连续地将每个像素的电荷包传输到一个共同的输出节点，将电荷转变成电压，并把它送到芯片外进行处理。但是，在 CMOS 成像器中，电荷到电压的转换发生在每个像素中。这种图像识别技术的差异具有重大的系统设计意义。在 CMOS 成像器中，像素本身具有简单的架构，可以是最基本的"被动式像素"，也可以是更复杂的"主动式像素"，即相机界所谓的"智能像素"。

　　在 CMOS 成像系统中，成像器本身在数据被送往相机的"大脑"之前进行了许多像素上的数据处理。CMOS 成像器往往倾向于更加紧密地与 CMOS 技术的进展同步，并利用计算机行业的发展优势，制造更大、更快、更便宜的像素阵列。CCD 和 CMOS 比较示意图如图 6-29 所示。

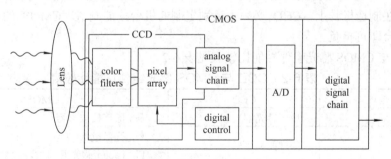

图 6-29　CCD 和 CMOS 比较示意图

　　一般情况下，比较新的 CMOS 成像器以降低图像质量(尤其是在低光照条件下)和系统设计的灵活性为代价，提供卓越的集成度(更高的像素密度)、较低的功耗、简化的系统形式因素。CMOS 成像器因而成为大容量、有限空间应用的首选技术，因为其图像质量要求较低，故适合安全摄影机、PC 视频会议、无线手持设备视频会议系统、条形码扫描仪、传真机、商用扫描仪、玩具、生物统计学，以及部分汽车内部使用。不过 CCD 成像系统却以增加系统尺寸为代价，提供了卓越的图像质量和灵活性。它们依然存在于大多数高端成像应用的技

术,如数码摄影、广播电视、高性能的工业成像,以及大部分的科研和医学应用。此外,CCD
的灵活性意味着与使用 CMOS 成像器的用户相比,CCD 成像器用户可以获得更大的系统差
异。将来,CCD 成像器和 CMOS 成像器在不断变化的市场环境中都将扮演重要的角色。

　　CMOS 每个画素包含了放大器与 A/D 转换电路,过多的额外设备压缩单一画素的感光
区域的表面积,因此在相同画素下,同样大小的感光器尺寸,CMOS 的感光度会低于 CCD。

　　CMOS 每个画素的结构比 CCD 复杂,其感光开口不及 CCD 大,相对比较相同尺寸的
CCD 与 CMOS 感光器时,CCD 感光器的分辨率通常会优于 CMOS。不过,如果跳脱尺寸
限制,目前业界的 CMOS 感光元件已经可达到 1400 万画素/全片幅的设计,CMOS 技术在
良品率上的优势可以克服大尺寸感光元件制造上的困难,特别是全片幅大小。

　　CMOS 每个感光二极管旁都搭配一个 ADC 放大器,如果以百万画素计,那么就需要
百万个以上的 ADC 放大器,虽然是统一制造的产品,但是每个放大器或多或少都有些微小
的差异存在,很难达到放大同步的效果,对比单一个放大器的 CCD,CMOS 最终计算出的
噪声就比较多。

　　CMOS 应用半导体工业常用的 MOS 制程,可以一次整合全部周边设施于单芯片中,
节省加工芯片所需负担的成本和良率的损失;CCD 采用电荷传递的方式输出信息,必须另
辟传输信道,如果信道中有一个画素故障(Fail),就会导致一整排的信号壅塞,无法传递,
因此 CCD 的良品率比 CMOS 低,加上另辟传输通道和外加 ADC 等周边,CCD 的制造成
本相对高于 CMOS。

　　CMOS 的影像电荷驱动方式为主动式,感光二极管所产生的电荷会直接由旁边的晶体
管做放大输出;CCD 却为被动式,必须外加电压让每个画素中的电荷移动至传输通道,而
这外加电压通常需要 12 V 以上的水平,因此 CCD 还必须要有更精密的电源线路设计和耐
压强度,高驱动电压使 CCD 的电量远高于 CMOS。

　　个别画素寻址 IPA(Individual Pixel Addressing)常被使用在数字变焦放大之中,CMOS
必须仰赖 x、y 画面定位放大处理,否则由于个别画素放大器的误差,容易产生画面不平整
的问题。在制造机具上,CCD 必须由特别定制的机台才能制造,CMOS 的生产一般内存/
处理器机台即可担负。

　　CCD 与 CMOS 感光组件性能比较表见表 6-2。

表 6-2　CCD 与 CMOS 感光组件性能比较表

比较项	CCD	CMOS
设计	单一感光器	感光器连接放大器
灵敏度	同样面积下较高	感光开口较低 (Fill Factor 感光开口大,较高)
成本	高(线路质量影响良品率)	低(整合制程)
分辨率	高(结构复杂度低)	传统技术较低;新技术摆脱面积限制,可达全片幅
噪声比	低(单一放大器主控)	高(多元放大器,误差大)
耗能比	高(需加外电压导出电荷)	低(画素直接放大)
反应速度	慢	快
个别画素寻址(IPA)	无	有
制造机具	特殊订制机台	可以使用内存或处理器制造机

6.4　半导体太阳能电池

太阳不仅为动植物生长提供能量，也是煤、石油、天然气这些由古代有机物在几百万年前通过光合作用形成的物质的能量之源。本质上讲，地球上所有能源都来自于太阳。地球表面的大片区域享受着明媚的阳光。以前人们只是简单利用这些极其丰富的资源，随着化石能源的减少和环境压力的增大，太阳能的利用正逐渐引起人们的浓厚兴趣。照在不同大陆表面的太阳能功率密度为 1 kW/m^2。使用太阳能电池获得自由光子，可以进行稳定的能源生产。鉴于人类目前在清洁能源领域面临着严重的制约，太阳能发电将在 21 世纪全球能源生产中发挥日益重要的作用。

6.4.1　PN 结的光生伏特效应

太阳能电池有一个大家都可以辨识的典型外观。图 6-30 是太阳能电池板上的太阳能电池组，图 6-31 是用于民用建筑的太阳能电池板。此外，太阳能电池也是所有卫星系统、航天器上的主要动力源，并因此被明确为全球通信基础设施的必备组分。

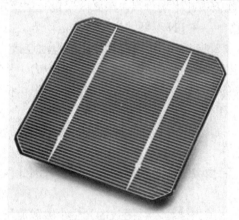

图 6-30　太阳能电池组　　　　　　　　　　图 6-31　太阳能电池板

与半导体光电器件不同，太阳能电池无需外加电压，可直接将光能转换成电能，并驱动负载工作，太阳能电池的工作机理是光生伏特效应，即吸收光辐射而产生电动势。1839年，贝克里尔(Becqurel)首次在液体中发现这种效应，他观察到插在电解液中两电极间的电压随光照强度变化的现象。1876 年在固体硒中，弗里兹(Fritts)也观察到这种效应。1954 年，第一个实用的半导体硅 PN 结太阳能电池问世，半导体太阳能电池的优点是效率高、寿命长、重量轻、性能可靠、维护简单、使用方便。长期以来，半导体太阳能电池一直用作卫星和太空船的长期电源，也可用来为小电器(计算器)、热水器和照明等应用提供能源。

最简单的太阳能电池是由 PN 结构成的，如图 6-32 所示，它看起来非常像一个光电探测器，必须尽量减少表面的金属覆盖。

只要把太阳能电池放在阳光下，适当波长的光照射 PN 结时，就会神奇地在它的两极之间产生一个虽小但却很明显的电压。

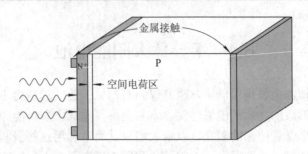

图 6-32　太阳能电池的基本结构

究其原因，当太阳能电池受到光照时，由于半导体内的光吸收(光在 N 区、空间电荷区和 P 区被吸收)，分别产生电子-空穴对。由于从太阳能电池表面到体内入射光强度成指数衰减，在各处产生光生载流子的数量有差别，沿光强衰减方向将形成光生载流子的浓度梯度，从而产生载流子的扩散运动。N 区中产生的光生载流子到达 PN 结区 N 侧边界时，由于内建电场的方向是从 N 区指向 P 区，静电力立即将光生空穴拉到 P 区，光生电子阻留在 N 区。同理，从 P 区产生的光生电子到达 PN 结区 P 侧边界时，立即被内建电场拉向 N 区，空穴被阻留在 P 区。同样，空间电荷区中产生的光生电子-空穴对则自然被内建电场分别拉向 N 区和 P 区。PN 结及两边产生的光生载流子就被内建电场分离，在 P 区聚集光生空穴，在 N 区聚集光生电子，使 P 区带正电，N 区带负电，在 PN 结两边产生光生电动势。由于内建场的作用，半导体内部产生电动势(光生电压)，若将 PN 结短路或为太阳能电池连接"负载"(例如灯泡或电池，甚至电网)，则会出现电流(光生电流)，产生"无偿"的电力。从本质上讲，太阳能电池起到小而灵巧的光电转换器的作用，而这个过程被称为"光生伏特效应"(即光生电压，Photo Voltage)，简称"光伏"(PV)。

从半导体物理原理来看，设入射光垂直 PN 结面时，若结较浅，则光子将进入 PN 结区，甚至深入到半导体内部。能量大于禁带宽度的光子，由本征吸收在结的两边产生电子-空穴对。在光激发下多数载流子浓度一般改变很小，而少数载流子浓度却变化很大，因此主要研究光生少数载流子的运动。

由于 PN 结势垒区内存在较强自 N 区指向 P 区的内建场，结两边的光生少数载流子受该场的作用，P 区的电子穿过 PN 结进入 N 区，N 区的空穴进入 P 区，使 P 端电势升高，N 端电势降低，于是在 PN 结两端形成了光生电动势，这就是 PN 结的光生伏特效应。由于光照产生的载流子各自向相反方向运动，从而在 PN 结内部形成自 N 区向 P 区的光生电流 I_L。由于光照在 PN 结两端产生光生电动势，相当于在 PN 结两端加正向电压 U，使势垒降低为 qU_D-qU，产生正向电流 I_F。在 PN 结开路情况下，当光生电流和正向电流相等时，PN 结两端建立起稳定的电势差 U_{OC}，这就是光电池的开路电压。如将 PN 结与外电路接通，只要光照不停止，电流就会源源不断通过电路，PN 结起到了电源的作用。这就是光电池的基本原理。金属-半导体形成的肖特基势垒层也能产生光生伏特效应(肖特基光电二极管)，其过程和 PN 结相类似。

太阳能电池的特色外观包含了交叉金属齿，它用来减少金属覆盖面，同时为电池提供良好的电接触。正如光电探测器一样，太阳能电池"看见"的入射光强度越大，可供使用的光生电流就越大。典型的太阳能电池结构如图 6-33 所示，其上表面有栅线形状的上电极，背面为背电极，在太阳能电池表面通常还镀有一层减反射膜。

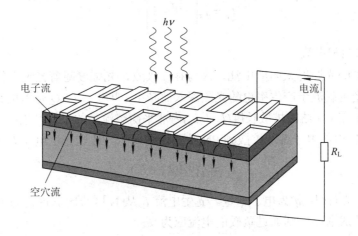

图 6-33　典型的太阳能电池结构

6.4.2　太阳能电池的电流-电压特性

太阳能电池的总电流可以写为

$$I_{总}=I_{暗}+I_{亮} \tag{6-3}$$

式中：$I_{暗}$是无光照时正常的与电压有关的 PN 结二极管电流；$I_{亮}$是光照时的电流，它是负的，与结电压无关。

如果太阳能电池短路(在 PN 结的阳极和阴极之间连接金属丝，这样整个结电压为零)，即使不施加电压也有电流流过，这就是 I_{SC}，即短路电流。相反，如果将太阳能电池断路(即 $I_{总}=0$，断开 PN 结之间连接阴阳极的金属丝)，那么由此产生的电压 U_{OC} 为断路电压。

图 6-34 显示了太阳能电池的电流-电压特性，图中第四象限是太阳能电池工作区。

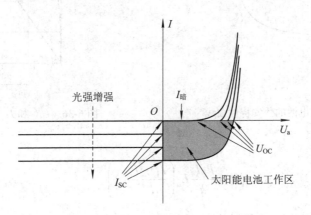

图 6-34　太阳能电池的电流-电压特性

太阳能电池工作时共有三股电流：光生电流 I_L、光生电压 U 作用下的 PN 结正向电流 I_F 和流经外电路的电流 I。I_L 和 I_F 方向相反，都流经 PN 结内部。

根据 PN 结整流方程，在正向偏压光生电压 U 作用下，通过 PN 结的正向电流为

$$I_F = I_s\left(e^{\frac{qU}{k_0T}} - 1\right) \tag{6-4}$$

式中，I_s 是反向饱和电流。

用一定强度的光照射太阳能电池，因为存在吸收，光强度随着光透入的深度按指数规律下降，因而光生载流子产生率也随光照深入而减小，即产生率 Q 是深度 x 的函数。为了简化，用 $\overline{Q}$ 表示在 PN 结的扩散长度$(L_p + L_n)$内非平衡载流子的平均产生率，并设扩散长度 L_p 内的空穴和 L_n 内的电子都能扩散到 PN 结面而进入另一边则光生电流 I_L 为

$$I_L = q\overline{Q}A(L_p + L_n) \tag{6-5}$$

式中：A 是 PN 结面积；q 为电子电量。光生电流 I_L 从 N 区流向 P 区，与 I_F 反向，若光电池与负载电阻接成通路，则通过负载的电流应为

$$I = I_L - I_F = I_L - I_s\left(e^{\frac{qU}{k_0T}} - 1\right) \tag{6-6}$$

这就是太阳能电池的伏安特性，其曲线如图 6-35 所示。图中曲线 1 和 2 分别为无光照和有光照时太阳能电池的伏安特性。U_{OC} 和 I_{SC} 随光强度的变化曲线如图 6-36 所示。

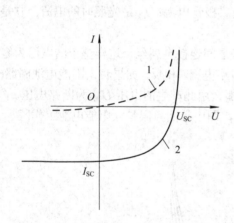

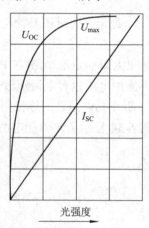

图 6-35　光电池的伏安特性曲线　　　　图 6-36　U_{OC} 和 I_{SC} 随光强度的变化曲线

从式(6-6)可解得

$$U = \frac{k_0T}{q}L_n\left(\frac{I_L - I}{I_s} + 1\right) \tag{6-7}$$

在 PN 结开路情况下，两端的电压即为开路电压 U_{OC}，这时，流经负载 R 的电流 $I = 0$，$I_L = I_F$。将 $I = 0$ 代入式(6-6)，得开路电压 U_{OC} 为

$$U_{OC} = \frac{k_0T}{q}L_n\left(\frac{I_L}{I_s} + 1\right) \tag{6-8}$$

在 PN 结短路情况下，$U = 0$，因而 $I_F = 0$，这时所得的电流为短路电流 I_{SC}，从式(6-7)得

$$I_{SC} = I_L \tag{6-9}$$

说明这时候短路电流等于光生电流。

U_{OC} 和 I_{SC} 是光电池的两个重要参数，两者都随光照强度的增强而增大。根据式(6-3)和式(6-6)，可以看出短路电流 I_{SC} 和开路电压 U_{OC} 随光照强度的变化规律。I_{SC} 随光照强度线性地上升，而 U_{OC} 则成对数式增大，如图 6-36 所示。必须指出，U_{OC} 并不随光照强度无限地增大。当光生电压 U_{OC} 增大到 PN 结势垒消失时，得到最大光生电压，因此，U_{max} 应等于 PN 结势垒高度 U_D，与材料掺杂程度有关。实际情况下，U_{max} 与禁带宽度 E_g 相当。

6.4.3　太阳能电池的效率

硅太阳能电池是一种不需要加偏置电压就能把光能直接转换成电能的 PN 结光电器件。它主要向负载提供电源，因此要求光电转换效率高、成本低。由于它具有结构简单、体积小、重量轻、可靠性高、寿命长、可在空间直接将太阳能转化成电能等特点，因此成为航天工业中的重要电源，而且还被广泛地应用于供电困难的场所和一些日用便携电器中。

根据太阳能电池的材料和结构不同，分为许多种形式：P 型和 N 型材料均为相同材料的同质结太阳电池(如晶体硅太阳电池)、P 型和 N 型材料为不同材料的异质结太阳电池(硫化镉/碲化镉、硫化镉/铜铟硒薄膜太阳电池)、金属-绝缘体-半导体(MIS)太阳电池、绒面硅太阳电池、激光刻槽掩埋电极硅太阳电池、钝化发射结太阳电池、背面点接触太阳电池、叠层太阳电池等。

单晶体硅太阳能电池非常昂贵，而且由于制备工艺困难，其尺寸大小通常被限制在直径 15 cm 左右。太阳能驱动的系统通常需要面积非常大的太阳能电池阵列，以产生出足够的能量，非晶硅太阳能电池为制造大面积和相对便宜的太阳能电池系统提供了可能性。

如果采用 CVD 技术，当硅的淀积温度低于 600℃时，会形成非晶硅，并且与其衬底材料没有关系，在非晶硅中，其原子有序距离非常短，在长程范围内表现为无序状态，观察不到晶体结构。在非晶硅制备中需要加入氢以减少悬挂键，这样生成的材料通常称为氢化非晶硅。非晶硅具有非常高的光吸收系数，因此大部分的太阳光在离表面 1 μm 范围内被吸收掉，这样只需很薄的非晶硅就可以制备出太阳能电池。典型的非晶硅太阳能电池为一个 PIN 器件。将非晶硅淀积在可透光的锡化铟氧化层上，其下还有一层玻璃作衬底。如果采用铝作为背部接触，铝膜可以将穿透过器件的光子反射回器件中。N$^+$ 和 P$^+$ 区非常薄，而本征区的厚度可达到 0.5~1.0 μm，本征区域产生的过剩电子和空穴在电场的作用下相互分离，并导致光生电流。

虽然非晶硅的能量转换系数不如单晶硅高，但由于非晶硅太阳能电池具有制作工艺简单、成本低廉的优点，已引起了人们的普遍重视。目前已经制备出大约 40 cm 宽、几米长的非晶硅太阳能电池，并且有些非晶硅太阳能电池还可以卷起来，使用非常方便，因此利用非晶硅制作太阳能电池具有非常广阔的应用前景。

究竟怎样才能制造出好的太阳能电池？这完全取决于发电效率，即相同入射光功率下输出多少功率的电。

硅 PN 结太阳能电池的最大转换效率约为 28%，采用精心设计的微机械加工技术(MEMS)对入射光子的收集最大化，迄今为止可以取得的最好效率约为 22%。也就是说，

1.0 W 的免费光功率可以转化为 0.22 W 的电功率。考虑到非理想因素，如串联电阻和半导体表面反射等，转换效率会降低，典型值通常为 10%～15%。为了提高电池的输出能量，可利用一个大的光学透镜将太阳光聚焦到太阳能电池上，这样能够将入射光强提高上百倍。虽然短路电流可以随光强线性增加，但开路电压随光强只略微增加。采用光学透镜提高入射光强度的方法的主要优势是可以减少太阳能电池的面积，从而降低系统的整体费用。

对于直接带隙的 III-V 族太阳能电池来说，效率目标是 50%。显然，低成本批量制造硅基(单晶或多晶硅)太阳能电池对于地面发电市场是相当有诱惑力的，因而声势浩大的"太阳能农场"是最终目标。更昂贵的 III-V 族太阳能电池可用于关键应用，如卫星系统，那里的电力需求相对较小，但发射重量和系统效率却是一切，太阳能电池在这两方面都具有优势。

由于太阳能电池能够以较高的转换效率将几乎是取之不尽的太阳光能直接转换为电能，提供几乎是永久性的动力，而且还不会造成任何污染，因此它是地球上新型能源的最重要候选者。可以说，在许多方面，如果不考虑与制造它们相关的碳排放，光伏发电是终极绿色电源。随着即将枯竭的(而且对环境不友好的)化石燃料成本的上升，光伏发电量成为全球电网发电量的关键部分很可能指日可待了。通过半导体和微纳电子制造技术的魔法全部都可能实现。

目前太阳能电池的成本还较高，大规模的应用还受到一定限制，但太阳能电池在空间、海洋以及地面应用中都得到了广泛的重视，特别是在卫星等领域中已经得到了广泛的应用。

太阳能电池转换效率的定义为输出电能与入射光能的比率。如果选择的负载电阻值能使输出电压和电流的乘积最大，即可获得最大输出功率 P_m，$P_m = U_m I_m$。此时的工作电压和工作电流称为最佳工作电压 U_m 和最佳工作电流 I_m。

在最大功率输出的情况下，有

$$\eta = \frac{P_m}{P_{in}} \times 100\% = \frac{I_m U_m}{P_{in}} \times 100\% \qquad (6\text{-}10)$$

在太阳能电池的极限情况下，最大电流和电压分别为 I_{SC} 和 U_{OC}，则 $I_m U_m / I_{SC} U_{OC}$ 的比值为提取因子，是用来衡量太阳能电池中可用能量的参数。典型的提取因子值为 0.7～0.8。

当太阳光照射在太阳能电池上时，能量小于禁带宽度 E_g 的光子不能被吸收。只有能量大于 E_g 的光子才可能对太阳能电池的输出功率有贡献，但其中依然有部分能量大于 E_g 的光子以热的形式被消耗掉。

目前的太阳能电池基本上都是采用大面积的 PN 结制造而成的，其主要材料是硅、GaAs等。衡量太阳能电池的一个重要指标是电池转换效率，室温下影响该效率的主要因素为器件表面对太阳光的反射、PN 结漏电流和寄生串联电阻等。为了提高转换效率，可以采用异质结太阳能电池，它是由不同禁带宽度的半导体材料组成的，GaAs/AlGaAs 异质结太阳能电池的转换效率已经可以达到24%以上。

太阳能电池的作用是尽可能多地吸收太阳光并把其转换成电能。吸收 0.3～1.2 μm 波长阳光对太阳能电池尤为重要，这是因为太阳能的主要能量都是集中在这个光波波段，并且这个波段的光可以激发硅半导体中的电子和空穴。太阳能电池的吸光效率取决于其前后表面的表面结构、层与层之间的接触以及反射层。通常情况下，接触面积越小，其吸收太阳能的能力就越强，这是因为上表面接触主要作为保护层，下表面接触主要用于减小长波反射。

太阳能电池的电能转换效率同样也依赖于前后接触的位置和大小。通常情况下，接触面积越大，导电性越好。吸收太阳光的能力与电能转换效率和接触面积的相反特性，导致太阳能电池不可能同时具有好的光学和电学性能。模拟这两种相反效应的物理机制有利于提高太阳能电池的整体性能。

总而言之，光生伏特效应最重要的应用之一，是将太阳辐射能直接转变为电能。太阳能电池是一种典型的光电池，一般由一个大面积硅 PN 结组成。也有用其他材料，如 GaAs 等制成光电池。太阳能电池作为长期电源，已在人造卫星及宇宙飞船中广泛使用。半导体光生伏特效应也广泛应用于辐射探测器，包括光辐射及其他辐射。其突出优点是不需要外接电源，直接通过辐射或高能粒子激发产生非平衡载流子，通过测量光生电压来探测辐射或粒子的强度。

复习思考题

1. 什么叫光的波粒二象性？
2. 光电器件主要包含哪几类？
3. 光电发射主要有哪两种类型？有何异同？
4. 举例说明半导体电致发光机理。
5. 半导体发光二极管的优点是什么？
6. 简述半导体激光器的工作原理。
7. 光电探测器有哪些典型器件？
8. 简单描述 CCD 工作原理。
9. 简述 CCD 和 CMOS 的优缺点。
10. 什么是光伏效应？简述光伏效应的原理。

第七章　新型半导体材料

　　微电子学研究发展的核心是集成电路(IC)，随着微电子技术的发展，集成电路的集成度不断攀升，集成化器件的特征尺寸已经进入纳米级，在原理、结构和制造工艺等方面都有重大突破，同时出现了许多拥有新概念、新机理的电子器件。纳电子器件不仅仅是微电子器件尺寸的进一步缩小，更重要的是它们的工作将依赖于器件的量子特性，而且其功能也将获得突破。纳电子学的研究也必将从根本上改变电子技术的面貌，超越目前集成电路发展中遇到的物理和工艺极限，发展全新的集成电路设计和制作方法。

　　纳电子器件制造途径有两条：一是传统的"自上而下(Top-down)"制造，继承微电子制造工艺，以硅、砷化镓为主的无机半导体材料构成的微电子器件尺寸逐渐小下去，即按比例缩小至纳米级的方法；二是从原子、分子入手，基于物理/化学生长、组装，使有机/无机和生物学功能材料的尺度长大起来，形成纳米结构，即所谓的"自下而上(Down-top)"模式，将分子组装成功能器件。

　　现代信息技术的基石是集成电路芯片，而组成集成芯片的器件中约 90%源于硅基CMOS 技术。经过将近半个世纪奇迹般的发展，硅基 CMOS 技术已走到了 22 nm 技术节点，即将进入 14 nm 节点。2005 年，国际半导体技术路线图(International Technology Roadmap for Semiconductors，ITRS)委员会首次明确指出在 2020 年前后硅基 CMOS 技术将达到其性能极限，后摩尔时代的集成电路技术的研究变得日趋紧迫。目前很多人认为微电子工业走到14 nm 技术节点时可能不得不放弃继续使用硅材料作为晶体管导电沟道。在为数不多的几种可能的替代材料中，碳基纳米材料，特别是碳纳米管和石墨烯(或更严格地讲是单层或几层石墨片)被公认为是硅材料最有希望的替代材料之一。

　　国际半导体技术路线图委员会新材料(Emerging Research Materials)和新器件(Emerging Research Devices)委员会在考察了所有可能的硅基 CMOS 替代技术之后，于 2008 年明确向半导体行业推荐重点研究碳基电子学(Carbon-Based Electronics)，它可能成为未来 10～15年显现商业价值的下一代电子技术。为此，美国国家科学基金委员会(National Science Foundation，NSF)除了在执行了十余年的美国国家纳米技术计划(National Nanotechnology Initiative，NNI)中继续对碳纳米材料和相关器件予以重点支持外，2008 年还专门启动了一个名为"超越摩尔定律的科学与工程"(Science and Engineering Beyond Moore's Law，SEBML)的项目。这个研究计划与 NNI 并列为美国 NSF 的十大重点资助项目，专门资助那些可能替代当前硅技术的研究，其中碳基电子学研究被视为重中之重。项目于 2008 年启动时年预算为 818 万美元，2009 年增加到 1568 万美元，2010 年继续增加到 4668 万美元，2011 年超过了 7000 万美元，2012 年达到了 9619 万美元。美国国家纳米技术计划从 2010 年开始将"2020 年后的纳电子学"(Nanoelectronics for 2020 and Beyond)设置为 3 个重中之重的成名计划(Signature Initiatives)之一，2011 年的预算为 5500 万美元，2012 年增至 10 400 万美元。

欧盟于 2013 年 1 月 28 日也启动了石墨烯旗舰计划,在未来十年以 10 亿欧元的强度资助石墨烯研究。这些项目极高的支持强度和增长速度充分显示了美国和欧盟等发达国家和地区要继续占据信息领域核心制高点的决心。我国碳基纳电子学研究起步于 20 世纪,随着技术进步和国家一系列项目资金投入力度不断加大,在碳纳米管材料可控生长、碳纳米管场效应晶体管(CNTFET)和 CMOS 电路的研究方面取得了一系列重要的突破。

碳是一种神奇的元素,可呈现各类稳定的结构,包括三维绝缘体性的金刚石、二维半金属性的石墨、一维金属性或半导体性的碳纳米管、零维的以 C_{60} 为代表的富勒烯等。碳和硅在元素周期表中同族,可以想象碳原子的不少性能都会与硅原子相近。在最外壳层,碳原子和硅原子都有 4 个价电子,分别占据着原子最外壳层的 s 轨道和 p 轨道。碳原子和硅原子的最大不同是碳原子最外壳层的 2s 轨道与 2p 轨道具有较为接近的能量,这个特性使得碳原子具有更多的轨道杂化形式,因而具有更丰富的成键方式。一个 s 轨道与一个 p 轨道可以组合成两个互成 180° 角的 sp 杂化轨道,许多线性分子结构(如乙炔)可以方便地用这种杂化轨道来描述。一个 s 轨道与两个 p 轨道可以组合成三个互成 120° 角的 sp^2 杂化轨道。本章主要介绍的石墨烯和碳纳米管中的碳原子均以 sp^2 杂化轨道成键,形成六次对称的网络结构。

一个 s 轨道与三个 p 轨道可以组合成四个互成约 109° 角的 sp^3 杂化轨道。金刚石结构即可用 sp^3 杂化轨道描述,其中的碳原子以四面体结构连接。硅单晶的结构也是这样的,但金刚石中的 C—C 间距远小于单晶硅的 Si—Si 间距,金刚石中的 C—C 键也远强于单晶硅中的 Si—Si 键。以 sp 和 sp^2 杂化轨道为基础构成的硅结构的能量要远高于以 sp^3 轨道为基础所构成的硅单晶结构,因而常见的稳定硅结构就只有金刚石结构的单晶硅。而碳原子可以通过不同的 s-p 杂化轨道成键,形成三维金刚石、二维石墨烯、准一维碳纳米管以及零维的富勒烯等单质碳结构。

7.1　石　墨　烯

石墨烯(Graphene)即为"单层石墨片",是构成石墨的基本单元结构,也是真正意义上的二维晶体。石墨烯一层层叠起来就是石墨,厚 1 mm 的石墨大约包含 300 万层石墨烯。铅笔在纸上轻轻划过,留下的痕迹就可能是几层甚至一层石墨烯。实际上石墨烯本来就存在于自然界,只是难以剥离出单层结构。人类研究石墨和石墨烯材料已经很长时间了。早在 20 世纪 90 年代,人们就在金属如 Pt 和 SiC(0001)面上生长出单层和几层的石墨烯材料,但是一直以来人们都不能将单层石墨烯放到绝缘基底上,因此无法对其电学性能进行测量。直到 2004 年,两位在英国曼彻斯特大学工作的俄裔科学家康斯坦丁·诺沃肖洛夫(K. S. Novoselov)和安德烈·海姆(A. K. Geim)才发展了一种简单易行的方法,成功从石墨中分离出石墨烯,并于次年将单层石墨烯转移到绝缘基底上,证实它可以单独存在,随后他们对石墨烯进行了量子霍尔效应的系统测量,由此引发了全球范围内的石墨烯研究热潮。2010年 12 月,两位科学家因"在二维空间材料石墨烯方面的开创性试验"被授予该年度的诺贝尔物理学奖。

石墨烯既是最薄的材料,也是最强韧的材料,断裂强度比最好的钢材还要高 200 倍。

同时它又有很好的弹性，拉伸幅度能达到自身尺寸的 20%。它是目前自然界最薄、强度最高的材料，如果用一块面积为 1 m² 的石墨烯做成吊床，那么本身重量不足 1 mg 的吊床可以承受一只 1 kg 猫的重量。

石墨烯目前最有潜力的应用是成为硅的替代品，制造超微型晶体管，生产未来的超级计算机。若用石墨烯取代硅，则计算机处理器的运行速度将会提高数百倍。

另外，石墨烯几乎是完全透明的，只吸收 2.3% 的光。而且它非常致密，即使是最小的气体原子(氢原子)也无法穿透。这些特征使得它非常适合作为透明电子产品的原料，如透明的触摸显示屏、发光板和太阳能电池板。

作为目前发现的最薄、强度最大、导电导热性能最强的一种新型纳米材料，石墨烯被称为"黑金"，是"新材料之王"，科学家甚至预言石墨烯将"彻底改变 21 世纪"，极有可能掀起一场席卷全球的颠覆性新技术、新产业革命。

7.1.1　石墨烯的背景介绍

2004 年，当时英国曼彻斯特大学的两位科学家安德烈·海姆和康斯坦丁·诺沃肖洛夫发现他们能用一种非常简单的方法得到越来越薄的石墨薄片。他们从高定向热解石墨中剥离出石墨片，然后将薄片的两面粘在一种特殊的胶带上，撕开胶带，就能把石墨片一分为二。不断地这样操作，于是薄片越来越薄，最后，他们得到了仅由一层碳原子构成的薄片，那就是石墨烯。这以后，制备石墨烯的新方法层出不穷，人们发现，将石墨烯带入工业化生产的领域已为时不远了。随后几年，安德烈·海姆和康斯坦丁·诺沃肖洛夫在单层和双层石墨烯体系中分别发现了整数量子霍尔效应及常温条件下的量子霍尔效应，他们也因此获得 2010 年度诺贝尔物理学奖。

在发现石墨烯以前，大多数物理学家认为，热力学涨落不允许任何二维晶体在有限温度下存在。所以，石墨烯的出现震撼了凝聚体物理学学术界。

7.1.2　石墨烯的主要制备方法

制备石墨烯常见的方法为机械剥离法、氧化还原法、SiC 外延生长法和化学气相沉积法(CVD)。

机械剥离法就是利用物体与石墨烯之间的摩擦和相对运动，得到石墨烯薄层材料的方法。这种方法操作简单，得到的石墨烯通常保持着完整的晶体结构，但是得到的片层小，生产效率低。

氧化还原法是通过将石墨氧化，增大石墨层之间的间距，再通过物理方法将其分离，最后通过化学法还原，得到石墨烯的方法。这种方法操作简单，产量高，但是产品质量较低。

SiC 外延生长法是通过在超高真空的高温环境下，使硅原子升华脱离材料，剩下的碳原子通过自组形式重构，从而得到基于 SiC 衬底的石墨烯。这种方法可以获得高质量的石墨烯，但是这种方法对设备要求较高。

CVD 是目前最有可能实现工业化制备高质量、大面积石墨烯的方法。用这种方法制备的石墨烯具有面积大和质量高的特点，但现阶段成本较高，工艺条件还需进一步完善。

7.1.3　石墨烯的主要分类

石墨烯按照结构可以分为单层石墨烯、双层石墨烯、少层石墨烯、多层或厚层石墨烯等几种。

(1) 单层石墨烯(Graphene)：由一层以苯环结构(即六角形蜂巢结构)周期性紧密堆积的碳原子构成的一种二维碳材料。

(2) 双层石墨烯(Bilayer or Double-layer Graphene)：由两层以苯环结构(即六角形蜂巢结构)周期性紧密堆积的碳原子以不同堆垛方式(包括 AB 堆垛、AA 堆垛、AA'堆垛等)堆垛构成的一种二维碳材料。

(3) 少层石墨烯(Few-layer)：由 3～10 层以苯环结构(即六角形蜂巢结构)周期性紧密堆积的碳原子以不同堆垛方式(包括 ABC 堆垛、ABA 堆垛等)堆垛构成的一种二维碳材料。

(4) 多层或厚层石墨烯(Multi-layer Graphene)：厚度在 10 层以上、10 nm 以下以苯环结构(即六角形蜂巢结构)周期性紧密堆积的碳原子以不同堆垛方式(包括 ABC 堆垛、ABA 堆垛等)堆垛构成的一种二维碳材料。

7.1.4　石墨烯的基本特性和主要应用

石墨烯具有完美的二维晶体结构，它的晶格是由六个碳原子围成的六边形，厚度为一个原子层。碳原子之间由 σ 键连接，结合方式为 sp^2 杂化，这些 σ 键赋予了石墨烯极其优异的力学性质和结构刚性。石墨烯的硬度比最好的钢铁强 100 倍，甚至还要超过钻石。在石墨烯中，每个碳原子都有一个未成键的 p 电子，这些 p 电子可以在晶体中自由移动，且运动速度是光速的 1/300，赋予了石墨烯良好的导电性。石墨烯是新一代的透明导电材料，在可见光区，四层石墨烯的透过率与传统的 ITO 薄膜相当，在其他波段，四层石墨烯的透过率远远高于 ITO 薄膜。

石墨烯是已知的世上最薄、最坚硬的纳米材料，它几乎是完全透明的，只吸收 2.3% 的光；导热系数高达 5300 W/(m·K)，高于碳纳米管和金刚石，常温下其电子迁移率超过 15 000 cm^2/(V·s)，又比纳米碳管或硅晶体高，而电阻率为 6～10 Ω·cm，比铜或银更低，是世上电阻率最小的材料。因其电阻率极低，电子迁移的速度极快，所以被人们期待可用来发展更薄、导电速度更快的新一代电子元件或晶体管。由于石墨烯实质上是一种透明、良好的导体，也适合用来制造透明触控屏幕、光板，甚至是太阳能电池。

石墨烯的出现在科学界激起了巨大的波澜。人们发现，石墨烯具有非同寻常的导电性能，超出钢铁数十倍的强度和极好的透光性，它的出现有望在现代电子科技领域引发新一轮革命。在石墨烯中，电子能够极为高效地迁移，而传统的半导体和导体，例如硅和铜远没有石墨烯表现得好。由于电子和原子的碰撞，传统的半导体和导体用热的形式释放了一些能量，一般的电脑芯片就是以这种方式浪费了 72%～81% 的电能，但石墨烯不同，它的电子能量不会被损耗，这使它具有了非比寻常的优良特性。

石墨烯独特的性能与其电子能带结构紧密相关。石墨烯是一种由碳原子以 sp^2 杂化连接形成的单原子层二维晶体，其厚度为 0.335 nm，碳原子规整地排列于蜂窝状点阵结构单元中。电子显微镜下观测的石墨烯片，其碳原子间距仅为 0.142 nm。石墨烯结构示意图见图 7-1。

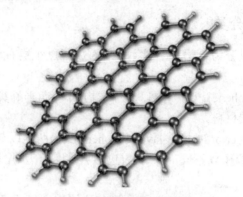

图 7-1　石墨烯结构示意图

以独立碳原子为基，将周围碳原子产生的势作为微扰，可以用矩阵的方法计算出石墨烯的能级分布。在狄拉克点(Dirac Point)附近展开，可得能量与波矢呈线性关系(类似于光子的色散关系)，且在狄拉克点出现奇点(Singularity)。这意味着在费米面附近，石墨烯中电子的有效质量为零，这也解释了该材料独特的电学等性质。

石墨烯对物理学基础研究有着特殊意义，它使一些此前只能纸上谈兵的量子效应可以通过实验来验证，例如电子无视障碍、实现幽灵一般的穿越。但更令人感兴趣的是它所具有的许多"极端"的物理性质。

因为只有一层原子，电子的运动被限制在一个平面上，石墨烯有着全新的电学属性。石墨烯是世界上导电性最好的材料，电子在其中的运动速度达到了光速的1/300，远远超过电子在一般导体中的运动速度。

石墨烯有趣的应用包括：在塑料里掺入百分之一的石墨烯，就能使塑料具备良好的导电性；加入千分之一的石墨烯，能使塑料的抗热性能提高30℃。据此，人们可以研制出薄、轻、拉伸性好和超强韧的新型材料，用于制造汽车、飞机和卫星。

随着批量化生产以及大尺寸等难题的逐步突破，石墨烯的产业化应用步伐正在加快，基于已有的研究成果，最先实现商业化应用的领域可能会是移动设备、航空航天、新能源电池领域。

消费电子展上可弯曲屏幕备受瞩目，成为未来移动设备显示屏的发展趋势。柔性显示未来市场广阔，作为基础材料的石墨烯前景也被看好。有数据显示近几年全球对手机和平板电脑触摸屏的需求量很大，这为石墨烯的应用提供了广阔的市场。韩国三星公司的研究人员也已制造出由多层石墨烯等材料组成的透明可弯曲显示屏，相信大规模商用指日可待。

另一方面，新能源电池也是石墨烯最早商用的一大重要领域。之前美国麻省理工学院已成功研制出表面附有石墨烯纳米涂层的柔性光伏电池板，可极大降低制造透明可变形太阳能电池的成本，这种电池有可能在夜视镜、相机等小型数码设备中得到应用。另外，石墨烯超级电池的成功研发，也解决了新能源汽车电池的容量不足以及充电时间长的问题，极大地加速了新能源电池产业的发展。这一系列的研究成果为石墨烯在新能源电池行业的应用铺就了道路。

由于高导电性、高强度、超轻薄等特性，石墨烯在航天军工领域的应用优势也是极为突出的。前不久美国 NASA 开发出应用于航天领域的石墨烯传感器，它能很好地对地球高空大气层的微量元素、航天器上的结构性缺陷等进行检测。而石墨烯在超轻型飞机材料等潜在应用上也将发挥更重要的作用。

美国俄亥俄州的 Nanotek 仪器公司利用锂离子在石墨烯表面和电极之间快速大量穿梭运动的特性，开发出一种新的电池。这种新的电池可把数小时的充电时间压缩至短短不到一分钟。分析人士认为，未来一分钟快充石墨烯电池实现产业化后，将带来电池产业的变革，从而促使新能源汽车产业的革新。

2013 年初，美国加州大学洛杉矶分校的研究人员开发出一种以石墨烯为基础的微型超级电容器。该电容器不仅外形小巧，而且充电速度为普通电池的 1000 倍，可以在数秒内为手机甚至汽车充电。

微型石墨烯超级电容技术突破可以说是给电池带来了革命性发展。当前制造微型电容器的主要方法是平版印刷技术，这种技术需要投入大量的人力和成本，阻碍了产品的商业应用。以后只需要常见的 DVD 刻录机，甚至是在家里，利用廉价材料 30 min 内就可以在一个光盘上制造 100 多个微型石墨烯超级电容。

正是看到了石墨烯的应用前景，许多国家纷纷建立石墨烯相关技术研发中心，尝试使石墨烯商业化，进而在工业、技术和电子相关领域获得潜在的应用专利。欧盟委员会将石墨烯作为"未来新兴旗舰技术项目"，设立专项研发计划，未来 10 年内拨出 10 亿欧元经费用于研究。英国政府也投资建立国家石墨烯研究所(NGI)，力图使这种材料在未来几十年里可以从实验室进入生产线和市场。

2015 年 1 月，西班牙 Graphenano 公司(一家以工业规模生产石墨烯的公司)同西班牙科尔瓦多大学合作研究出首例石墨烯聚合材料电池，其储电量是目前市场最好产品的三倍，用此电池提供电力的电动车最多能行驶 1000 km，而其充电时间不到 8 min。Graphenano 公司计划于 2015 年将此电池投入生产，并且计划与德国四大汽车公司中的两家进行试验。

韩国研究人员在硅基底上成功合成了晶片级的高质量多层石墨烯。该方法基于一种离子注入技术，简单而且可升级。这一成果使石墨烯离商业应用更近一步。晶片级的石墨烯可能是微电子线路中一个必不可少的组成部分，但大部分石墨烯的制造方法都与硅微电子器件不兼容，阻碍了石墨烯从潜在材料向实际应用的跨越。

美国普渡大学(Purdue University)正在研究通过新的、更加简单的方式制造纳米电极材料的工艺。该大学的研究表明，在电池中使用纳米材料，将会增加电池的充电容量和充放电速度。

目前，韩国的三星电子也在从事硅表面添加石墨烯涂层的硅基阳极物质的研究。如果该研究能够取得成功，那么锂离子蓄电池的寿命将会至少提高两倍。

该研究综合了硅基材料寿命长和石墨烯材料充电容量大的优点，重点解决如何在硅基材料上建立石墨烯涂层的工艺化问题。

三星的研究人员通过在碳化硅电极的表面涂布石墨烯涂层，有效地扩展了阳极的表面积，同时与阴极所使用的锂钴氧化物进行组合，使电池的充电电源的单位体积能量密度有了较大的提高，其寿命也增加到目前市场销售的锂离子蓄电池的 1.5～1.8 倍。

2015 年 9 月 2 日，日本的科学技术振兴机构(JST)与日本东北大学的原子分子材料科学高等研究机构(AIMR)发布，在作为下一代蓄电池而被热切期待的锂空气电池中，通过使用具备三维构造的多孔材质石墨烯作为阳极材料，获得了较高的能量利用效率和 100 次以上的充放电性能。如果电动车使用这种新型电池，则巡航里程将从目前的 200 km 左右增加到 500～600 km。

中国在石墨烯研究上也具有独特的优势，从生产角度看，作为石墨烯生产原料的石墨，在我国储能丰富，价格低廉。另外，批量化生产和大尺寸生产是阻碍石墨烯大规模商用的最主要因素，而我国最新的研究成果已成功突破这两大难题，制造成本已从 5000 元/克降至 3 元/克，解决了这种材料的量产难题。我国利用化学气相沉积法成功制造出了国内首片 15 英寸的单层石墨烯，并成功地将石墨烯透明电极应用于电阻触摸屏上，制备出 7 英寸石墨烯触摸屏。

中国石墨烯产业技术创新战略联盟率领贝特瑞、正泰集团、常州第六元素、亿阳集团等四家上市公司的代表参加了西班牙的石墨烯会议，并分别与意大利、瑞典代表团签订了深度战略合作协议，为"石墨烯全球并购，中国整合"战略打响了第一枪。石墨烯入选"十三五"新材料规划已经基本落定，预计中国石墨烯产业将爆发。

2014 年 3 月 20 日，中国科学院山西煤炭化学研究所陈成猛课题组与清华大学和中科院金属研究所相关团队合作，成功研制出高导热石墨烯/碳纤维柔性复合薄膜，其厚度在 10~200 μm 之间可控，室温面向热导率高达 977 W/(m·K)，拉伸强度超过 15 MPa。

2014 年 11 月 26 日，中国科学技术大学吴恒安教授、王奉超特任副研究员与安德烈·海姆教授课题组及荷兰内梅亨大学研究人员合作，在石墨烯等类膜材料输运特性研究方面首次发现，石墨烯可以作为良好的"质子传导膜"，国际顶尖学术期刊《自然》在线发表了这一研究成果。

2015 年 3 月 2 日，全球首批 3 万部石墨烯手机在渝发布，该款手机采用了最新研制的石墨烯触摸屏、电池和导热膜，可接受官方预定，16 G 内存，售价 2499 元。其核心技术由中国科学院重庆绿色智能技术研究院和中国科学院宁波材料技术与工程研究所开发。

2015 年 5 月 18 日，国家金融信息中心指数研究院在江苏省常州市发布了全球首个石墨烯指数。指数评价结果显示，全球石墨烯产业综合发展实力排名前三位的国家分别是美国、日本和中国。

2015 年 5 月，南开大学化学学院周震教授课题组发现一种可呼吸二氧化碳电池。这种电池以石墨烯作为锂二氧化碳电池的空气电极，以金属锂作为负极，可吸收空气中的二氧化碳并释放能量。

2015 年 6 月，南开大学化学学院陈永胜教授和物理学院田建国教授的联合科研团队通过 3 年的研究，获得了一种特殊的石墨烯材料。该材料可在包括太阳光在内的各种光源照射下驱动飞行，其获得的驱动力是传统光压的千倍以上。该研究成果令"光动"飞行成为可能。

2015 年 10 月习近平访英期间，华为与英国曼彻斯特大学共同宣布将在石墨烯领域展开研究。

据工信部网站 2015 年 11 月 30 日消息，为引导石墨烯产业创新发展、助推传统产业改造提升、支撑新兴产业培育壮大、带动材料产业升级换代，发改委、工信部、科技部等三部门印发了关于加快石墨烯产业创新发展的若干意见。

为加快推进京津冀石墨烯产业发展，培育新的产业增长点，2015 年 12 月 20 日，京津冀石墨烯产业发展联盟在京成立，未来将形成以河北唐山为中心，跨越京津冀等地区，集生产、研发、检验检测、融资服务等为一体的石墨烯产业集群，形成京津冀战略性新兴产业高地。预计到 2017 年底，将实现 20 亿元以上的年产值。

图 7-2　石墨烯电子纸

　　2016 年 4 月 27 日全球首款石墨烯电子纸在广州宣布研制成功，如图 7-2 所示。这一技术将电子纸的性能提升到一个新的高度，也为石墨烯的产业化开创了一个全新的空间，标志着我国在石墨烯应用上已经走在了世界的前沿。

　　在历时近一年历经艰辛的研制过程后，广州奥翼与重庆墨希共同开发出能够替换 ITO 薄膜的石墨烯薄膜，以及相应的电子墨水配方和涂布工艺，使电子墨水能够涂覆于石墨烯薄膜上形成石墨烯电子纸。

　　石墨烯电子纸可与柔性或刚性驱动底板相结合，制作出刚性石墨烯电子纸显示屏和超柔性石墨烯电子纸显示屏。石墨烯电子纸与传统的电子纸相比，具有弯曲能力更强，强度更高的特点；相对比 ITO 薄膜，采用石墨烯不但能降低产品成本，而且石墨材料取之不竭；石墨烯材料的透光率高，将会使电子纸显示的亮度更好。奥翼预计半年内能够实现对石墨烯电子纸的量产。

　　由于其独有的特性，石墨烯被称为"神奇材料"，科学家甚至预言其将"彻底改变 21 世纪"。曼彻斯特大学副校长 Colin Bailey 教授称："石墨烯有可能彻底改变数量庞大的各种应用，从智能手机和超高速宽带到药物输送和计算机芯片。"

7.2　碳 纳 米 管

　　同金刚石与石墨相比，碳纳米管(Carbon Nano-tubes，CNT)是碳的另一种同素异形体，碳纳米管中，每个碳原子与相邻的 3 个碳原子相连，其碳原子以 sp^2 杂化为主。CNT 可以看成是二维石墨烯片层卷积映射而成的无缝圆筒，是由类似于石墨的六边形网格组成的管状物。在映射过程中 CNT 保持石墨烯片层中的六边形不变，因此在映射时石墨烯片中的六边形网格和管的轴向之间可能出现夹角。根据六边形沿轴向的不同取向可将 CNT 分为锯齿形、扶手椅形和螺旋形 3 种。其中螺旋形具有手性(Chirality)，可分为左螺旋和右螺旋；锯齿形和扶手椅形的六边形网格和其轴向夹角分别为 0° 和 30°，不具有手性。CNT 可由单层或多层石墨烯构成，因此可按层数分为单壁碳纳米管(Single-walled Carbon Nanotube，SWNT)和多壁碳纳米管(Multi-walled Carbon Nanotube，MWNT)两种。

　　CNT 属于"一维量子线"。在孤立的石墨片边缘，存在着大量的悬挂键，因而能量较高，不太稳定。在形成 SWNT 后，可以消除石墨片边缘上的悬挂键，而且靠近顶端的碳原子也将改变原来的正六边形结构，形成富勒烯中的五边形、六边形结构，从而形成闭合的管状结构，使悬挂键完全消失。悬挂键的消失使得系统的能量降低，因此 CNT 的能量低于石墨的能量，这也是 CNT 能够稳定存在的根本原因。但是由于改变了石墨中原来的拓扑结构，产生了新的碳碳键势能，而新产生的碳碳键势能与管的直径有关，所以 CNT 的直径也不能很小，有文献记载能稳定存在的 CNT 的最小直径为 0.4 nm。

碳纳米管的发展背景源于纳米材料的发展。1984 年德国萨尔兰大学 Gleiter 以及美国阿贡实验室的 Sieyel 相继制得了纯物质的纳米细粉。Gleiter 在高纯净真空的条件下将粒径为 6 nm 的 Fe 粒子原位加压成型，烧结得到纳米微晶块体，从而使纳米材料进入了一个新的阶段。1990 年 7 月在美国召开的第一届国际纳米科学技术会议上，正式宣布纳米材料科学为材料科学的一个新分支。

碳纳米管由日本 NEC 公司 S. Iijima 博士于 1991 年首次发现。他在用高分辨率透射电子显微镜观察一类碳黑时，发现了直径为 4～30 nm、长约 1 μm 的多个同心管组成的针状物，实际上这种针状物就是多壁碳纳米管。该结果首先在 1991 年的一次会议上报道，随即发表在《自然》杂志上。1993 年 NEC 的 S. Iijima 和 IBM 的 D. Bethune 各自用 Fe 和 Co 混在石墨电极中，成功地合成了单壁碳纳米管，它是一种典型的一维材料。这一发现立即轰动了世界，从此全球的材料科学及相关领域掀起了研究碳纳米管的热潮。CNT 特别是单壁碳纳米管的发现，对推动微纳电子技术的发展有着不可估量的作用。CNT 具有一些独特的优良特性，如电流密度大、热导率高、比表面积(Specific Surface Area)大、机械强度高、平均自由程大等，因此它被视为代替硅的理想半导体材料。

1998 年 Sander 和 Martel 分别成功合成碳纳米管场效应管(Carbon Nanotube Field Effect Transistor, CNTFET)，使得 CNTFET 成为 21 世纪以来炙手可热的研究热点。CNTFET 在结构上和 MOSFET 相似，都通过调节栅极电压控制沟道电流大小，其 I-U 特性也与 MOSFET 极为相似，因此理论上用 CMOS 器件构成的电路都可以用 CNTFET 实现。而且与 CMOS 器件相比，CNTFET 有独特的优良性，如尺寸更小，可承受大电流密度，散热性好。目前阻碍 CNTFET 构成集成电路的主要障碍是不成熟的 CNT 生产工艺和器件布局能力。

不同结构的 CNT 性能差别很大，特别是其电学性能，根据结构不同可表现为金属性和半导体性。因此，对 CNT 结构的研究一直是碳纳米材料领域的一个热点。理论预计该材料具有优异的力学、电学、磁学等性能，极具理论研究和实际应用价值，因而激起了国内外学者的极大兴趣，碳纳米管的研究成为材料界以及凝聚态物理研究的前沿和热点。

碳纳米管作为一维纳米材料，重量轻，六边形结构连接完美，具有许多异常的力学、电学和化学性能。近些年随着碳纳米管及纳米材料研究的深入，其广阔的应用前景也不断地展现出来。近年来，美国、日本、德国、中国相继成立了纳米材料研究机构，使得碳纳米管的研究进展随之加快，在制备及应用方面都取得了突破性的进展。在我国，早在 20 世纪 90 年代，北京大学的吴全德和薛增泉等人就指出要发展纳电子学，并敏锐地觉察到碳基纳米材料将可能成为纳电子主流材料。包括富勒烯(C_{60})和碳纳米管在内的碳基纳米材料也成为 1998 年启动的由吴全德先生主持的国家自然科学基金委员会重大项目"纳米电子学基础研究"的主要研究内容。与相同尺度的硅基器件相比，北京大学研究组制备的碳纳米管器件的速度大概比硅器件快 5～6 倍，功耗只有硅器件的 1/100。在基于碳纳米管的高性能 CMOS 器件和电路研究方面，研究组创造性地提出通过控制电极材料来选择向晶体管导电沟道注入的载流子类型，进而达到控制晶体管极性的理念，完全抛开了传统半导体技术中通过掺杂来控制器件电学性能的最核心的技术基础，并在实验室首次实现了碳纳米管"无掺杂"CMOS 电路的制备，在同一根碳纳米管上制备出性能近乎完美对称的 N 型和 P 型器件，电子和空穴载流子的迁移率都高于 3000 cm^2/(V·s)。近乎完美的 N 型和 P 型器件的匹配，使得制备出的 CMOS 反相器的电压增益达到了创纪录的 160，远远高于采用其他工艺(如掺杂)制备器件的最高水平。在驱动电压为 1 V 的条件下，CMOS 反相器的功耗降到了 30 pW(大致相当于百亿晶体管峰值功耗为瓦的水平)，充分展示了碳纳米管在高性能低功耗纳电子器件应用方面的广阔前景。

7.2.1　碳纳米管的结构

碳纳米管又名巴基管，是一种具有特殊结构(径向尺寸为纳米量级，轴向尺寸为微米量级，管的两端基本上都封口)的一维量子材料。碳纳米管主要由呈六边形排列的碳原子构成数层到数十层的同轴圆管，层与层之间保持固定的距离，约为 0.34 nm，直径一般为 2～20 nm。图 7-3 为巴基球。

图 7-3　巴基球

碳纳米管是单层或多层石墨片围绕中心轴按一定的螺旋角卷曲而成的无缝纳米级管。每层纳米管是一个由碳原子通过 sp^2 杂化与周围 3 个碳原子完全键合后所构成的六边形平面组成圆柱面，如图 7-4 所示。其平面六角晶胞边长为 2.46×10^{-10} m，最短的碳碳键长为 1.42×10^{-10} m。

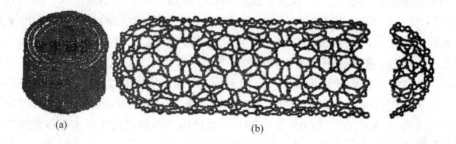

(a)　　　　　　　　　　　　(b)

图 7-4　碳纳米管

根据制备方法和条件的不同，碳纳米管存在多壁碳纳米管(MWNT)和单壁碳纳米管(SWNT)两种形式，如图 7-5 所示。MWNT 的层间接近 ABAB 堆垛，其层数从 2～50 不等，层间距为(0.34±0.01) nm，与石墨层间距(0.34 nm)相当。MWNT 的典型直径和长度分别为 2～30 nm 和 0.1～50 μm，SWNT 典型的直径和长度分别为 0.75～3 nm 和 1～50 μm。

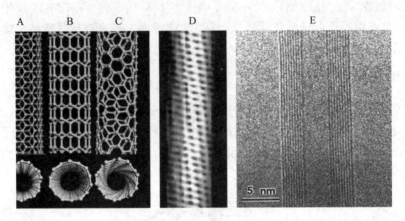

A—扶手椅形单壁碳纳米管；B—Z 字形单壁碳纳米管；C—手性单壁碳纳米管；

D—螺旋状碳纳米管；E—多壁碳纳米管截面图

图 7-5　碳纳米管结构示意图

7.2.2　碳纳米管的制备方法

　　碳纳米管的制备方法很多，如电弧放电法、热解法、激光蒸发法、等离子体法、化学气相沉积法(催化分解法)等。其中，电弧放电(Arc Discharge)、激光蒸发(Laser Ablation)和化学气相沉积(Chemical Vapor Deposition，CVD)是碳纳米管的主要制备方法。

1. 电弧放电法

　　电弧实质上是一种气体放电现象，即在一定条件下两电极间的气体导电，并将电能转化为热能和光能。气体通常为惰性气体，如氦气、氩气等。由于电弧放电法装置简单，易于组建，许多学者采用电弧放电法制备碳纳米管。1991 年日本电镜专家 Iijima 就是利用电弧放电法制备电极样品时发现碳纳米管的。1993 年，Iijima 在碳弧室里合成单壁碳纳米管的实验条件为：两个垂直的电极位于反应室中央，阳极在上阴极在下，阳极是一根直径为 10 nm 的石墨碳棒，阴极则是一根带有浅槽的石墨碳棒，用于装少量的铁。蒸发室里填充的是 13.33 kPa 甲烷和 53.32 kPa 氩气的混合气体，通过在两电极间加 200 A、20 V 的直流电，使碳棒电弧放电，此时浅槽中的铁溶解形成小液滴并继而蒸发，最后在阴极上冷却、凝聚成铁碳化合物。在电镜下观察阴极产物，发现由若干根直径为 0.7～1.6 nm 的单层管组成。现在实验室制备碳纳米管阴极一般采用厚约 10 mm、直径约为 30 mm 的高纯高致密的石墨片，阳极采用直径约为 6 mm 的石墨棒，整个系统保持在气压约为 10^4 Pa 的氦气气氛中，放电电流为 50 A 左右，放电电压为 20 V。通过调节阳极进给速度，可以保持在阳极不断消耗和阴极不断生长的同时，两电极的放电端面距离不变，从而可以得到大面积离散分布的碳纳米管，同时还可能产生碳纳米微粒。该方法的特点是产量很低，仅局限在实验室中应用，不适于大批量连续生产。

2．热解法

热解法也很简单。具体为：将一块基板放进加热炉里加热至 600℃，然后慢慢充入甲烷一类的含碳气体，气体分解时产生自由的碳原子，碳原子重新结合可能形成碳纳米管。该法的优点是最容易实现产业化，也可能制备很长的碳纳米管。缺点是制得的碳纳米管是多壁的，常常有许多缺陷。与电弧放电法制备的碳纳米管相比，这种碳纳米管抗张强度只有前者的 1/10。

3．CVD 法

CVD 法又称催化裂解法，是以 Fe、Co、Ni 等金属为催化剂，从碳氢化合物裂解产生自由碳原子而生成碳纳米管的方法。催化裂解法因制备的碳纳米管纯度高、尺寸分布均匀且有望实现规模生产而为人们广泛研究，并取得了很大进展，是一种发展比较成熟的制备碳纳米管特别是 SWNT 的技术。CVD 法是通过激光等将过渡金属微粒和碳氢化合物同时加热到高温而使碳氢化合物发生热解而产生的。CVD 法的基本原理：高温下碳氢化合物在催化剂微粒表面热分解出碳原子，碳原子在金属微粒中扩散，最终在催化剂微粒另一面释放出，形成碳纳米管。以含碳气体(一般为烃类气体或 CO)为给料气体(feedstock)供给碳源，在金属催化剂(过渡金属如 Fe、Co、Mo、Ni 等及其氧化物)的作用下直接在衬底表面裂解合成出 SWNT。CVD 法的特点：由于制备时温度较低(一般控制在 500～1000 ℃)，生成的 SWNT 缺陷较少，同时设备简单、产率较高、条件易控。CVD 技术有着很好的工业化前景。CVD 法的参数控制：通过施加电场和控制给料的气流方向，可以对 SWNT 的生长方向进行控制；通过控制作为催化剂的纳米颗粒的尺寸大小，可以控制合成的 SWNT 的直径范围。利用催化裂解法可制备大面积定向碳管阵列，在平板显示和场发射阴极方面具有极好的应用价值。

4．激光蒸发法

激光蒸发法的制备机理与电弧放电法类似，主要是将一根金属催化剂/石墨混合的石墨靶放置于一长形石英管中间，该管则置于一加热炉内。当炉温升至 1200℃时，将惰性气体充入管内，并将一束激光聚焦于石墨靶上。石墨靶在激光照射下将生成气态碳，这些气态碳和催化剂粒子被气流从高温区带向低温区，在催化剂的作用下生长成碳纳米管。该法是 Rice 大学的 Richard Smally 和他的合作者的研究成果。在催化剂合适的条件下，可大量制备单层碳纳米管，一般产率可达 70%。该法的优点是主产物为单层碳纳米管，通过改变反应温度可控制管的直径；缺点是需要非常昂贵的激光器，所以此法耗费最大。

5．长碳纳米管束制造新方法

中国清华大学和美国伦塞勒理工学院的研究人员，制造出的碳纳米管束最长达到了 20 cm，状如人的发丝。这一成果是向制造可用于电子设备的微型导线等迈出的重要一步。

中美科学家在研究中对合成碳纳米管常用的化学气相淀积方法进行了改进。改进结果显示，在化学气相淀积过程中加入氢和另外一种含硫化合物后，不仅能制造出更长的碳纳米管束，而且这些碳纳米管束可由单层碳纳米管通过自我组装而有规律地排列组成。研究人员认为，他们的新方法作为一种更为简便的替代工艺，也许还可以用来生产高纯度的单层碳纳米管材料。

7.2.3　碳纳米管的纯化

碳纳米管常用的提纯方法分物理法和化学法两大类。物理法根据碳纳米管与杂质的物理性质不同这一特点，主要利用超声波降解、离心、沉积和过滤而将其分离。物理法对于提纯单壁碳纳米管是一种有效的方法。化学法主要利用碳纳米管与杂质的氧化速度不同而除去杂质来提纯碳纳米管，具体常用的方法包括氧化法、过滤法、气相沉积法、离心分离法。

碳纳米管两端活性较强，所以氧化法的氧化先从端口开始，由于端口长度与纳米杂质粒子及无定形碳的长度相差几个数量级，因此，在相同的速度下氧化，杂质粒子和无定形碳先被氧化掉，最后只剩较为纯净、甚至被打开端口的碳管。常用的氧化剂有空气、硝酸、混酸、重铬酸钾等，或几种氧化剂相结合且分步来氧化提纯碳纳米管。氧化法提纯的基本原理：优先氧化碳纳米管管壁周围悬挂的五元环和七元环，而没有悬挂键的六元环需要较长时间才能被氧化。当碳纳米管的封口遭到破坏，由六元环组成的管壁被氧化的速率十分缓慢，而碳颗粒则一层层被氧化，最后只剩下碳纳米管，从而达到提纯的目的。

氧气(或空气)氧化法：该方法由 Ajayan 和 Ebbesen 等提出。他们将电弧放电法制备的碳纳米混合物在空气中加热到 700℃ 以上时重量发生损失，在 850℃ 温度下加热 15 min 后样品全部消失，他们发现当样品损失率达到 99% 以上时，残留的样品基本上全部是碳纳米管。该反应的缺点是选择性较差，碳纳米颗粒被氧化侵蚀的过程要持续一个较长时间，而且纳米颗粒与纳米管交织在一起，当碳纳米颗粒基本上全部去除时，多层碳纳米管的管壁也被氧化侵蚀掉，最后剩下单层的碳纳米管。

CO_2 氧化法：该法由英国学者 Tsang 等将电弧放电法所得的阴极沉积物放入一个两端有塞子的石英管中，在 850℃ 下通入 CO_2(20 mL/min)，持续 5 h 后，约有 10(wt)% 损失，此时碳纳米管的封口被打开。继续加热，碳纳米颗粒、碳纳米球、无定形碳将被氧化烧蚀，被氧化除去。当氧化时间足够时，MWNT 的管壁会受到侵蚀，从而变成 SWNT。

浓硝酸氧化法：将碳纳米管加入到浓硝酸中搅拌，超声波分散后加热回流处理，自然冷却后用蒸馏水稀释、洗涤至中性，经真空干燥、研磨后得到纯化处理的碳纳米管。该法的优点：经过适当浓度硝酸氧化处理一定时间的 CNT，其基本结构未发生本质变化，而表面活性基团显著增加，在乙醇中分散浓度、均匀性、稳定性得到提高，在复合材料中的分散均匀性及与树脂的结合性能也得到相应提高。硝酸氧化处理是 CNT 表面活化的有效方法。

碳纳米管需要进行表面修饰。碳纳米管的修饰指通过溴水、重铬酸钾、混酸等氧化剂氧化碳纳米管的端口和侧壁，在其上引进一些基团，从而克服碳纳米管间的短程作用力。表面修饰按修饰部位分为端头修饰、侧壁修饰；按修饰方法分为重氮盐电化学修饰、化学掺杂等；按修饰的性质分为共价功能化、非共价功能化修饰。在此不一一赘述。

7.2.4　碳纳米管的独特性质和相关应用

初步估算，碳纳米管的强度大概是钢的 100 倍，但密度只有钢的 1/6，并且具有很好的柔韧性，可承载大电流密度，是真正的量子导线。

Lieber 运用 STM 技术测试了碳纳米管的弯曲强度，证明碳纳米管具有理想的弹性和很高的硬度。因此用碳纳米管作为金属表面上的复合镀层，可以获得超强的耐磨性和自润滑性，其耐磨性要比轴承钢高 100 倍，摩擦系数为 0.06～0.1，且还发现该复合镀层还具有高的热稳定性和耐腐蚀性等性能。

利用碳纳米管的高耐磨性，可以用其制造刀具和模具等。这不仅能够提高产品的耐磨性，还能延长产品的使用期限，若能实现产业化，则其效益将是非常巨大的。

碳纳米管的自润滑性，可以用来制造润滑材料，关于这一点，已取得了一些成果。

1996 年 Smalley 用一个碳纳米管修饰的针尖观察到了原子缝底的情况，Lieber 用这个方法研究生物分子，解决了许多 STM 针尖无法解决的问题，其分辨率也高。

理论估计碳纳米管的杨氏模量高达 5 TPa，实验测得平均为 1.8 TPa，比一般的碳纤维高一个数量级，与金刚石的模量几乎相同，为已知材料的最高模量；弯曲强度为 14.2 GPa，所存应变能达 100 keV，是最好的微米级晶须的两倍；其弹性应变可达 5%～18%，约为钢的 60 倍；其强度约为钢的 100 倍，而密度约为 1.2～2.1 g/cm^3，仅为钢的 1/6～1/7。碳纳米管还有超高的韧性，理论估算它的最大延伸率可达 20%。

碳纳米管与石墨一样，碳原子之间是 sp^2 杂化，每个碳原子有一个未成对电子位于垂直于层片的 π 轨道上，因此碳纳米管具有优良的导电性能。但随网格构型(螺旋角)和直径的不同，其导电性可呈现金属、半金属或半导体性，因而碳纳米管的传导性可通过改变管中网络结构和直径来变化。

碳纳米管的直径与螺旋结构主要由手性矢量所决定，当手性矢量符合一定数时，单壁碳纳米管为金属导电性，否则为半导体导电性。当然，由于某些特别的缺陷也可能导致同一碳纳米管既具有金属的导电性又具有半导体的导电性。

碳纳米管的应用领域有功率变压器、脉冲变压器、高频变压器、扼流圈、互感器磁头、磁开关和传感器等。它将成为铁氧体的有力竞争者。新近发现的碳纳米管软磁材料的高频场中具有巨磁阻抗效应。

碳纳米管具有比活性炭更大的比表面积，且具有大量的微孔，因此被认为是最好的储氢材料。

由于碳管的独特分子结构，特别是螺旋状纳米碳管，用其做成的吸波材料(Ω 材料)具有比一般吸收材料高得多的光吸收率。人们可利用这一特性着手研究在军事隐形、蓄能、吸波等方面的应用。

碳纳米管具有卓越的发光性质，特别是稳定的发射光谱，很高的发光强度以及优秀的波长转换功能，电致发光方面低压、节能、稳定等优点使得它具有广阔的应用前景。2004 年，Wei 等发表了关于碳纳米管可以作为灯丝的初步研究成果，提出了碳纳米管电灯泡的概念。该项成果得到世界著名刊物《科学》和《自然》的高度评价。Dickey 等用化学气相沉积法(CVD)将钌掺入碳纳米管中制备了 Ru 掺杂的碳纳米管阵列，该碳纳米管在可见光区有荧光发射呈现绿色。Sun 等人通过把铕掺入碳纳米管中，使其荧光峰略向长波方向移动，为碳纳米管在光电子器件方面的应用提供了可能。碳纳米管还具有良好的光限幅性质，可以作为一种新型的激光防护材料。

研究人员最近发现碳纳米管是目前世界上最好的导热材料。碳纳米管依靠超声波传递热能，其传递速度可达 10 000 m/s。同时还发现，即使将碳纳米管捆在一起，热量也不会从一个碳纳米管传到另一个碳纳米管，这说明碳纳米管只能沿一维方向传递热能。碳纳米管的这种优异的导热性能，将使它有望成为今后超高速运算的计算机芯片导热板，也可以用于发动机和火箭等各种高温部件的防护材料。

在催化研究方面，碳纳米管已被用于分散和稳定纳米级的金属小颗粒。由碳纳米管制得的催化剂可以改善多相催化的选择性。Louv 曾报道了直接用碳纳米管做催化剂分解NO，在 873 K 有 100%的转换率。碳纳米管的直径处于纳米级，长度则可达数微米至数毫米，因而具有很大的长径比，是准一维的量子线。利用这种一维中空的结构作模板，对其进行填充、包裹和空间限制反应可合成其他一维纳米结构的材料。有人利用碳纳米管的管状腔进行管道有机合成，预言在有机合成、生物化学以及制药化学领域有重要意义。

美国和巴西科学家的一项最新研究，发现了碳纳米管薄层在受到拉伸或压缩时，可以表现出一种超乎想象的力学性质。这一成果有望为碳纳米管带来巨大的应用前景，比如制造人工肌肉、传感器等。

大多数材料在朝一个方向拉伸时，另一个方向就会变细变窄。这种现象可以用泊松比(侧向收缩比例与实际伸长比例的比值)来定量描述。然而，最新研究发现，一种特殊的碳纳米管薄层(也称巴克纸，如图 7-6 所示)却能够在拉伸和均匀压缩时，使其长度和宽度同时增加。也就是说这种材料具有负的泊松比。

图 7-6　巴克纸中的多壁碳纳米管在原子力显微镜下的图像

研究人员发现，随着多壁碳管在薄层中的增加，薄层的泊松比会从 0.06 突然跃变为−0.20。新的研究成果具有重要的应用价值，比如设计源自碳纳米薄层的复合物，制造人工肌肉、垫圈、压力传感器和化学传感器等。尤其是当调整单壁和多壁碳管比例，令泊松比恰好为 0 时，这种材料对于设计弯曲时宽度依然不变的感应悬臂十分有效。

图 7-7 是比人体肌肉强 30 倍碳纳米管人造肌肉。这种人造肌肉纤维由"成捆"的碳纳米管组成，在电流的刺激下即可在水平方向上快速伸缩，而在垂直方向上，它却极为坚韧。它在单位面积上能够产生的拉力是人体肌肉的 30 倍，伸缩速度也要快得多。人体肌肉纤维每秒钟可收缩 10%，而这种人造肌肉则可收缩 40 000%，当被大幅度拉伸之后，它甚至轻得可以在空气中飘浮起来。

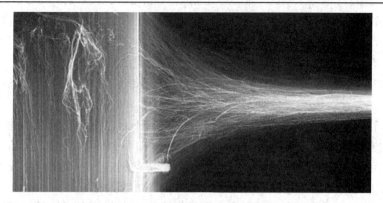

图 7-7　比人体肌肉强 30 倍碳纳米管人造肌肉

一教授计划用一种名为碳纳米管的超细纤维来制造"蜘蛛衣"，如图 7-8 所示。这种材料内部中空，由于非常微小，它具有像壁虎刚毛一样的吸附效果。壁虎、蜘蛛的脚上长满了细小的刚毛，能敏锐地寻找到各种固体表面的细微凹凸并吸附在上面。

图 7-8　蜘蛛衣

"蜘蛛衣"的吸附力取决于与固体表面接触处的碳纳米管数量。这种材料的外部直径只有几到几十纳米，相当于头发丝的 1/100 000，因此一片手掌大小的纤维中可容纳数十亿的碳纳米管，其产生的单位面积吸附力是壁虎脚的 200 倍。把一双用这种材料制成的手掌面积为 200 cm^2 的高黏力手套黏在屋顶上，可以同时吊起 14 个重量为 83 公斤的壮汉。当然，要移动也很简单，只要沿着表面稍微上下左右挪动一下，黏结处就会一点点断开。

这种高科技材料在科学方面有非常有趣的应用，像在太空中，舱外作业的宇航员就可以穿上这种具有吸盘黏附功能的衣服。

美国一家公司研制出了一种用碳纳米管制成的轻薄材料，其强度超过钢，传导性能接近铝。使用这种材料能够制作轻便防弹衣和高导线缆。这种纳米管比平常的纳米管长得多，长度要以毫米计。此外，纳米管加长后可以更有效地黏合。

这一制作过程使用了化学气相沉积技术。在化学气相沉积过程中，碳从一种气体中被压缩出来。由此做成的纳米管就像一种拆开的垫子，必须经过化学处理，使纳米管定向排列，从而使这种材料在排列方向上的强度特别大。

因碳纳米管既轻又强度极高，是钢的 10～100 倍，用它做成的防弹衣就像用羽绒做成的防寒服一样，既可折来叠去，又能抵御强大的子弹冲击力。

英国新汉普郡的一个技术公司设法制造出了世界最大的碳纳米管被单，重新点燃人们思索很久的太空电梯的梦想，或许有一天我们会沿着超轻超强的碳纳米管电缆，搭乘太空电梯到太空观光旅行。

此碳纳米管被单面积仅 18 平方英尺(约 1.6 m²)，不足以充当一床沙滩毯子，但它包含有数百亿个纳米管，使其强度为钢的 200 倍，而密度却小 30 倍。并且，其防火和导电性能很好，因此还可以用于微型电子装置中。此被单是特意制成的，能保证不脱落碳黑点。此纳米管的最可能应用是生产超轻型合成涂料，用于飞机或太空船上。

在受到压力时，细胞会吐出一股含有微量氮氧化物和其他有毒物质的气流。最近，美国国家标准与技术研究院(NIST)的研究人员成功制作了一种超灵敏气体探测器，如图 7-9 所示。该探测器甚至灵敏到未来也许能探测到一个单细胞的微量排放，这为确定药物或纳米粒子是否会损害细胞或研究细胞间如何相互通信提供了一条新途径。

图 7-9　碳纳米管超灵敏探测器

世界上最黑的物质一直以来是一种镍磷合金。但是，美国科学家宣布他们已经刷新纪录，制造出了地球上最黑的物质，比镍磷合金还要黑上三倍，能够吸收 99.9%的光线。这正是科学家们长久以来苦苦寻找的理想黑色，它可以吸收所有的色光但是不反射。此物质的反射指数是 0.045%，相比之下，一般使用的黑漆的反射指数则是 5%～10%。此物质可用于转换太阳能，也可用于红外线检测或天文观测。该物质主要由比头发还要细 400 倍的碳纳米管组成，从而帮助其吸收光线。目前，研究者们正将研究范围扩大到可见光之外，探测此物质对于紫外线以及其他通信系统中的不同波长的光的作用。如果研究结果有突破，则其将在军事和国防中得到重大利用。

中国科学家最新研究发现，碳纳米管薄膜在有音频电流通过时，会具有类似"扬声器"的功能。这些"扬声器"的厚度只有几十纳米，而且是透明、柔软和可伸长的，它们可以被裁剪为任意形状和大小。与人们常见的扬声器不同，新开发出的纳米器件没有磁体或者可移动的部件。制备该器件的过程为：首先在 4 英寸的硅基上生长直径为 10 nm 的碳纳米管，然后将它们转化成宽 10 cm、长 60 m 的连续的薄膜，这足以制造 500 个面积为 10 cm²

的"扬声器"。随后，研究人员又将两个电极附在薄膜上。如此一来，只要在其上简单地施加一个正弦电压，碳纳米管"扬声器"就会由于热声效应而发出声音。该纳米"扬声器"有望打开制造扬声器和其他声学设备的新应用和新方法，它可以安置在任何表面，包括墙壁、天花板、窗户、旗帜和衣服上等。

　　日本信州大学的科学家开发出在石油工业中使用碳纳米管来提高油田产量的技术，有望实现产量大幅度提高。在钻井系统中使用碳纳米管可以开采到蕴藏在更深处的石油，将油井的产量提高35%～70%。高温和高压是影响油田产量的主要障碍，在石油开采过程中，在钻探杆中使用碳纳米管能够使钻井工具承受260℃的高温和每平方厘米2.4吨的压力。

　　日本一个研究小组开发出一种装备有机纳米管的超微吸管，能喷出万亿分之一毫升的液体。该发明可望应用于医疗和生物领域，比如向单个细胞内注入极其微量的物质或吸取细胞成分等。有机纳米管由碳、氧、氮和氢分子构成，内径50 nm，长10 μm。它可以装在内径1800 μm的玻璃微吸管尖端上，组成一个超微吸管。通过施加电压，吸管内的液体就会喷射出来，喷射量可通过调整电压控制，其精度比以往微吸管提高了上万倍。

　　碳纳米管具有独特催化性能。研究结果表明，组装在内径为4～8 nm的多壁碳纳米管内的Rh-Mn催化剂，催化生成碳二含氧化合物的产率明显高于直接担载在相同碳管外壁的催化剂，当添加金属铁和锂等助剂后，每小时在每摩尔铑催化剂上生成的乙醇量高达84 mol。这类复合催化剂之所以表现出独特的催化性能是因为碳纳米管和金属纳米粒子体系具有"协同束缚效应"，如图7-10所示。该研究在理论上的一个重要进展是发现并证实了碳纳米管的束缚效应对组装在其管道内的金属及其氧化物的氧化还原特性具有调变作用。

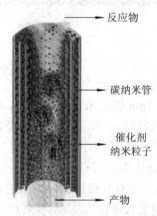

图7-10　碳纳米管和金属纳米粒子体系的"协同束缚效应"示意图

　　研究结果表明，被分别置于碳纳米管内和外壁的金属氧化物的还原特性有明显差异。采用内径为4～8 nm的多壁碳管，组装在其管道内的氧化铁纳米粒子还原为金属铁的温度比位于外壁的粒子降低了近200℃，随着所采用的碳管内径的减小，其还原温度同步下降。相同条件下，金属铁被氧化为铁氧化物的特性也受到碳管的明显调制，管内金属铁的氧化反应活化能升高了4 kJ/moc左右，这意味着在相同条件下，置于碳管内的金属铁的氧化(如腐蚀等)速率将会被明显减缓。

　　碳纳米管涂料可作加热层。英国研究人员发现，一种透明的含碳纳米管涂料可以通过加热来清洁挡风玻璃或镜子，而加厚的不透明涂层则可以把楼房的整个地板变成暖气装置。

这种涂料可以喷在任何物体表面，它的液体底料含有可导电的纳米管混合物。随着液体变干，纳米管在涂料内形成可让电流通过的传导网，从而使整个涂层变热。研究人员希望这项技术能取代汽车挡风玻璃的嵌入式电阻丝加热装置。除了比电阻丝加热更均匀以外，纳米管涂层的抗损性能也很好。电阻丝一断，整个加热器就不起作用了，而这种新式涂层在有断裂的情况下仍能加热。

太阳能电池中有一类名为染料敏化太阳能电池，它们内部有一层透明且可导电的氧化物薄膜，以及一层单独的铂薄膜，作为加速相关化学反应的催化剂。不过，这两种材料目前都存在不足之处。氧化物薄膜不易应用于柔软易弯曲变形的材料，它们在刚性的耐热衬底(比如玻璃)上的表现更好，氧化物的这一约束会增加成本并限制太阳能电池产品的种类。对于铂膜来说，制造它需要昂贵的设备。

碳纳米管是直径非常细的中空管状纳米材料，它能够大量地吸附氢气，成为许多个"纳米钢瓶"。研究表明，约 2/3 的氢气能够在常温常压下从碳纳米管中释放出来。据预测，不久后就可以生产出氢气汽车，只需携带 1.5 L 左右的储氢纳米碳管，如图 7-11 所示，即可行驶 500 km。

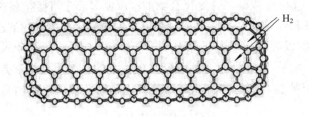

图 7-11　碳纳米管储氢

IBM 宣布成功开发出了由单分子碳纳米管构成的发光元件。该发光元件的尺寸为世界最小，为可电控的元件。这将推动碳纳米管在纳米级电子工程学和光元件领域的应用研究。IBM 开发的发光元件为直径为 1.4 nm 的纳米管状单分子。研究小组已确认其可发出波长为 1.5 μm 的光。"这一波长的光广泛应用于光通信领域，极具应用价值"，"由于直径不同的纳米管会产生波长不同的光，因此有望应用于其他领域"(IBM)。研究小组将该发光元件嵌入 3 引脚晶体管内部，并在晶体管栅极部分施加低电压后，在纳米管的两端(源极和漏极之间)产生了电流。由于这是在同时具有双极性的元件上进行的，就能够同时向一个碳纳米管的源极中注入负电荷(电子)，向漏极中注入正电荷(空穴)。当电子和空穴在纳米管中相遇时，电荷发生中和后就会发光。由于这一发光元件是一种晶体管，因此可通过控制栅极上的电压来实现开关切换。"由于能够对单个纳米管的发光进行电控，因而可以详细分析像纳米管这样的一元材料的光物理性质"(IBM)。利用发光现象进一步研究碳纳米管的电气特性，将能够加快纳米管在电气和光学领域中的应用开发。由于纳米管发光元件能够相互接合，并可以嵌入到碳纳米管和半导体电子元件中，因而可能在电子和光电子领域开辟新的应用前景。

碳纳米管具有优异的场发射性能。直径细小的碳纳米管可以用来制作极细的电子枪，在室温及低于 80 V 的偏置电压下，即可获得 0.1～1 μA 的发射电流。另外，开口碳纳米管比封闭碳纳米管具有更好的场发射特性。与目前的商用电子枪相比，碳纳米管电子枪具有尺寸小、发射电压低、发射密度大、稳定性高、无需加热和无需高真空等优点，有望在新一代冷阴极平面显示器中得到应用。

通过碳纳米管可以解决个人计算机内部的散热问题。因为碳纳米管导热的效果极佳，而且管子很小，能在聚合物或涂层中悬浮。

硅是目前最常见的电脑芯片原料，硅晶片将在未来几年达到最小极限尺寸。在那之后如果继续缩小硅晶片，就会影响到它的性能。纳米管的性质使其有可能用来制造较硅晶片更小的晶片。

新的碳纳米管既能发光也能感光，这一点与过去的设计不同。这就意味着它有望让分子发出少量的光，因而能适用于医学或安全领域。这种碳纳米管或许可用来制造下一代安全探测器，有助侦测极微量的化学或生物毒素。

在生长单壁碳纳米管过程中，原位进行硼、氮共掺杂，实验和理论研究发现，硼、氮共掺杂使金属性碳纳米管转变为半导体。即金属性的单壁碳纳米管的能隙被打开，转变为半导体性的纳米管，而 B、N 共掺杂并不改变半导体性碳纳米管的导电属性。B、N 共掺杂是解决半导体性和金属性纳米管不可分问题的一条有效的新途径。因其导电性能良好并具有极大的长径比，将极少量(1.5%～4%)碳纳米管添加到聚合物中就能形成导电网络，获得高性能导电复合物，而其他导电碳材料的添加量在 20%左右才能达到相同的导电效果。高添加量将严重影响复合材料的机械性能及加工性能。

复习思考题

1. 画图说明石墨烯的结构特点。
2. 简述石墨烯的分类和制备方法。
3. 简述目前石墨烯的主要应用。
4. 简述碳纳米管的制备方法。
5. 什么是碳纳米管的纯化？如何纯化？
6. 碳纳米管的应用领域有哪些？

附录 A　国家集成电路产业发展推进纲要

集成电路产业是信息技术产业的核心，是支撑经济社会发展和保障国家安全的战略性、基础性和先导性产业，当前和今后一段时期是我国集成电路产业发展的重要战略机遇期和攻坚期，为加快推进我国集成电路产业发展，特制定本纲要。

一、现状与形势

近年来，在市场拉动和政策支持下，我国集成电路产业快速发展，整体实力显著提升，集成电路设计、制造能力与国际先进水平差距不断缩小，封装测试技术逐步接近国际先进水平，部分关键装备和材料被国内外生产线采用，涌现出一批具备一定国际竞争力的骨干企业，产业集聚效应日趋明显。但是，集成电路产业仍然存在芯片制造企业融资难、持续创新能力薄弱、产业发展与市场需求脱节、产业链各环节缺乏协同、适应产业特点的政策环境不完善等突出问题，产业发展水平与先进国家(地区)相比依然存在较大差距，集成电路产品大量依赖进口，难以对构建国家产业核心竞争力、保障信息安全等形成有力支撑。

当前，全球集成电路产业正进入重大调整变革期。一方面，全球市场格局加快调整，投资规模迅速攀升，市场份额加速向优势企业集中。另一方面，移动智能终端及芯片呈爆发式增长，云计算、物联网、大数据等新业态快速发展，集成电路技术演进出现新趋势；我国拥有全球规模最大的集成电路市场，市场需求将继续保持快速增长。新形势下，我国集成电路产业发展既面临巨大的挑战，也迎来难得的机遇，应充分发挥市场优势，营造良好发展环境，激发企业活力和创造力，带动产业链协同可持续发展，加快追赶和超越的步伐，努力实现集成电路产业跨越式发展。

二、总体要求

(一) 指导思想。

以邓小平理论、"三个代表"重要思想、科学发展观为指导，深入学习领会党的十八大和十八届二中、三中全会精神，贯彻落实党中央和国务院的各项决策部署，使市场在资源配置中起决定性作用，更好发挥政府作用，突出企业主体地位，以需求为导向，以整机和系统为牵引、设计为龙头、制造为基础、装备和材料为支撑，以技术创新、模式创新和体制机制创新为动力，破解产业发展瓶颈，推动集成电路产业重点突破和整体提升，实现跨越发展，为经济发展方式转变、国家安全保障、综合国力提升提供有力支撑。

(二) 基本原则。

需求牵引。依托市场优势，面向量大面广的重点整机和信息消费需求，提升企业的市场适应能力和有效供给水平，构建"芯片—软件—整机—系统—信息服务"产业链。

创新驱动。强化企业技术创新主体地位，加大研发力度，结合国家科技重大专项实施，突破一批集成电路关键技术，协同推进机制创新和商业模式创新。

软硬结合。强化集成电路设计与软件开发的协同创新，以硬件性能的提升带动软件发展，以软件的优化升级促进硬件技术进步，推动信息技术产业发展水平整体提升。

重点突破。强化市场需求与技术开发的结合，实现涉及国家安全及市场潜力大、产业基础好的关键领域快速发展。

开放发展。充分利用全球资源，推进产业链各环节开放式创新发展，加强国际交流合作，提升在全球产业竞争格局中的地位和影响力。

(三) 发展目标。

到 2015 年，集成电路产业发展体制机制创新取得明显成效，建立与产业发展规律相适应的融资平台和政策环境。集成电路产业销售收入超过 3500 亿元。移动智能终端、网络通信等部分重点领域集成电路设计技术接近国际一流水平。32/28 纳米(nm)制造工艺实现规模量产，中高端封装测试销售收入占封装测试业总收入比例达到 30%以上，45～65 nm 关键设备和 12 英寸硅片等关键材料在生产线上得到应用。

到 2020 年，集成电路产业与国际先进水平的差距逐步缩小，全行业销售收入年均增速超过 20%，企业可持续发展能力大幅增强。移动智能终端、网络通信、云计算、物联网、大数据等重点领域集成电路设计技术达到国际领先水平，产业生态体系初步形成。16/14 nm 制造工艺实现规模量产，封装测试技术达到国际领先水平，关键装备和材料进入国际采购体系，基本建成技术先进、安全可靠的集成电路产业体系。

到 2030 年，集成电路产业链主要环节达到国际先进水平，一批企业进入国际第一梯队，实现跨越发展。

三、主要任务和发展重点

(一) 着力发展集成电路设计业。

围绕重点领域产业链，强化集成电路设计、软件开发、系统集成、内容与服务协同创新，以设计业的快速增长带动制造业的发展。近期聚焦移动智能终端和网络通信领域，开发量大面广的移动智能终端芯片、数字电视芯片、网络通信芯片、智能穿戴设备芯片及操作系统，提升信息技术产业整体竞争力。发挥市场机制作用，引导和推动集成电路设计企业兼并重组。加快云计算、物联网、大数据等新兴领域核心技术研发，开发基于新业态、新应用的信息处理、传感器、新型存储等关键芯片及云操作系统等基础软件，抢占未来产业发展制高点。分领域、分门类逐步突破智能卡、智能电网、智能交通、卫星导航、工业控制、金融电子、汽车电子、医疗电子等关键集成电路及嵌入式软件，提高对信息化与工业化深度融合的支撑能力。

(二) 加速发展集成电路制造业。

抓住技术变革的有利时机，突破投融资瓶颈，持续推动先进生产线建设。加快 45/40 nm 芯片产能扩充，加紧 32/28 nm 芯片生产线建设，迅速形成规模生产能力。加快立体工艺开发，推动 22/20 nm、16/14 nm 芯片生产线建设。大力发展模拟及数模混合电路、微机电系统(MEMS)、高压电路、射频电路等特色专用工艺生产线。增强芯片制造综合能力，以工艺能力提升带动设计水平提升，以生产线建设带动关键装备和材料配套发展。

(三) 提升先进封装测试业发展水平。

大力推动国内封装测试企业兼并重组，提高产业集中度。适应集成电路设计与制造工艺节点的演进升级需求，开展芯片级封装(CSP)、圆片级封装(WLP)、硅通孔(TSV)、三维封装等先进封装和测试技术的开发及产业化。

(四) 突破集成电路关键装备和材料。

加强集成电路装备、材料与工艺结合，研发光刻机、刻蚀机、离子注入机等关键设备，开发光刻胶、大尺寸硅片等关键材料，加强集成电路制造企业和装备、材料企业的协作，加快产业化进程，增强产业配套能力。

四、保障措施

(一) 加强组织领导。

成立国家集成电路产业发展领导小组，负责集成电路产业发展推进工作的统筹协调，强化顶层设计，整合调动各方面资源，解决重大问题。成立咨询委员会，对产业发展的重大问题和政策措施开展调查研究，进行论证评估，提供咨询建议。

(二) 设立国家产业投资基金。

国家产业投资基金(以下简称基金)主要吸引大型企业、金融机构以及社会资金，重点支持集成电路等产业发展，促进工业转型升级。基金实行市场化运作，重点支持集成电路制造领域，兼顾设计、封装测试、装备、材料环节，推动企业提升产能水平和实行兼并重组、规范企业治理，形成良性自我发展能力。支持设立地方性集成电路产业投资基金。鼓励社会各类风险投资和股权投资基金进入集成电路领域。

(三) 加大金融支持力度。

积极发挥政策性和商业性金融的互补优势，支持中国进出口银行在业务范围内加大对集成电路企业服务力度，鼓励和引导国家开发银行及商业银行继续加大对集成电路产业的信贷支持力度，创新符合集成电路产业需求特点的信贷产品和业务。支持集成电路企业在境内外上市融资、发行各类债务融资工具以及依托全国中小企业股份转让系统加快发展。鼓励发展贷款保证保险和信用保险业务，探索开发适合集成电路产业发展的保险产品和服务。

(四) 落实税收支持政策。

进一步加大力度贯彻落实《国务院关于印发鼓励软件产业和集成电路产业发展若干政策的通知》(国发〔2000〕18 号)和《国务院关于印发进一步鼓励软件产业和集成电路产业发展若干政策的通知》(国发〔2011〕4 号)，加快制定和完善相关实施细则和配套措施，保持政策稳定性，落实集成电路封装、测试、专用材料和设备企业所得税优惠政策。落实并完善支持集成电路企业兼并重组的企业所得税、增值税、营业税等税收政策。对符合条件的集成电路重大技术装备和产品关键零部件及原材料继续实施进口免税政策，以及有关科技重大专项所需国内不能生产的关键设备、零部件、原材料进口免税政策，适时调整免税进口商品清单或目录。

(五) 加强安全可靠软硬件的推广应用。

组织实施安全可靠关键软硬件应用推广计划，以重点突破、分业部署、分步实施为原则，推广使用技术先进、安全可靠的集成电路、基础软件及整机系统。国家扩大内需的各项惠民工程和财政资金支持的重大信息化项目的政府采购部分,应当采购基于安全可靠软硬件的产品。鼓励基础电信和互联网企业采购基于安全可靠软硬件的整机和系统。充分利用扩大信息消费的政策措施,推动基于安全可靠软硬件的各类终端开发应用。面向移动互联网、云计算、物联网、大数据等新兴应用领域,加快构建标准体系,支撑安全可靠软硬件开发与应用。

(六) 强化企业创新能力建设。

推动形成产业链上下游协同创新体系,支持产业联盟发展。鼓励企业成立集成电路技术研究机构,联合科研院所、高校开展竞争前共性关键技术研发,引进海外高层次人才,增强产业可持续发展能力。加强集成电路知识产权的运用和保护,建立国家重大项目知识产权风险管理体系,引导建立知识产权战略联盟,积极探索与知识产权相关的直接融资方式和资产管理制度。在集成电路重大创新领域加快形成标准,充分发挥技术标准的作用。

(七) 加大人才培养和引进力度。

建立健全集成电路人才培养体系,支持微电子学科发展,通过高校与集成电路企业联合培养人才等方式,加快建设和发展示范性微电子学院和微电子职业培训机构。依托专业技术人才知识更新工程广泛开展继续教育活动,采取多种形式大力培养培训集成电路领域高层次、急需紧缺和骨干专业技术人才。有针对性地开展出国(境)培训项目,推动国家软件与集成电路人才国际培训基地建设。通过现有渠道加强对软件和集成电路人才引进的经费保障。在"千人计划"中进一步加大对引进集成电路领域优秀人才的支持力度,研究出台针对优秀企业家和高素质技术、管理团队的优先引进政策。支持集成电路企业加强与境外研发机构的合作。完善鼓励创新创造的分配激励机制,落实科技人员科研成果转化的股权、期权激励和奖励等收益分配政策。

(八) 继续扩大对外开放。

进一步优化环境,大力吸引国(境)外资金、技术和人才,鼓励国际集成电路企业在国内建设研发、生产和运营中心。鼓励境内集成电路企业扩大国际合作,整合国际资源,拓展国际市场。发挥两岸经济合作机制作用,鼓励两岸集成电路企业加强技术和产业合作。

工业和信息化部

2014 年 6 月 24 日发布

附录 B　微电子产业常用专业词汇表

A

Acceptor　受主

Acceptor atom　受主原子

Active region　有源区

Active component　有源元件

Active device　有源器件

Aluminum-oxide　铝氧化物

Aluminum passivation　铝钝化

Ambipolar　双极的

Amorphous　无定形的，非晶体的

Angstrom　埃

Anisotropic　各向异性的

Arsenic (As)　砷

Avalanche　雪崩

Avalanche breakdown　雪崩击穿

Avalanche excitation　雪崩激发

B

Ball bond　球形键合

Band gap　能带间隙

Barrier layer　势垒层

Barrier width　势垒宽度

Base contact　基区接触

Binary compound semiconductor　二元化合物半导体

Bipolar Junction Transistor (BJT)　双极晶体管

Body-centered　体心立方

Body-centred cubic structure　体立心结构

Bond　键，键合

Bonding electron　价电子

Bonding pad　键合点

Boundary condition　边界条件

Bound electron　束缚电子

Break down 击穿

Bulk recombination 体复合

Buried diffusion region 隐埋扩散区

 C

Capacitance 电容

Capture carrier 俘获载流子

Cathode 阴极

Ceramic 陶瓷(的)

Channel breakdown 沟道击穿

Channel current 沟道电流

Channel doping 沟道掺杂

Charge-compensation effects 电荷补偿效应

Charge drive/exchange/sharing/transfer/storage 电荷驱动/交换/共享/转移/存储

Chemical etching 化学腐蚀法

Chemically-Polish 化学抛光

Chemmically-Mechanically Polish (CMP) 化学机械抛光

Chip yield 芯片成品率

Clamped 钳位

Clamping diode 钳位二极管

Compensated OP-AMP 补偿运放

Common-base/collector/emitter connection 共基极/集电极/发射极连接

Common-gate/drain/source connection 共栅/漏/源连接

Compensated impurities 补偿杂质

Compensated semiconductor 补偿半导体

Complementary Darlington circuit 互补达林顿电路

Complementary Metal-Oxide-Semiconductor Field-Effect-Transistor(CMOSFET)
互补金属氧化物半导体场效应晶体管

Compound Semiconductor 化合物半导体

Conduction band (edge)导带(底)

Contact hole 接触孔

Contact potential 接触电势

Contra doping 反掺杂

Controlled 受控的

Copper interconnection system 铜互连系统

Coupling 耦合

Crossover 跨交

Crucible 坩埚

Crystal defect/face/orientation/lattice 晶体缺陷/晶面/晶向/晶格

Current density　电流密度

Current drift/drive/sharing　电流漂移/驱动/共享

Custom integrated circuit　定制集成电路

Czochralshicrystal　直立单晶

Czochralski technique　切克劳斯基技术(Cz 法直拉晶体)

D

Diffusion　扩散

Dynamic　动态的

Dark current　暗电流

Dead time　空载时间

Deep impurity level　深度杂质能级

Deep trap　深陷阱

Defeat　缺陷

Degradation　退化

Delay　延迟

Density of states　态密度

Depletion　耗尽

Depletion contact　耗尽接触

Depletion effect　耗尽效应

Depletion layer　耗尽层

Depletion region　耗尽区

Deposited film　淀积薄膜

Deposition process　淀积工艺

Dielectric isolation　介质隔离

Diffused junction　扩散结

Diffusivity　扩散率

Diffusion capacitance/barrier/current/furnace 扩散电容/势垒/电流/炉

Direct-coupling　直接耦合

Discrete component　分立元件

Dissipation　耗散

Distributed capacitance　分布电容

Dislocation　位错

Donor　施主

Donor exhaustion　施主耗尽

Dopant　掺杂剂

Doped semiconductor　掺杂半导体

Doping concentration　掺杂浓度

Double-diffusive MOS(DMOS)　双扩散 MOS

Drift field　漂移电场

Drift mobility　迁移率

Dry etching　干法腐蚀

Dry/wet oxidation　干/湿法氧化

Dual-in-line package（DIP）双列直插式封装

E

Electron-beam photo-resist exposure　光致抗蚀剂的电子束曝光

Electron trapping center　电子俘获中心

Electron Volt (eV)　电子伏特

Electrostatic　静电的

Emitter　发射极

Emitter-coupled logic　发射极耦合逻辑

Empty band　空带

Enhancement mode　增强型模式

Enhancement MOS　增强性

Environmental test　环境测试

Epitaxial layer　外延层

Epitaxial slice　外延片

Equilibrium majority /minority carriers　平衡多数/少数载流子

Etch　刻蚀

Etchant　刻蚀剂

Etching mask　抗蚀剂掩膜

Extrinsic　非本征的

Extrinsic semiconductor　杂质半导体

F

Face‐centered　面心立方

Field effect transistor　场效应晶体管

Field oxide　场氧化层

Film　薄膜

Flat pack　扁平封装

Flip-flop toggle　触发器翻转

Floating gate　浮栅

Fluoride etch　氟化氢刻蚀

Forbidden band　禁带

Forward bias　正向偏置

Forward blocking /conducting　正向阻断/导通

G

Gain　增益

Gamy ray r 射线

Gate oxide 栅氧化层

Gaussian distribution profile 高斯掺杂分布

Generation-recombination 产生-复合

Germanium(Ge) 锗

Graded (gradual) channel 缓变沟道

Graded junction 缓变结

Grain 晶粒

Gradient 梯度

Grown junction 生长结

H

Heat sink 散热器、热沉

Heavy/light hole band 重/轻空穴带

Heavy saturation 重掺杂

Heterojunction structure 异质结结构

Heterojunction Bipolar Transistor (HBT) 异质结双极型晶体

Horizontal epitaxial reactor 卧式外延反应器

Hot carrier 热载流子

Hybrid integration 混合集成

I

Impact ionization 碰撞电离

Implantation dose 注入剂量

Implanted ion 注入离子

Impurity scattering 杂质散射

In-contact mask 接触式掩膜

Induced channel 感应沟道

Injection 注入

Interconnection 互连

Interconnection time delay 互连延时

Interdigitated structure 交互式结构

Intrinsic 本征的

Intrinsic semiconductor 本征半导体

Inverter 倒相器

Ion beam 离子束

Ion etching 离子刻蚀

Ion implantation 离子注入

Ionization 电离

Ionization energy 电离能

Isolation land　隔离岛

Isotropic　各向同性

J

Junction FET(JFET)　结型场效应管

Junction isolation　结隔离

Junction spacing　结间距

Junction side-wall　结侧壁

K

Key wrapping　密钥包装

L

Layout　版图

Lattice binding/cell/constant/defect/distortion
　　晶格结合力/晶胞/晶格/晶格常数/晶格缺陷/晶格畸变

Leakage current　(泄)漏电流

linearity　线性度

Linked bond　共价键

Liquid Nitrogen　液氮

Liquid-phase epitaxial growth technique　液相外延生长技术

Lithography　光刻

Light Emitting Diode(LED)　发光二极管

Load line or Variable　负载线

Locating and Wiring　布局布线

M

Majority carrier　多数载流子

Mask　掩膜板，光刻板

Metallization　金属化

Microelectronic technique　微电子技术

Microelectronics　微电子学

Minority carrier　少数载流子

Molecular crystal　分子晶体

Monolithic IC　单片 IC

MOSFET　金属氧化物半导体场效应晶体管

Multi-Chip Module(MCM)　多芯片模块

Multiplication coefficient　倍增因子

N

Naked chip　未封装的芯片(裸片)

Nesting 套刻

O

Optical-coupled isolator 光耦合隔离器

Organic semiconductor 有机半导体

Orientation 晶向、定向

Out-of-contact mask 非接触式掩膜

Oxide passivation 氧化层钝化

P

Package 封装

Pad 压焊点

Passivation 钝化

Passive component 无源元件

Passive device 无源器件

Passive surface 钝化界面

Parasitic transistor 寄生晶体管

Permeable-base 可渗透基区

Phase-lock loop 锁相环

Photo diode 光电二极管

Photolithographic process 光刻工艺

(Photo) resist (光敏)抗腐蚀剂

Pianar transistor 平面晶体管

Plasma 等离子体

Piezoelectric effect 压电效应

Point contact 点接触

Polycrystal 多晶

Polymer semiconductor 聚合物半导体

Poly-silicon 多晶硅

Potential barrier 势垒

Potential well 势阱

Power dissipation 功耗

Power transistor 功率晶体管

Preamplifier 前置放大器

Print-circuit board(PCB) 印制电路板

Probe 探针

Propagation delay 传输延时

Q

Quality factor 品质因子

Quartz　石英

R

Radiation conductivity　辐射电导率
Radiative-recombination　辐照复合
Radioactive　放射性
Reach through　穿通
Reactive sputtering source　反应溅射源
Recombination　复合
Recovery time　恢复时间
Reference　基准点，基准，参考点
Resonant frequency　共射频率
Response time　响应时间
Reverse bias　反向偏置

S

Sampling circuit　取样电路
Saturated current range　电流饱和区
Schottky barrier　肖特基势垒
Scribing grid　划片格
Seed crystal　籽晶
Self aligned　自对准的
Self diffusion　自扩散
Semiconductor　半导体
Semiconductor-controlled rectifier　可控硅
Shield　屏蔽
Silica glass　石英玻璃
Silicon dioxide (SiO_2)　二氧化硅
Silicon Nitride(Si_3N_4)　氮化硅
Silicon On Insulator　绝缘硅
Simple cubic　简立方
Single crystal　单晶
Solid circuit　固体电路
Source　源极
Space charge　空间电荷
Specific heat(PT)　热
Spherical　球面的
Split　分裂
Sputter　溅射
Stimulated emission　受激发射

Stimulated recombination　受激复合
Substrate　衬底
Substitutional　替位式的

T

Thermal activation　热激发
Thermal Oxidation　热氧化
Thick-film technique　厚膜技术
Thin-film hybrid IC　薄膜混合集成电路
Thin-Film Transistor(TFT)　薄膜晶体
Thyristor　晶闸管
Transition probability　跃迁几率
Transition region　过渡区
Transverse　横向的
Trapped charge　陷阱电荷
Trigger　触发
Tolerance　容差
Tunnel current　隧道电流

U

Unijunction　单结的
Unipolar　单极的
Unit cell　元胞

V

Vacancy　空位
Valence(value) band　价带
Valence bond　价键

W

Wafer　晶片
Wire routing　布线

Y

Yield　成品率

Z

Zener breakdown　齐纳击穿
Zone melting　区熔法

附录 C 半导体公司常用词汇一览表

一、公司常用词汇

HR(Human Resource) 人事部

GA(General Affairs) 总务部

Accounting 会计部

Finance 财务部

PC(Production Control) 生产控制

PR(Public Relation) 公关部

MFG(Manufacturing) 制造部

ENG(Engineering) 工程部

PE(Process Engineer) 工艺工程师，简称工艺

EE(Equipment Engineer) 设备工程师，简称设备

Conference 会议

Training room 训练教室

Training course 训练课程

Shuttle bus 交通车

Internet 国际互联网络

Intranet 企业内部互联网络

OHSAS 18001 Occupational Health &Safety Assessment Series 职业安全卫生管理系统

IT(Information Technology) 信息技术部门

TD(Technical Development) 技术研发部门

DCC(Document Control Center) 文件管制中心

ISEP(Industrial Safety Environment Protection) 工安环保

EAP(Equipment Automation program) 机台自动化方案

二、MFG 常用词汇

Semiconductor 半导体

FAB 晶圆厂

Clean Room 洁净室，在半导体厂引申为从事生产活动的地方，即 FAB

Wafer 晶圆或晶片

ID Identification 的缩写，公司内每一个人的识别证

Wafer ID 每一片晶片的晶片刻号，一般都刻在 Notch 处

Lot ID　每一批晶片的批号

Product ID　每个独立的批号共用的型号

Notch　缺口

Stocker　仓储

Partical　含尘量/微尘粒子

Certify/Certification　考核认证，取得一种权限

Rack 货架(摆放片盒的地方，固定不动)

Audit　稽核，稽查，检查有无违反规定的行为，并进行处罚

Run　口语，指跑货，生产

Follow　听从，服从，遵循

Trolley　推车

MO(Miss Operation)　误操作，即没有按照规范执行的操作

Rework　重做

SOP　工作准则

Lot　批，一批晶片最多可以有 25 片，最少可以只有一片

Lot Priority　每一批产品在加工的过程中被选择进机台的先后顺序

Bullet Lot　也叫做 Super Hot Lot，优先顺序为 1，等级最高，必要时当 lot 在上一站加工时，本站要空着机台等待

Hot Lot　优先顺序为 2，紧急程度比 Bullet 次一级

Delay Lot　优先顺序为 3

Normal Lot　优先顺序为 4，属于正常的等级，按正常的派货

M/D Wafer　优先顺序为 5，控挡片(Monitor/Dummy Wafer)

Recipe　程式。当 Wafer 进入机台加工时，机台所提供的一定的步骤，与每个步骤具备的条件。机台的 Recipe 记录 wafer 进机台后先进哪个 chamber，再进哪个。每个 chamber 反应时要通过哪些气体

WIP (Work In Process)　在制品。晶片从投入到晶片产出，FAB 内各站积存了相当数量的晶片，统称 FAB 内的 WIP。整个制程又可以细分为数百个 Stag 和 Step，一个 Stage 又是由几个 Step 组成的

Area 区域。在 FAB 内又可分为以下几个工作区域,每个区域在制程上均有特定的目的:
　　① WAFER START AREA：晶片下线区；② DIFF AREA：DIFFUSION，炉管(扩散)区；③ CVD AREA：Chemical Vapor Deposition，化学气相沉积区

CMP AREA(Chemical Mechanical Polishing)　化学机械研磨

PHOTO AREA　黄光区

IMP AREA(IMPLANT AREA)　离子植入区

SPUTT AREA　金属溅镀区，又称为 PVD(Physical Vapor Deposition)

WAT AREA(Wafer Accept Test AREA)　晶片允许测试区

ETCH AREA　蚀刻区

CWR(Control Wafer Recycle)　控挡片回收

Bay　由走道两旁机器区域隔离出来的区域。FAB 内的 Bay 排列在中央走道两旁，与

中央走道构成一个"非"字形，多条 Bay 可以拼成一个 AREA

Monitor Wafer 控制片(QC 片)。控制片进机台加工后，要经过量策机台量策，测量后的值可以判定机台是否处在稳定的、可以从事生产或 run 出来的产品是否在制程规格内才决定产品是不是可以送到下一站，还是要停下来等工程师检查

Dummy Wafer 挡片(假片)。挡片的用途有两种：暖机；补足机台内应摆晶片而未摆的空位置

PM：Prevention Maintenance 预防保养

Spec 即 specification 规格的缩写

OOS(out of spec) 超出规格

OOC(out of control) 超出控制

SPC：Statistics Process Control 统计制程管制

Split/Merge 分批/合并。一批货跑到某一点，因为某些原因而需要做分批(split)，Leader/MA 除了要将实际的 wafer 分成两批放在不同的 pod 内，还要在 MES 上将原批号分。这个时候原批号被要求将部分晶片转出来，变成另一批，即产生子批，原批号便成为母批

MAR：Manufacture Stage Report 生产报表

Alarm 警讯，如机内出现异常、气体泄露、机台着火等

Move 晶片的产量

WPH(Wafer Per Hour) 每小时机台产出晶片数量，WPH 可以用来衡量直接人员的工作绩效

WPH=MOVE/UP TIME

Cycle Time 生产周期

FAB Cycle Time 从晶片投入到晶片产出这一段时间

Step Cycle Time lot 从进站等候开始到当站加工后出货时间

Turn Ration 周转率(T/R)

WAFER OUT 晶片产出量

TECN(Temporary Engineer Change Notice) 临时工程变更通知

PN(Production Notice) 制造通报

OI(Operation Instruction) 操作规范

Logsheet 记录纸

三、FAB 区常用词汇

A

Abort 放弃

Acid 酸

Auto/Manual 自动/手动

Average 平均

B

Back up 备用

Bank 储存所

Batch 群，组

Bay rack 货架

C

Cancel 取消

Cassette 装晶片的晶舟

CD 关键性尺寸

Chart 图表

Chamber 反应室

Check 检查，核对

Chemical 化学药剂

Child lot 子批

Class 洁净室等级

Code 代码

Comment 注解

Confirm 确认

Control 控制

Correct 正确

Critical laser 重要层

D

Daily check 每天检查

Damage 损害

Defect 缺陷

Diffusion 扩散

DI wafer 去离子水(De-Ionizing Wafer)

Disply 展示

Discipline 纪律

Doping 掺杂

Double 重复，加倍

Downgrade 降级

Due date 交期

E

EMO 紧急状态机台停住(Emergency Machine Off)

Emergency 紧急状况

Entry 进入
Environment 环境
Energy 能量
Error 错误
ET 设备技术员(Equipment Technician)
Exit 退出

F

Fail 失败
Filter 过滤器
Foundry 代工
Function 功能

G

Gas 气体
Gowning room 更衣室

H

Hold 暂停
Hot bake 烘烤

I

IC 集成电路
ID 辨认，鉴定
Idle 先知
Implant 植入
Inter bay 自动传输轨道系统
IPA 有机清洁溶剂

L

Laundry 洗衣房
Layer 层次
Line 线距
Load 载入
Location 位置
Log sheet 记录本
Login/logout 注册/离开
Lot Status 产品状态

M

Mark 标志
Mask(reticle) 光罩
Measure 测量
Metal 金属
Micron 微米
Mode 模式
Module 部门
Monitor 测机

N

Non-critical 非重要

O

OCAP 超出管制界线的因应对策(Out of Control Action Plan)
Owner 拥有者
Oxide 氧化物

P

Passivation 保护层
Pattern 图形
Parent lot 母批
Password 密码
Pause 暂停
Ploy 复晶
polymer 聚合物
Power 电源
P.R. 光阻(Photo Resist)
Pressure 压力
Priority 优先权
Process 进行/过程/程序
Profile 侧面

Q

Quality 品质
Quantity(QTY) 数量
Queue time 等待时间

R

Range 范围

Ready 准备

Recipe 程式

Reclaim 再生

Recycle 回收

Release 放行

Remove 去除

Rework 再做一次/重做

Review 重新检查

Robot 机械手臂

Run Card 片式，注明程式内容

Request 要求

Reject 退回(出)

Record 记录

S

Si 硅原子

Scrubber 洗刷

Scrap 报废

Schedule 指目录或时间表

Sidewall 侧壁

Smart Tag 电子式标签

Spec 规格

Start 开始

Standby 准备，待命

Smart Tray 托盘

Stocker 仓储

Stop 停止

Ship 传送

Space 空间

Split 分批

SOP 分批(Standard Operation Procedure)

Shut down 停工

SMIF Arm 标准机械界面(Standard Mechanical Interface)

Slot 槽位

Scratch 刮伤

Solvent 溶剂

Sorter 晶片分片/整理机

Summary 总计

SPC 制程统计管制

Strip 剥去

SPC-Chart 制程统计控制图形

T

Throughput 产量

Transfer 传送

Thickness 厚度

Test Wafer 测试晶片

Transistor 电晶体

Track in 进货

Track out 出货

Tag 电子显示器

Thin Film 薄膜

Tunnel(Bay) 通道

U

Uniformity 均匀度

Unload 载出

Up 向上

Update 更新资料

V

Vacuum 真空

VLSI 超大规模集成电路(Very Large Scaled Integrated Circuit)

W

W(Tungsten) 钨

Warning 警告

Well 阱区

Wet Bench 酸槽

Wiper 无尘布

Y

Yield 良率

参 考 文 献

[1]　[美]约翰. D. 克雷斯勒. 硅星球：微电子学与纳米技术革命. 张溶冰，张晨博，译. 上海：上海科技教育出版社，2009.

[2]　张兴，黄如，刘晓彦. 微电子学概论. 3 版. 北京：北京大学出版社，2010.

[3]　郝跃，贾新章，吴玉广. 微电子概论. 2 版. 北京：电子工业出版社，2011.

[4]　毕克允. 微电子技术：信息化武器装备的精灵. 2 版. 北京：国防工业出版社，2008.

[5]　中国科学院. 中国学科发展战略·微纳电子学. 北京：科学出版社，2013.

[6]　叶已正，来逢昌. 集成电路设计. 北京：清华大学出版社，2011.

[7]　[美]施敏，李明逵. 半导体器件物理与工艺. 3 版. 王明湘，赵鹤鸣，译. 苏州：苏州大学出版社，2014.

[8]　朱正涌，张海洋，朱元红. 半导体集成电路. 2 版. 北京：清华大学出版社，2009.

[9]　姜岩峰，谢孟贤. 微纳电子器件. 北京：化学工业出版社，2005.

[10]　[美]Gary S. May，施敏. 半导体制造基础. 代永平，译. 北京：人民邮电出版社，2007.

[11]　[美]Peter Van Zant. 芯片制造：半导体工艺制程实用教程. 4 版. 赵树武，等，译.北京：电子工业出版社，2004.

[12]　[美]Christopher Saint，Judy Saint. 集成电路掩膜设计：基础版图技术. 周润德，金申美，译. 北京：清华大学出版社，2006.

[13]　[美]Christopher Saint，Judy Saint. 集成电路版图基础：实用指南. 李伟华，孙伟锋，译. 北京：清华大学出版社，2006.

[14]　[加]Dan Clein. CMOS 集成电路版图：概念、方法与工具. 邓红辉，等，译. 北京：电子工业出版社，2006.

[15]　吴德馨，钱鹤，叶填春，等. 现代微电子技术. 北京：化学工业出版社，2002.

[16]　[日]水野文夫，鹰野致和. 图解半导体基础. 彭军，译. 北京：科学出版社，2007.

[17]　方祖捷，蔡海文，陈高庭，等. 单频半导体激光器：原理、技术和应用. 上海：上海交通大学出版社，2015.

[18]　江苏省经济和信息化委员会，江苏省半导体行业协会. 江苏省集成电路产业发展研究报告(2013 年度). 北京：电子工业出版社，2014.

[19]　江苏省经济和信息化委员会，江苏省半导体行业协会. 江苏省集成电路产业发展研究报告(2014 年度). 北京：电子工业出版社，2015.

[20]　甘学温，黄如，刘晓彦，等. 纳米 CMOS 器件. 北京：科学出版社，2004.

[21]　[美]James J. Licari，Leonard R. Eelow. 混合微电路技术手册：材料、工艺、设计、实验和生产. 朱瑞廉，译. 2 版. 北京：电子工业出版社，2004.

[22]　[美]Michael Quirk, Julian Serda. Semiconductor Manufacturing Technology 半导体制造技术. 韩郑生，译. 北京：电子工业出版社，2009.

[23]　肖国玲. 微电子制造工艺技术. 西安：西安电子科技大学出版社，2008.

[24]　肖国玲，钱冬杰，张彦芳. 半导体基础与应用. 北京：机械工业出版社，2014.

[25]　林明祥. 集成电路制造工艺. 1 版. 北京：机械工业出版社，2005.

[26]　曾树荣. 半导体器件物理基础. 北京：北京大学出版社，2002.

[27]　刘玉岭，檀柏梅，张楷亮. 微电子技术工程：材料、工艺与测试. 北京：电子工业出版社，2004.

[28]　http：//baike. baidu. com，百度百科.

[29]　刘恩科，朱秉升，罗晋生. 半导体物理学. 北京：电子工业出版社，2009.

[30]　张道礼，张建兵，胡云香. 光电子器件导论. 武汉：华中科技大学出版社，2015.

[31]　张彤，等. 光电子物理及应用. 南京：东南大学出版社，2015.

[32]　王庆友. 光电技术. 3 版. 北京：电子工业出版社. 2013.

[33]　[加]Krzysztof Iniewski. Nano-Semiconductors：Devices and Technology 纳米半导体器件与技术. 刘明，吕杭炳，译. 北京：国防工业出版社，2013.

[34]　彭练矛，张志勇，李彦，等. 碳基纳电子和光电子器件. 北京：科学出版社，2014.

[35]　[日]辻村隆俊. OLED 显示概论. 李伟，李子君，高彬，等，译. 北京：电子工业出版社，2015.

[36]　孙肖子. CMOS 集成电路设计基础. 2 版. 北京：高等教育出版社，2008.

[37]　黄庆安，周再发，宋竞. 微米纳米器件设计. 北京：国防工业出版社，2014.

[38]　[美]Sung-Mo Kang，[瑞士]Yusuf Leblebici，[韩]Chulwoo Kim. CMOS 数字集成电路：分析与设计. 4 版. 王志功，窦建华，等，译. 北京：电子工业出版社，2015.

[39]　[美]Phillip E Allen，Douglas R Holberg. CMOS 模拟集成电路设计. 2 版. 冯军，李智群，译. 北京：电子工业出版社. 2011.

[40]　胡靖. 可逆逻辑电路综合及可测性设计技术. 哈尔滨：黑龙江大学出版社，2014.

[41]　李钟灵，刘南平. 电子元器件的检测与选用. 北京：科学出版社，2009.

[42]　蔡理，王森，冯朝文. 纳电子器件及其应用. 2 版. 北京：电子工业出版社，2015.

[43]　[加]Dave Cutcher. 科学鬼才 电子电路64讲. 修订版. 孙象然，译. 北京：人民邮电出版社，2015.

[44]　[印]沙帕拉·K·普拉萨德. 复杂的引线键合互联工艺. 刘亚强，译. 北京：中国宇航出版社，2015.

[45]　童诗白. 模拟电子技术. 4 版. 北京：高等教育出版社，2000.

[46]　刘旭，葛剑虹，李海峰，等. 光电子学. 杭州：浙江大学出版社，2014.

[47]　张耀明，邹宇宁. 太阳能热发电技术. 北京：化学工业出版社，2015.

[48]　李练兵. 光伏发电并网逆变技术. 北京：化学工业出版社，2016.